GUILLAUME LIBRI

HISTOIRE

DES

SCIENCES MATHÉMATIQUES

EN ITALIE

DEPUIS LA RENAISSANCE DES LETTRES

JUSQU'À LA FIN DU DIX-SEPTIÈME SIÈCLE

TOME I

Elibron Classics
www.elibron.com

Elibron Classics series.

ISBN 1-4212-1139-4 (paperback)
ISBN 1-4212-1138-6 (hardcover)

This Elibron Classics Replica Edition is an unabridged facsimile of the edition published in 1838 by Jules Renouard et Cie, Paris.

HISTOIRE

DES

SCIENCES MATHÉMATIQUES.

IMPRIMÉ CHEZ PAUL RENOUARD, RUE GARANCIÈRE, 5.

HISTOIRE

DES

SCIENCES MATHÉMATIQUES

EN ITALIE,

DEPUIS LA RENAISSANCE DES LETTRES

JUSQU'A LA FIN DU DIX-SEPTIÈME SIÈCLE,

PAR GUILLAUME LIBRI.

TOME PREMIER.

A PARIS,

CHEZ JULES RENOUARD ET Cie, LIBRAIRES,

RUE DE TOURNON, N° 6.

1838.

Italia lacerata, Italia mia!

MAGALOTTI.

L'Auteur offre cet Ouvrage

aux Amis

qu'il a laissés en Italie.

TABLE

DES MATIÈRES CONTENUES DANS LE PREMIER VOLUME.

AVERTISSEMENT.

Dès mes premiers pas dans l'étude des sciences, attiré par le charme des recherches historiques, je me suis attaché de préférence à suivre à travers les siècles le développement de l'intelligence humaine, et à rechercher, dans les écrits des inventeurs, les idées premières qui avaient présidé aux grandes découvertes. Je dois les plus vives de mes émotions à ces hommes courageux qui ont su transformer les cachots et les bûchers en tribunes de vérité; et j'ai toujours cherché à connaître toutes les particularités de leur vie. Mais les historiens des sciences me laissaient ignorer trop souvent ce que je desirais savoir. Forcé, pour satisfaire ma curiosité, de recourir aux ouvrages originaux, je fus bientôt frappé de la multitude de faits curieux, d'observations intéressantes, que contenaient des livres presque entièrement oubliés de nos jours : et je ne tardai pas à découvrir une foule de documens précieux, gisant inédits dans la poussière des bibliothèques, et menacés d'une destruction prochaine. Les pertes immenses causées par l'incurie de nos pères me faisaient prévoir celles qui nous menaçaient encore (1); et j'étais vivement affligé de notre indifférence pour les écrits qui ont contribué le plus aux progrès de la raison. Oc-

(1) Les personnes qui ne se sont pas spécialement occupées de recherches historiques, ne sauraient s'imaginer combien de manuscrits précieux ont été détruits même dans ces derniers temps. Pour me borner ici à l'indication d'un petit nombre de faits, dont la vérité au reste sera démontrée dans la suite de cet ouvrage, je rappellerai : Que l'on a laissé périr plusieurs des ouvrages les plus importans de Galilée, et que le hasard seul a fait retrouver une partie de ses manuscrits, dans la boutique d'un charcutier. — Qu'il y a à peine soixante ans que l'on a perdu le traité de Léonard de Pise sur les nombres carrés. — Que des écrits mathématiques de Pascal, que Leibnitz avait examinés et jugés dignes d'un grand intérêt, ont été égarés dans le siècle dernier. — Qu'enfin les écrits dans lesquels Fermat avait démontré ces propositions négatives, qui ont résisté jusqu'à présent aux efforts de tous les analystes, n'ont pas été détruits immédiatement après la mort de l'auteur, comme on se plaît à le répéter, mais qu'ils n'ont disparu que depuis le commencement du

cupé spécialement de l'Italie, je voyais avec regret que le manque d'un ouvrage propre à leur faire connaître les travaux scientifiques des Italiens, avait porté souvent les étrangers à supposer que les arts et la poésie seuls pouvaient prospérer dans la patrie d'Archimède et de Galilée. A force de méditer sur ce sujet, je finis par croire que peut-être il me serait possible de remplir cette lacune, et dès-lors ma détermination fut arrêtée. Ne consultant que mon zèle, peu effrayé par les difficultés d'une telle entreprise, je me décidai à préparer une histoire scientifique de l'Italie.

---

siècle dernier. On accuse ordinairement des héritiers fanatiques ou ignorans d'avoir détruit les écrits que l'on ne sait plus retrouver; mais le plus souvent c'est à tort qu'on les inculpe de ce crime anti-littéraire. Ainsi, par exemple, on croyait depuis long-temps, d'après le témoignage de Montfaucon, que plusieurs des plus précieux manuscrits de Peiresc avaient péri par l'incurie de ses héritiers. Mais ces manuscrits si regrettés existent encore : ils sont à la bibliothèque royale de Paris! En présence de faits pareils, après de si coupables négligences, comment ose-t-on parler encore de la destruction des manuscrits au moyen âge? Sous peine de passer pour des barbares aux yeux de la postérité, il faut arrêter une telle dévastation. J'ai tâché d'insérer dans cet ouvrage le plus qu'il m'a été possible de documens scientifiques inédits; mais le nombre en est encore très petit, relativement à celui des écrits qu'il serait nécessaire de publier.

Voici le plan d'après lequel j'ai travaillé. Rebuté par l'aridité de ces écrits où le lecteur voyage sans cesse d'une étoile à une autre, du triangle au cercle, sans qu'on lui fasse jamais apercevoir les hommes qui sont derrière la science, j'ai senti d'abord la nécessité de montrer que l'état intellectuel des peuples est toujours lié à leur état moral et politique; et j'ai dû m'appliquer à faire marcher de front l'histoire des idées et celle des hommes, pour les éclairer l'une par l'autre. Considérée sous ce nouveau point de vue, l'histoire de la science n'est jamais interrompue. Quel que soit le rang qu'il occupe dans l'échelle sociale, un peuple possède toujours un ensemble de faits et d'observations que l'on peut considérer comme constituant un système scientifique. Les nations peu civilisées n'ont pas, à la vérité, un corps explicite de doctrine; mais c'est dans les arts, dans la poésie, et même dans les superstitions, qu'elles gravent l'ensemble de leurs connaissances; et c'est là que j'ai dû chercher les matériaux de leur histoire scientifique. Les livres didactiques ne se rencontrent que chez des peuples plus policés. Enfin surgissent les applications et les sciences populaires, qui contribuent sans doute à améliorer la condition matérielle de l'espèce humaine, mais qui ne sont pas toujours un signe certain du plus grand développement de l'intelligence. L'expérience prouve en effet que l'espoir d'une utilité immédiate ne porte que trop souvent les hommes à négliger la culture des sciences abstraites, qui sont si propres cependant à conduire aux grandes applications, en perfectionnant l'instrument intellectuel qui doit les faire éclore. L'historien doit toujours faire connaître ce que les sciences ont reçu de la société et ce qu'elles lui ont donné. Il doit s'attacher surtout à faire ressortir les méthodes et à les tirer de chaque découverte particulière, pour les présenter d'une manière abstraite à l'esprit, comme autant d'instrumens logiques et de moyens généraux d'invention.

Mais en écrivant cette histoire, mon but n'a pas été purement scientifique. J'ai voulu tracer aussi la vie des savans illustres, et peindre cet élan noble et généreux qui les avait portés à poursuivre sans relâche, et à travers mille dangers, des vérités qu'ils ne devaient atteindre qu'à force de privations et de misères. Cette lutte persévérante, ce grand drame intellectuel, m'a paru renfermer de hautes leçons de morale, utiles surtout dans des temps où le découragement et le suicide suivent de si près le moindre désappointement des jeunes gens. — Infortunés! ils croient, et répètent sans cesse, que les grands hommes de l'Italie ont été le fruit de la protection accordée aux lettres et aux arts par les princes; ils s'imaginent que les hommes célèbres des temps passés ont vécu au milieu de toutes les jouissances, de toutes les voluptés; ils cherchent les plaisirs et les richesses, et ne sachant pas supporter une noble indigence, ils se fanent et meurent. Qu'ils lisent l'histoire italienne, et ils apprendront à vivre et à souffrir! Est-ce Dante, condamné au bûcher? est-ce Léonard de Vinci, demi nu et grelotant en hiver? est-ce Colomb revenant enchaîné d'Amérique? est-ce le Tasse à l'hôpital? est-ce Galilée à genoux devant l'inquisition, qui attestent cette protection tant vantée? C'est une pauvre excuse que le manque de protection et d'argent. L'argent n'est tout que dans les siècles où les hommes ne sont rien.

Certes, la société actuelle est travaillée par de grands besoins; elle est rongée par des plaies qu'il faut fermer, sous peine de sanglantes catastrophes. Le peuple a été trop long-temps négligé, trop long-temps exploité pour le compte de quelques hommes; il reste encore immensément à faire pour lui : il faut s'efforcer de l'instruire, de le rendre meilleur et plus heureux. Mais en satisfaisant aux besoins des masses, on doit se garder de détruire l'individu : il ne faut pas dire, comme les maîtres de certaines écoles modernes, que les grands hommes sont devenus désormais impossibles. Au temps de la féodalité, on comptait pour rien le peuple qui constitue la base de la société; maintenant on se révolte contre les grands hommes qui en doivent former la sommité. Le premier système, c'est de la tyrannie; le second, c'est de l'anarchie; tous les deux mènent à l'abrutissement. « Plus de grands hommes! » c'est le cri de l'ignorance : avec ce cri-là, une nation renonce à vivre dans l'histoire. Le principe de représentation n'est pas applicable à l'esprit. Cent hommes réunis auront toujours plus de force qu'un seul; cent millions d'hommes ensemble seront toujours plus riches que ne le fut Crésus; mais des milliards même d'hommes médiocres ne découvriront pas *la Gravitation universelle*; ils ne créeront pas *la Divina Commedia* : on n'aura jamais la monnaie d'un homme de génie. Maintenant le grand problème social est là : améliorer la condition des masses, les instruire, les relever, sans diminuer la puissance de l'individu. Il faut reprendre la société et la rehausser tout entière. Mais l'égalité que l'on ferait en détruisant les sommités ne serait que de la barbarie.

A une époque où les hommes sont si portés à vouloir tout expliquer par des considérations politiques, l'historien doit savoir résister à ces tendances exagérées, et prouver, par des faits, qu'il ne faut pas toujours attribuer à l'influence du gouvernement les vicissitudes littéraires des nations; et que surtout il ne faut pas chercher dans cette influence une excuse à la paresse d'esprit. Les républiques italiennes du moyen âge ont prouvé, contrairement à ce que l'on prétend de nos jours, que la démocratie et l'esprit commercial d'un peuple pouvaient s'allier avec les plus sublimes créations de l'imagination et de l'esprit. Un brevet d'apothicaire n'empêcha pas Dante d'être le plus grand poète de l'Italie, et ce fut un petit marchand de Pise qui donna l'algèbre aux Chrétiens. D'autre part, l'exemple du Tasse, de Galilée et de Vico, nés dans des temps d'oppression et d'esclavage, montre que le despotisme est impuissant contre les hommes de génie.

Les gouvernemens peuvent, il est vrai, s'opposer aux progrès de l'instruction, et quand ils le font ils sont bien coupables; mais leur action ne s'exerce que sur les esprits médiocres. Les temps où l'on a fait le plus d'efforts pour instruire le peuple n'ont presque jamais été suivis par une de ces grandes époques littéraires qui jettent un si vif éclat sur la vie d'une nation. Il faut donc chercher ailleurs que dans l'action directe du gouvernement, la cause de ce désaccord fréquent entre l'instruction moyenne d'un peuple et sa gloire littéraire. Ce fait pourrait mieux s'expliquer peut-être par la diverse influence que les intérêts matériels ont exercée à différentes époques sur la morale et l'éducation. Lorsqu'ils ont eu trop d'empire, l'éducation a dû se proposer pour objet cette partie de l'instruction qui fait espérer des résultats utiles et positifs, facilement transformables en argent, et l'on a dû négliger la force du caractère et la dignité de l'homme; car ces qualités, indispensables au développement du génie, mènent trop rarement à la fortune. Sous le joug des intérêts matériels, la poésie, qui est également nécessaire aux grandes actions et aux grandes pensées, disparaît. L'homme est alors considéré comme une espèce d'animal de rapport, et l'on s'occupe de former des ingénieurs, des avocats, des législateurs, dans un but d'intérêt privé. On veut surtout *créer un état* aux jeunes gens; et comme l'état d'homme indépendant est le moins lucratif de tous, c'est celui que l'on embrasse le plus rarement. C'est donc, à mon avis, dans les causes qui tendent à augmenter ou à diminuer la force morale des hommes, plutôt que dans celles qui font varier le nombre des écoles et des professeurs, qu'il faut chercher l'explication des phases de la gloire littéraire des nations. Et il ne faut pas croire que les vices des gouvernemens soient la cause unique de la corruption des peuples, car les efforts que fait le gouvernement pour énerver et démoraliser la nation n'ont de chances de succès que chez des peuples déjà amollis et corrompus.

Ces considérations pourraient, dans notre époque, s'appliquer à plus d'un pays : il en est d'autres qui s'adressent plus particulièrement à l'Italie. Là, souvent, des hommes plus généreux qu'éclairés affirment qu'il faut quitter toute autre occupation pour se consacrer uniquement à la délivrance de la patrie. L'histoire doit montrer, à ces esprits trop exclusifs, Michel-Ange travaillant tantôt aux fortifications de Florence, tantôt aux fresques du Jugement Dernier, et Machiavel écrivant ses plus beaux ouvrages à peine sorti d'une conspiration avortée. Elle doit prouver, par l'exemple de Campanella, enseveli vingt-sept ans dans un cachot, et plusieurs fois torturé pour avoir tenté de chasser les Espagnols de l'Italie, que l'amour de l'indépendance n'exclut pas l'exercice des plus nobles facultés de l'homme.

Ce n'est donc ni l'oppression ni l'amour de la liberté qui devraient empêcher le génie de se développer en Italie. Les séductions du plaisir, le scepticisme du cœur, le manque d'une forte volonté, et surtout le découragement qui suit toujours d'infructueuses tentatives, seraient plus propres à produire un effet si funeste. Si l'Italie est malheureuse, les Italiens doivent se raidir contre l'adversité, et montrer qu'ils ne l'ont pas méritée. Le vrai scepticisme, c'est la force d'esprit; mais il faut accepter le doute comme une nécessité, sans se laisser maîtriser par lui ni entraîner à la mollesse. Dans toutes les circonstances, sous tous les gouvernemens, les esprits élevés doivent savoir honorer et illustrer leur pays, car c'est encore là du patriotisme.

L'importance de l'histoire serait bien diminuée, si l'étude des temps passés ne devait pas profiter aux nôtres. Si j'ai su rendre dans cet ouvrage les impressions que j'avais éprouvées, on sentira que rien n'est plus injuste que ce mépris que l'on affecte pour la science imparfaite de nos aïeux. Sans leurs essais nous serions encore dans l'ignorance; et peut-être ce savoir, dont nous sommes si fiers, est-il destiné à exciter bientôt un sourire de pitié chez une postérité injuste à son tour. Ni les hommes, ni les nations ne sauraient mépriser leur propre enfance; et il faut que les plus puissans et les plus glorieuses n'oublient pas qu'ils auront aussi leur vieillesse. Tous les siècles, comme tous les peuples, contribuent aux destinées de l'humanité : il y en a eu de plus obscurs, de plus malheureux, mais c'est un motif pour les plaindre et non pas pour les mépriser.

Et d'ailleurs, sommes-nous sûrs de valoir en tout mieux que nos ancêtres? On le proclame sans cesse, mais moi je n'oserais pas l'affirmer. Tout ce qui est nouveau n'est pas un perfectionnement : souvent ce n'est qu'un retour vers des choses déjà oubliées; et puis, à présent, nous changeons si vite en tout, nous passons si brusquement d'un extrême à l'autre, que, par cette continuelle mobilité, nous donnons un démenti continuel à nos prétentions. Que dirait-on si l'on voyait les géomètres, les astronomes, changer sans cesse toutes leurs méthodes, tous leurs systèmes, et parcourir rapidement le cercle des opinions les plus opposées? On dirait sans doute que les sciences qu'ils cultivent sont dans l'enfance. Que faut-il donc penser de ces peuples qui se proclament maîtres en science sociale, et qui changent à chaque instant de constitution et de tendance politique? On flatte les nations et les siècles; mais malheureusement l'homme semble avoir toujours eu les défauts inséparables d'une grande et rude énergie, ou les qualités qui accompagnent des mœurs plus douces, il est vrai, mais plus molles; et ce million de Gaulois qui surent mourir pour s'opposer à César avaient des vertus que nous avons eues hier..... et que nous aurons peut-être encore demain. D'ailleurs, dans des circonstances analogues, les mêmes causes produisent encore les mêmes effets. Nous avons vu, dans le *Siècle des lumières*, au centre des villes les plus policées, le peuple se ruer (comme au moyen âge) sur les passans et les déchirer en lambeaux, leur attribuant l'apparition d'une terrible épidémie; et nous voyons nos légions transportées au-delà des mers, lutter de barbarie avec des peuplades qu'on disait vouloir civiliser; tandis que, dans un autre continent, des nations qui prétendent servir de modèle à la vieille Europe, traitent leurs semblables comme des bestiaux, et transforment en système la destruction graduelle des anciens maîtres du sol. N'insultons donc pas à la mémoire de nos aïeux!

Je sais bien que, dans un siècle d'applications et tout positif, on ne peut faire aucun cas des générations *inutiles* qui sont rentrées dans le sein de la terre : mais, à mes yeux, ce mépris pour les morts est loin d'être un signe de perfection. L'histoire dira un jour qu'au foyer de la civilisation, aux portes de nos capitales, on nous enjoignait insolemment d'emporter d'un cimetière les ossemens de nos pères, pour abréger le chemin aux charrettes des rouliers. Elle dira aussi que dans cette Italie, qui se repose si volontiers sur d'anciens lauriers, et qu'on accuse d'être la terre des morts, les hommes les plus illustres attendent encore une pierre tumulaire, tandis qu'il y a des villes opulentes où les médailles et les statues sont prodiguées aux chanteurs et aux danseurs. Elle dira surtout qu'après une lutte qui a soulevé tous les peuples de l'Europe, les champs où gisaient nos soldats furent livrés à des compagnies qui transformerent en engrais animal les restes de ces vaillantes cohortes.... Le cœur bondit au souvenir de ces profanations! — Voilà où nous mène le principe exagéré de l'utilité. Quelques épis sacrilèges l'emportent sur le respect que l'on doit aux trépassés; et l'on compte pour rien l'exemple, et l'influence des honneurs rendus à la mémoire des grands citoyens. Je l'ai déjà dit : trop souvent l'homme n'est considéré que comme un animal de rapport. Ce principe peut être favorable à la production dans les manufactures; mais, si on l'adopte, il ne faudra plus demander ni grandes pensées, ni grands sentimens, ni grandes actions à ceux que l'on traite comme des brutes. A Athènes, de vieux animaux, qui ne pouvaient plus travailler, étaient nourris aux frais de l'état : que faisons-nous, à présent, pour des vieillards que nous appelons inutiles?

Mais me voilà bien loin de mon sujet, il est temps d'y revenir.

Après de longs travaux, je m'apprêtais à publier mon ouvrage, lorsqu'un évènement imprévu vint renverser mes desseins. Forcé, en 1831, de quitter l'Italie, parce que j'avais desiré contribuer à améliorer son sort, je perdis, dans un voyage pénible, la plupart de mes manuscrits. Une telle perte, au moment où je venais d'être arraché à tout ce que l'homme a de plus cher, faillit me faire abandonner mon projet. Mais ensuite je me dis que peut-être la meilleure réponse à une proscription illégale était un ouvrage destiné à célébrer la gloire du pays d'où j'étais expulsé; et qu'il pouvait y avoir quelque avantage à montrer que les peines du cœur ne font pas toujours courber la tête... je recommençai mon travail.

L'ouvrage que je présente au public contient l'histoire des sciences mathématiques (1) en Italie, depuis la renaissance des lettres jusqu'à la fin du dix-septième siècle. Cette histoire commence à l'introduction de l'algèbre parmi les Chrétiens, et s'arrête à la mort des derniers disciples de Galilée. Afin de la rendre moins imparfaite, je me suis borné à un seul pays et aux sciences qui ont fait l'occupation de toute ma vie : mais les rapports qui lient entre elles les différentes branches des connaissances humaines, et l'influence mutuelle que tous les peuples ont exercée les uns sur les autres, m'ont forcé souvent à sortir d'Italie et à parler d'autre chose que des

---

(1) Je prends ici les sciences mathématiques dans leur acception la plus étendue. C'est ainsi qu'à l'Institut les sections de mathématiques de l'Académie des Sciences comprennent les mathématiques pures, avec toutes leurs applications à l'astronomie, à la mécanique et à la physique.

sciences abstraites. J'ai eu l'intention d'écrire d'une manière non didactique le texte de mon ouvrage, et d'en rendre la lecture facile à toute personne médiocrement instruite, en réservant pour les notes, au bas des pages, les citations et les développemens nécessaires. Lorsque les circonstances me l'ont permis, j'ai toujours consulté les sources originales, et je me suis imposé l'obligation de vérifier, avec le plus grand soin, toutes les citations; car j'avais eu trop à me plaindre moi-même des inexactitudes que l'on rencontre si souvent dans les ouvrages d'érudition, pour ne pas tâcher d'épargner ce désagrément à mes lecteurs (1). Les notes que j'ai

(1) Ne pouvant que rarement traiter avec toute l'étendue nécessaire les questions qui surgissaient de mon sujet, j'ai voulu au moins, par des citations multipliées, mettre le lecteur à même de connaître les ouvrages les plus propres à le guider dans ses recherches. Quelquefois, n'ayant pu me procurer les ouvrages originaux dont j'avais besoin, j'ai été forcé de recourir à des compilations plus modernes; mais alors, pour ne pas induire en erreur, j'ai eu soin de citer le nom de l'auteur à qui j'avais emprunté le fait que j'indiquais. On pourra remarquer que j'ai cité en latin les passages tirés des auteurs grecs. Cela est peu conforme à l'usage communément adopté par les érudits; mais, comme cet ouvrage ne s'adresse pas à des philologues, j'ai craint de rebuter les lecteurs en leur présentant une trop grande masse de passages grecs. Je n'ai reproduit le texte, que lorsqu'il pouvait donner lieu à quelque discussion. J'ai suivi en

placées à la fin de chaque volume contiennent des discussions étendues et des documens inédits (1), parmi lesquels il en est qui me paraissent avoir beaucoup d'importance. Je me suis permis en cela une grande latitude. Bien que traitant l'histoire scientifique de l'Italie, j'ai pensé qu'un écrit inédit de Gassendi, d'Huyghens, de Descartes, surtout lorsqu'il se rapportait d'une manière quelconque aux travaux des savans italiens, pouvait trouver place dans mon ouvrage. Les hommes éminens appartiennent à tous les pays; leurs écrits servent à l'histoire de l'esprit humain.

Le premier volume de cette histoire renferme

---

cela l'exemple de M. de Humboldt, qui, dans son *Examen critique de l'histoire de la géographie dans le nouveau continent*, a cité en latin de longs passages d'Aristote. J'ai toujours désigné le tome et la page de l'ouvrage cité, et dans mes citations, j'ai indiqué, une fois pour chaque volume et pour chaque ouvrage, l'édition dont je me suis servi. On trouvera, dans le dernier volume de cette histoire, un catalogue général des éditions et des manuscrits que j'ai consultés, avec des notes bibliographiques et critiques sur les ouvrages les plus importans.

(1) Ces documens ont toujours été reproduits tels que je les ai trouvés dans les manuscrits, en conservant leur orthographe spéciale. Ce mode de publication, qui a été adopté par d'illustres érudits, a l'avantage à mes yeux d'empêcher l'éditeur de corriger le texte dans le sens de ses propres idées. J'en ai usé de même dans toutes les citations des ouvrages imprimés.

une introduction destinée à exposer la marche des sciences chez les différens peuples de la terre, à partir de la plus haute antiquité. Comme j'avais l'Italie pour objet spécial, je n'ai parlé des autres nations que lorsqu'elles venaient se mettre en contact avec les Italiens. J'ai tâché par là, sans nuire à l'unité de mon plan, de présenter un aperçu général propre à faire connaître au lecteur ce que les modernes avaient ajouté aux travaux et aux découvertes de leurs devanciers.

Malgré mes efforts, je sens combien je suis resté au-dessous de mon sujet. Peut-être ceux à qui j'offre cet ouvrage avaient-ils espéré davantage de moi (1); mais qu'ils songent que, livré aussi à d'autres travaux, j'ai été forcé, par la perte de mes manuscrits, de recommencer toutes mes recherches, et que je les ai terminées en peu de temps, dans un pays où les ouvrages italiens sont fort rares. Qu'ils songent surtout que

(1) Après avoir achevé de publier cette histoire, je compte profiter des critiques qu'elle aura provoquées, et des nouvelles recherches que j'aurai eu l'occasion de faire sur le même sujet, pour en donner une traduction italienne. J'espère pouvoir faire alors disparaître les imperfections de langage, que le lecteur ne rencontrera que trop souvent dans ce premier essai.

j'ai travaillé dans l'exil, loin de tout ce que j'aimais le plus, loin de tout ce qui avait animé mes premières années; et que les distinctions si flatteuses et les honneurs si peu mérités dont on m'a comblé en France, n'ont pu qu'adoucir les regrets qui me reportent si souvent vers le pays où je suis né.

Paris, le 1er Août 1835.

GUILLAUME LIBRI.

POST-SCRIPTUM.

Le premier volume de cet ouvrage venait à peine d'être imprimé, que toute l'édition, encore en feuilles, fut détruite dans l'incendie qui, vers la fin de 1835, frappa si cruellement la librairie de Paris. Il n'en échappa qu'un petit nombre d'exemplaires, qui avaient été distribués avant que l'ouvrage fût mis en vente. Forcé de préparer une seconde édition, j'aurais voulu qu'au moins une plus grande publicité m'eût permis de profiter des critiques que mon ouvrage aurait méritées; mais, si j'ai été privé de cet avantage, j'en ai été dédommagé par les conseils de quelques savans qui ont bien voulu me faire part des observations que la lecture de mon ouvrage leur avait inspirées, et qui par là m'ont fourni les moyens d'améliorer quelques parties du *Discours préliminaire.* Je les prie d'agréer l'expression de ma vive reconnaissance.

Si une longue maladie ne m'en avait empêché, j'aurais peut-être refondu en entier ce volume : cependant j'y ai fait des corrections et des additions notables, et je l'ai enrichi de nouveaux documens inédits. Il y a aussi un petit nombre d'autres changemens faits d'après les conseils de plusieurs personnes qui ont cru qu'il ne fallait pas, pour quelques mots, fermer l'entrée de l'Italie à cet ouvrage. Mais ce ne sont que quelques mots changés : mes opinions restent les mêmes ; elles ne changeront jamais.

Le 15 Avril 1838.

DISCOURS PRELIMINAIRE.

Le lecteur est prié de vouloir bien consulter l'errata et les additions placés à la fin du second volume.

SOMMAIRE.

DISCOURS PRÉLIMINAIRE.

Les annales de l'humanité montrent chaque nation sortant tour-à-tour des ténèbres, pour venir briller un instant sur la scène du monde, et pour rentrer bientôt après dans l'obscurité. Cette loi de destruction et de renouvellement avait été constatée dès la plus haute antiquité. Les jours du monde des Étrusques, les dynasties des Arabes, n'étaient que le symbole de la transmission continuelle de la puissance des peuples. Mais si le temps ronge les grandeurs et les empires, deux principes, la vertu et le génie, échappent à son action et leur ascendant se conserve à tout jamais. Les monumens de la Grèce tombent en ruine, vingt trônes se sont élevés sur les débris du trône d'Alexandre; mais, encore de nos jours, on a invoqué à Saragosse et à Varsovie les trois cents qui moururent aux Thermopyles pour les saintes lois de la patrie.

A la vérité le développement moral de l'humanité ne semble pas indéfini, et les plus grands efforts nous conduisent à peine à égaler les exemples de l'antique vertu. Mais chaque génération profite des travaux intellectuels et des découvertes des générations précédentes. Ce progrès sans bornes est le caractère spécial des sciences exactes : il en fait le plus grand charme. Si la nature paraît avoir posé des limites à la production du beau dans les lettres et les arts, les fruits de la raison s'accumulent toujours d'âge en âge, sans qu'on puisse déterminer le point où s'arrêtera cette marche ascendante.

Leur concours aux progrès de la civilisation est pour les peuples un titre d'immortelle gloire Lorsque le sceptre d'une nation s'est brisé, si elle a payé sa dette à l'humanité, si la masse des lumières a été augmentée par elle, sa mémoire ne périt pas. Qui de nous songe maintenant aux conquêtes de Crichna et de Téarcho? et pourtant tout l'Occident veut savoir si les germes de la raison se sont premièrement développés en Asie, sur l'Himalaya, ou en Afrique, sur les montagnes de la Lune. Au milieu des continuelles vicissitudes des nations, tandis que l'Inde, l'Egypte et la Grèce sont encore fatiguées par l'enfantement d'une première civilisation, l'Italie seule semble avoir eu en partage une gloire toujours renaissante. Là, d'abord, les Étrusques disputent aux Orientaux une civilisation primitive; puis, Archimède éclipse les savans de la Grèce. Sous la république, les Romains couvrent de lauriers leur ignorance altière; plus tard les écrits de Cicéron et de Virgile cachent aux yeux de la postérité les proscriptions des Triumvirs et la lâcheté du Sénat. Enfin l'Italie s'élance à la tête de la civilisation moderne, armée du flambeau de la science et de l'épée de la liberté. Si cet héritage de trente siècles de gloire paraît maintenant diminué, c'est qu'une lutte permanente, entre les gouvernemens et les peuples, use, dans cette malheureuse contrée, toutes les forces morales de la nation. Mais ne désespérons pas; cette lutte aura un terme, le génie reprendra son essor, et l'on verra renaître les jours de Dante, de Michel-Ange, de Galilée.

Toutes les phases de la civilisation sont tellement liées entre elles, qu'à partir d'une époque déterminée on essaierait en vain d'étudier une branche quelconque de l'histoire sans jeter un regard sur les temps et les évènemens antérieurs.

Ainsi ramené sans cesse en arrière, l'historien est presque obligé de suppléer par des hypothèses au manque de faits, lorsqu'il se trouve placé entre les temps historiques et les traditions fabuleuses; et, pour trouver un point de départ, il est forcé de se rattacher aux cosmogonies, titres de noblesse que chaque famille de peuples s'est fabriqués pour satisfaire la vanité nationale. Si l'on introduisait dans l'histoire la méthode à laquelle les sciences naturelles doivent tant de progrès, on commencerait par étudier notre époque, et puis on pénétrerait peu-à-peu dans le passé jusqu'au point où manqueraient les documens positifs. En remontant ainsi toujours des effets aux causes, et, en s'arrêtant où l'incertitude commence, on ne donnerait que des notions exactes, et l'on substituerait le doute à l'erreur dogmatique. Mais le temps n'est pas encore venu d'abandonner le système adopté depuis tant de siècles. Nous suivrons donc la méthode ordinaire, en tâchant d'éviter les conséquences forcées, auxquelles on s'est trop souvent laissé entraîner.

Quel que soit le point de vue sous lequel on considère l'humanité, en se plaçant à l'origine des temps historiques, on est frappé d'un spectacle extraordinaire. Alors toutes les nations paraissent ébranlées à-la-fois, elles se mêlent, elles se séparent, elles changent sans cesse de demeure. De grandes migrations de peuples, sortis presque tous de l'Orient, inondent l'Europe et s'avancent jusqu'à l'Atlantique. Souvent les envahisseurs apportent avec eux une civilisation plus avancée, les lettres et les arts. D'autres fois, moins policés que les anciens habitans, ils viennent, barbares et pirates, semer sur leurs pas la désolation et l'abrutissement.

Il n'est plus possible de savoir si ces grands mouvemens des peuples ont été presque contemporains entre eux, comme paraît l'indiquer la tradition, ou bien si, par une espèce d'illusion d'optique, la distance des temps nous montre réunis des évènemens arrivés à des époques différentes, et confondus ensemble dans les souvenirs vagues et incertains de ces âges éloignés. Mais les traditions les plus répandues prouvent que ces migrations ont eu lieu; et ici se présente un double problème : des circonstances et des besoins qu'il nous est impossible d'assigner ont-ils, à une époque reculée, causé de grandes migrations vers l'Occident, pareilles aux invasions qui, long-temps après, amenèrent la chute de l'empire de Rome? Ou bien, comme d'autres traditions paraissent l'attester, la terre aurait-elle souffert une inondation générale, ou plusieurs inondations partielles (1); les plaines auraient-elles été balayées par les eaux de la mer, et ne serait-il resté que des débris du genre humain sur le plateau central, et sur les plus hautes montagnes de chaque continent? Cette dernière hypothèse, quoique appuyée par de nombreuses traditions et par des livres sacrés, est encore loin d'être démontrée comme un fait historique: toutefois en l'adoptant, on peut diminuer les difficultés de l'histoire primitive des peuples. En effet, il est aisé de concevoir que les provinces de l'Asie centrale et la partie intérieure de l'Afrique, trop élevées pour être submergées, aient continué à être habitées par des peuples

---

(1) Voyez, pour les traditions qui se rapportent au déluge, *Cuvier, recherches sur les ossemens fossiles*, Paris; 1821, 7 vol. in-4, tom. I, p. 10. — *Humboldt, vues des Cordillères et monumens des peuples d'Amérique*, Paris, 1816-24, 2 vol. in-8, p. 88 et 115; tom. II, p. 17, 128, 175, 177, etc. — *Schlosser, histoire universelle de l'antiquité*, Paris, 1828, 3 vol. in-8, tom. I, p. 21, etc., etc. — M. Letronne, dans les savantes leçons qu'il a données sur cette matière au collège de France, s'est proposé d'établir que, depuis les temps historiques, ou même traditionnels, il n'y a pas eu de déluge universel, mais qu'il y a eu seulement des inondations partielles.

considérables dont l'état social n'était que peu altéré par la révolution physique qui anéantissait les habitans des plaines. En Occident, l'absence d'un grand plateau n'a pas dû permettre à des nations entières d'échapper au désastre; mais les chaînes de montagnes et les pics isolés ont pu servir de refuge à quelques peuplades qui, livrées à elles-mêmes après la catastrophe, ont dû se rapprocher graduellement de l'état de barbarie, et d'autant plus qu'elles étaient moins nombreuses et moins puissantes. Si l'on admet cette dispersion d'habitans sur divers points de la terre, les uns isolés et presque tombés dans un état sauvage; d'autres réunis en plus grand nombre, conservant encore des traces d'une civilisation antérieure; et enfin de grands peuples établis dans les parties centrales de l'Asie et de l'Afrique, il ne sera pas difficile d'expliquer comment, lorsque les eaux eurent repris leur position d'équilibre, des colonies asiatiques et africaines venant apporter en Europe une civilisation nouvelle, modifièrent les élémens qui y existaient déjà, et laissèrent dans les langues, dans la religion, dans les arts, des traces profondes d'une influence étrangère.

On ne saurait d'aucune manière déterminer

le temps qu'il a fallu pour que ces colonies, se répandant de proche en proche, aient découvert les restes des autres peuples antédiluviens. Leur marche a pu être influencée par des circonstances physiques, comme le cours des rivières où la direction des chaînes de montagnes, et par l'état social plus ou moins avancé des émigrans. Les peuples nomades et pasteurs ont dû marcher les premiers; plus tard seront partis les cultivateurs; puis enfin, les hordes de pirates et de conquérans, qui ne pouvaient se mettre en marche avant que d'autres colonies eussent préparé un aliment à leur rapacité. Ainsi, les tribus sorties de l'Ethiopie et du plateau central de l'Asie, s'éloignant peu-à-peu de leur point de départ, ont dû se rencontrer et se modifier mutuellement. Elles ont dû subir de nouvelles modifications, à mesure qu'elles se trouvaient en contact avec les débris d'autres peuples primitifs. Nous croyons que cette hypothèse satisfait assez aux traditions historiques et aux recherches des naturalistes, et explique l'introduction des plantes et des animaux domestiques en Occident, mieux que ne le font ces cosmogonies qui prétendent forcer toute la nature animée à dériver d'un point unique, ou d'un très petit nombre de points primitifs.

Dans leur marche vers l'Occident, les peuples orientaux trouvèrent successivement des contrées inconnues auxquelles ils donnèrent tantôt des noms génériques, tantôt des noms tirés des pays qu'ils venaient de quitter. Ces nouvelles contrées, découvertes alors comme plus tard on découvrit l'Amérique, furent la Grèce, l'Italie, l'Espagne qui, comme le reste de l'Europe, ne commencent à compter dans l'histoire qu'après avoir été rattachées à l'Orient où alors était placé le foyer de la civilisation. (1)

Arrivées en Grèce et en Italie, les nouvelles colonies s'amalgamèrent avec les restes des peuples aborigènes(2): aussi est-il aisé de reconnaître dans l'état social, la religion et les arts des Hellènes et des anciens Italiens, des traces nombreuses d'élémens nationaux, que l'influence étrangère avait modifiés sans pouvoir les détruire. En effet, on voit d'abord en Grèce quelques petits peuples,

---

(1) Strabon parle, il est vrai, des Turdinains, peuples de l'Espagne, qui avaient une histoire, une poésie et des lois en vers très anciennes : mais tous les monumens littéraires de cette nation ont péri. (*Strabo, rerum geographic.* Amstelod. 1707, in-fol., p. 204, lib. III.)

(2) *Censorinus, de die natali,* Cantabrigiæ, 1693, in-8°, p. 22, cap. 4. — *Creuzer, religions de l'antiquité,* Paris, 1825, 4 vol. in-8, tom. II, p. 390.

se regardant comme des aborigènes, vouloir remonter à une époque plus ancienne que la lune (1), et avoir leurs dieux propres cachés dans les montagnes du pays. Ensuite arrivent quelques peuplades étrangères; puis vient la grande invasion des Pélasges; enfin les colonies parties de l'Asie-Mineure et de l'Egypte apportent successivement leur alphabet, le culte du soleil, la trinité et les douze grands dieux. (2)

---

(1) Nous avons suivi ici l'opinion vulgaire sur le nom de προσέληνοι des Arcadiens (*Suidæ Lexicon*, Cantabrigiæ, 1705, 3 vol. in-fol., tom. I, p. 428, Βεκκεσέληνε). Censorinus (*De die natali*, p. 116, cap. 19) dit que ce nom leur venait d'une ancienne année de trois mois qu'ils s'étaient formée avant l'introduction de l'année lunaire en Grèce. « Item in Achaia Arcades trimestrem annum primo habuisse dicuntur, et ob id προσέληνοι appellati; non, ut quidam putant, quod ante sint nati quam lunæ astrum cœlo esset : sed quod prius habuerint annum, quam is in Græcia ad lunæ cursum constitueretur. Sunt qui tradant, hunc annum trimestrem Horum instituisse : eoque ver æstatem, autumnum, hyemem ὥρας, et annum ὧρον, dici, et Græcos annales, ὥρους, eorumque scriptores ὡρογράφους. » —Nous rappelons ce passage, parce qu'il se trouve d'accord avec les preuves que M. Arago a réunies contre l'hypothèse d'une comète qui serait devenue (depuis l'existence du genre humain) un satellite de la terre. (Voyez *Annuaire du bureau des longitudes pour l'année* 1832, p. 282). Au reste, d'autres peuples aussi ont cru que le soleil et la lune étaient moins anciens que les hommes.

(2) *Herodoti historia*, Amstelod., 1763, in-fol., p. 105, 153,

On pourrait faire des remarques semblables sur l'état ancien de l'Italie ; mais, sans se livrer ici à des discussions, qui probablement n'auraient aucun résultat positif, sur l'antiquité relative des différens peuples italiens qui ont précédé les Romains ; sans rechercher si les anciens Latins (*prisci Latini*) ont précédé ces Umbriens, auxquels les Grecs, par un jeu de mots, ont voulu attribuer une existence plus ancienne que le déluge ; sans embrasser même aucune des hypothèses qu'on a faites sur l'origine des Etrusques, il est facile de se convaincre, par une multitude de faits divers, qu'il existe à-la-fois plusieurs origines italiennes. Ce sont ces différentes origines qui ont donné naissance, parmi les érudits, à tant de disputes, dans lesquelles chacun avait de bonnes raisons en faveur de son propre système, et n'avait d'autre tort que celui de vouloir le rendre trop exclusif.

Les Étrusques, sans être le plus ancien peuple de l'Italie, paraissent en avoir été un des plus

---

399, lib. II, § 4, lib. II, § 109, lib. V, § 58. — *Plutarchi opera*, Paris, 1624, 2 tom. in-fol., t. I, p. 383, *Pyrrus*. — *Thucydidis historia*, Amstelod., 1731, in-fol., p. 1-8, lib. I, § 1-8. — *Rees, Cyclopædia*, vol. XXXVI. *Trinity*.

puissans, et furent le plus illustre de tous par les lumières (1). Étaient-ils des Tyrrhéniens, comme les Grecs l'ont supposé? Venaient-ils du nord de l'Italie, où était placée Felsine leur ancienne capitale? Sortaient-ils des contrées plus septentrionales où Varron plaçait leurs dieux (2)? Enfin étaient-ils originaires du sol

---

(1) *Lampredi, filosofia degli antichi Etruschi*, Firenze, 1756, in-4°, p. 9 et suiv. — *Lanzi, saggio di lingua etrusca*, Roma, 1789, 3 vol. in-8°, tom. II, p. 567 et suiv. — *Novi commentarii societatis Gottingensis*, class. philol. tom. VII, p. 17 et seq. (*Heyne*). — *Niebuhr, histoire romaine*, Paris, 1836, 2 vol. in-8°, tom. I, p. 185 et suiv.—*Müller, die Etrusker*, Breslau, 1828, 2 vol. in-8, liv. IV. — *Micali, Storia degli antichi popoli italiani*, Firenze, 1832, 4 vol. in-8, avec atlas, tom. II, p. 186 et suiv.

(1) *M. Verrii Flacci quæ extant, et Sext. Pompei Festi de verborum significatione*. Lutet., 1576, in-8, p. 257. — Creuzer (*Religions de l'antiquité*, tom. II, p. 409) remarque que le mot *Æsar*, qui en étrusque signifie *Dieu*, est le pluriel d'*As*, qui, en islandais, a la même signification. D'autres savans ont pensé que le nom de *Rasena*, que les Etrusques se donnaient eux-mêmes, indiquait que ce peuple était sorti de la Rétie. Voyez, sur l'origine des Etrusques, *Durandi, Saggio sulla storia degli antichi popoli d'Italia*, Torino, 1769, in-4, p. 116 et suiv.—*Carli, antichita italiche*, Milano, 1788, 5 vol. in-4, part. I, p. 11 et suiv. — *Guarnacci, origini italiche*, Roma, 1785, 3 vol. in-4, tom. I, p. 19 et suiv. — *Novi commentarii societatis Gottingensis*, class. philol., tom. III, p. 32 et seq. (*Heyne*). — *Müller, die Etrusker*, (introd.). — *Lanzi, saggio di lingua etrusca*, tom. I, p. 16 et suiv., et

où s'était caché leur dieu Tagès (1)? Nous ne croyons pas possible de résoudre ces questions avec le petit nombre de faits qui ont pu arriver jusqu'à nous; d'autant plus que même les fragmens qui nous restent des anciens auteurs qui ont écrit sur ce sujet, ont dû être souvent défigurés par l'imagination des Grecs et par l'orgueil national des Romains. Cependant, d'après les témoignages réunis de ces Grecs, qui appelaient barbares toutes les autres nations, et des Romains, qui ne connaissaient d'autres instrumens scientifiques que l'épée et la charrue (2), on peut affirmer qu'à une époque très ancienne les Etrusques étaient parvenus à une civilisation fort avancée. Il est donc nécessaire de commencer

---

tom. II, p. 576 et suiv.—*Histoire de l'académie des inscript. et bell.-lett.* (édition origin. in-4), tom. XVIII, p. 72. — *Micali, storia d'Italia avanti il dominio di Romani,* Firenze, 1821, 4 vol. in-8, avec atlas, tom. II, p. 185 et suiv.—*Micali, storia degli antichi popoli italiani,* tom. I, p. 96 et suiv. — *Niebuhr, hist. rom.,* tom. I, p. 153. — *Opuscoli letterari di Bologna,* Bologne, 1818, 3 vol. in-4, tom. III, p. 207: 292 (*Orioli*). — etc., etc.

(1) *Lydus, de ostentis,* Parisiis, 1823, in-8, p. 11.—*Lanzi, saggio di lingua etrusca,* tom. II, p. 239.

(2) *Dionys. Halicarnas. opera, edent. Reiske.* Lipsiæ, 1774, 6 vol. in-8, tom. I, p. 296, lib. II, cap. 28.

cette introduction à l'histoire des sciences en Italie par un exposé succinct de l'ensemble de leurs connaissances.

On sait que, dès la plus haute antiquité, les Étrusques avaient des annales rédigées par les prêtres et les Lucumons (1). Ces annales, qui se conservèrent dans les premiers temps de la domination romaine, furent presque toutes détruites dans la guerre sociale. Elles nous auraient été d'un grand secours pour éclaircir la question de l'origine des Étrusques, et pour déterminer ce qu'il y avait de national et d'étranger dans leurs arts. Car, bien que l'on possède un très grand nombre d'anciens monumens toscans, il est toujours difficile d'en déterminer l'âge, et plus difficile encore de les interpréter. Les inscriptions nous apprennent, il est vrai, que les Étrusques écrivaient de droite à gauche, et qu'à l'exemple des langues sémitiques, leur langue manquait des voyelles brèves et des consonnes redoublées (2): ces inscriptions ont pu nous conduire à retrouver

---

(1) *Censorinus, de die natali*, p. 92, cap. 17. — *Niebuhr, hist. rom.*, tom. I, p. 173.

(2) *Lanzi, saggio di lingua etrusca*, tom. I, p. 136 et suiv. — *Niebuhr, hist. rom.*, tom. I, p. 194.

l'alphabet étrusque, mais la langue est restée encore inconnue; et il est presque certain que tant que l'on n'aura pas découvert des inscriptions bilingues de quelque étendue, on ne parviendra jamais à avoir des connaissances approfondies sur l'histoire et les langues des anciens peuples italiens. D'après une tradition fort répandue, les Étrusques descendaient des Lydiens (1) Denys d'Halicarnasse combat cette opinion (2), et dit que la langue étrusque, qui était parlée encore de son temps, n'avait aucun rapport avec les langues de l'Asie-Mineure. Ici l'analogie nous abandonne. On sait que le latin, qui dérive en grande partie du grec et par là du sanscrit, contient aussi plusieurs mots d'origine également sanscrite, mais qui n'ont pas passé par la Grèce. Ce fait peut s'expliquer par les différentes routes qu'auraient suivies des colonies partant de l'Asie centrale pour arriver en Italie; mais l'existence d'une langue sémitique en Étrurie, suppose une influence exercée sur les Toscans par des nations

---

(1) *Herodoti hist.* p. 48, lib. I, § 94. — *Plutarchi opera*, tom. I, p. 33, *Romulus*, et tom. II, p. 273, *Quæst. rom.* — *Valerius Maximus*, Leidæ, 1726, in-4, p. 150, lib. II, c. 4. — *Strabo, rer. géog.*, p. 335, lib. V.

(2) *Dionysii Halic. oper.*, tom. I, p. 78, lib. I. § 20.

n'ayant pas la même origine que la famille sanscrite. Cela au reste est fort probable; car, quelque grande que soit la part que les peuples de l'Inde ont eue à la civilisation de l'Europe, ils n'ont pas, à eux seuls, policé l'Occident : après avoir long-temps méconnu les origines indiennes, il faut se garder maintenant de les croire uniques.

On connaît bien peu l'arithmétique des Etrusques; cependant les archéologues ont retrouvé quelques-uns de leurs chiffres qui ressemblent beaucoup aux chiffres romains, excepté qu'ils sont renversés (1). Il paraît que chez les peuples antérieures à nos temps historiques, il existait plusieurs systèmes de numération qui avaient tous des bases différentes (2). Cela est démontré par le témoignage des historiens et par une foule d'anciennes traditions qu'on rencontre à-la-fois chez les Orientaux et chez les premiers habitans de l'Europe; parmi les sauvages d'Afrique, comme parmi ceux d'Amérique.

---

(1) *Opuscoli lett. di Bologna*, t. I, p. 208 (*Orioli*). — *Micali, storia d'Italia*. etc., t. II, p. 251. — *Inghirami, monumenti etruschi*, Firenze, 1825, 6 tom. en 9 vol. in-4, tom. I, p. 410 et 411. — *Müller, die Etrusker*, tom. II, p. 317 et suiv.

(2) Voyez la note I à la fin du volume.

Les restes de cette ancienne arithmétique se sont perpétués chez nous dans de grossières superstitions et dans un grand nombre d'habitudes populaires. En vain la science a voulu faire prévaloir son système; en vain les lois ont prescrit l'usage du système décimal. Il se passera beaucoup de temps avant que le peuple adopte l'arithmétique des savans. Ces divers systèmes de numération doivent être très anciens, car même chez les Étrusques on retrouve les traces de deux systèmes différens : l'un, comme celui des anciens Grecs et des Romains, avait pour base le nombre cinq; l'autre paraît avoir procédé selon les multiples de quatre. On doit rattacher au second la semaine civile des Toscans, composée de huit jours et correspondant à la grande semaine cosmogonique, ou aux *huit jours du monde* qui devaient borner l'existence de l'espèce humaine actuelle. On ne connaît pas exactement la durée de cette grande *huitaine* que quelques auteurs ont supposée de huit mille huit cents ans. Selon les Etrusques la fin de chaque jour était marquée par des phénomènes extraordinaires dont les prêtres seuls connaissaient la signification; et ces prodiges accompagnaient le passage de la domination d'un peuple à l'autre, qui devait toujours arriver un jour déterminé (1). C'est à ce système quaternaire qu'il faut rapporter aussi la division du ciel en quatre et en seize parties; division que Pline et Cicéron nous ont conservée (2), et qui était relative à la science fulgurale.

On a beaucoup vanté le cycle des anciens Toscans, et l'on a supposé qu'ils avaient déterminé la durée de l'année avec une très grande précision (3); mais cette haute science astronomique est si peu prouvée, l'incertitude est si grande, que l'on ne sait même pas si ces peuples se servaient de l'année solaire ou de l'année lunaire. D'ailleurs il serait très difficile de dire quelle était la durée de l'année chez les anciens Italiens, puisque nous savons positivement que d'une petite ville à l'autre les mois variaient quel-

---

(1) *Censorinus*, *de die natali*, p. 92, cap. 17.

(2) *Ciceronis opera*, Lugd. Batav., 1692, 11 vol. in-12, p. 3802, *de divinatione*, lib. II, § 42.—Pline (*Historia naturalis*, Paris., 1723, 3 vol. in-fol., tom. I, p. 101, lib. II, cap. 54) dit : « In sedecim partes cœlum in eo aspectu divisere Tusci. Prima est a septemtrionibus ad æquinoctialem exortum; secunda ad meridiem; tertia ad æquinoctialem occasum; quarta obtinet, quod reliquum est ab occasu ad septemtriones. Has iterum in quaternas divisere partes. »

(3) *Niebuhr, hist. rom.*, tom. I, p. 386.

quefois depuis seize jusqu'à trente-neuf jours (1). Ainsi tout ce qu'on a dit sur les connaissances astronomiques des Étrusques ne paraît s'appuyer sur aucun fondement solide. (2)

Outre l'observation des astres, les prêtres étrusques s'étaient créé une science fulgurale, à laquelle quelques modernes ont voulu attribuer une grande étendue. Depuis qu'on a reconnu l'influence exercée par les pointes sur les décharges électriques, on a cru pouvoir retrouver les paratonnerres chez les Toscans. En effet, Pline et Tite-Live paraissent accorder aux prêtres de cette nation la faculté d'appeler le ton-

---

(1) « At civitatum menses vel magis numero dierum inter se discrepant : sed dies ubique habent totos. Apud Albanos Martius est sex et triginta, Majus viginti et duum, Sextilis duodeviginti, September sedecim. Tusculanorum Quintilis dies habet triginta sex, October triginta duos ; idem October apud Aricinos triginta novem. » (*Censorinus, de die natali*, p. 134, cap. 22.)

(2) Gori, dans le *Musæum etruscum* (Florent., 1737, 3 vol. in-fol., tom. II, p. 403), parle d'un zodiaque étrusque publié par Ciatti ; mais ce monument, pour tous ceux qui l'observent sans prévention, n'a aucune signification déterminée, et nous n'y avons rien vu qui ressemblât à un zodiaque. (*Ciatti, memorie storiche di Perugia*, Perug., 1638, in-4, tom. I, p. 197).

nerre (1), et Zosime raconte que, lorsque Rome fut assiégée pour la première fois par les Goths, des Étrusques offrirent de faire descendre la foudre sur les assiégeans (2). Mais à cette époque la science sacrée des Étrusques avait disparu depuis long-temps (3) : c'étaient des charlatans qui promettaient d'accomplir ces prodiges, dans lesquels il ne faut pas plus voir les paratonnerres

---

(1) « Extat annalium memoria, sacris quibusdam et precationibus vel cogi fulmina vel impetrari. Vetus fama Etruriæ est, impetratum, Volsinios urbem agris depopulatis subeunte monstro, quod vocavere Voltam. Evocatum et a Porsenna suo rege. Et ante eum a Numa sæpius hoc factitatum, in primo annalium suorum tradit L. Piso, gravis auctor; quod imitatum parum rite Tullum Hostilium ictum fulmine » (*Plinii hist. natur.*, tom. I, p. 101, lib. II, cap. 53). — Voyez aussi *Titi Livii hist.*, Amstelod., 1679, 3 vol. in-8, tom. I, p. 65, lib. I, § 31.

(2) « Dum hæc ipsi secum expendunt, Pompejanus præfectus urbi, forte in quosdam incidit, qui Romam e Tuscia venerant; et oppidum quoddam ajebant, cui nomen Neveia, periculis urgentibus sese liberasse, perque preces ad numen factas, et cultum patrio more præstitum, exortis ingentibus tonitruis atque fulgetris, hostes sibi jam imminentes abegisse. » (*Zosimi historia*, Basil. (S. D.), in-fol., p. 106.)

(3) Dans ses savantes leçons sur l'histoire étrusque, M. Orioli a prouvé que la connaissance des livres étrusques s'était conservée jusqu'aux premiers siècles de l'ère chrétienne; mais il y a loin de la conservation de quelques livres à l'ensemble de la science d'un peuple.

que l'on ne voit les aérostats dans le voyage aérien de Dédale. Au reste la question se trouve tout-à-fait résolue par la publication récente d'un ouvrage de Lydus, où la science des éclairs de Tagès et de Labéon est exposée avec d'autres anciennes croyances des Étrusques sur les tremblemens de terre et les comètes. Dans ce livre on ne trouve aucune indication des paratonnerres. Les éclairs y sont considérés comme des pronostics des saisons et des récoltes, du bonheur des peuples et des individus. Lorsque Lydus dit que, pour garantir de la foudre les vaisseaux destinés à porter les empereurs, on en faisait les voiles de peaux de phoques, il prouve évidemment que les Etrusques, dont il avait étudié spécialement la science fulgurale, ne possédaient pas le paratonnerre (1). Cet ouvrage annoncé par l'au-

---

(1) *Lydus, de ostentis*, p. 173. — Il est possible cependant qu'on doive aux Étrusques quelque observation semblable à celle que les habitans du Frioul avaient faite long-temps avant Franklin. Dans le château de *Duino*, lorsque le ciel se couvrait de nuages, un soldat était chargé d'examiner si une pointe de fer tirait des étincelles d'une certaine barre de fer placée verticalement. Si cela arrivait, il devait sonner une cloche pour annoncer l'orage aux paysans et aux pêcheurs (*Mémoires de l'académie royale des sciences pour l'année* 1764, édition origin. in-4, p. 445). Il paraît, d'après le pas-

teur comme contenant le résumé de toute la science étrusque, paraît destiné à fixer nos idées d'une manière irrévocable sur les connaissances météorologiques des anciens Toscans. La seule observation électrique qui mérite d'être citée, est celle de l'origine terrestre du tonnerre qui monte quelquefois de bas en haut (1). Un passage que Lydus a extrait de Labéon, prouve que ces peuples avaient sur le feu central des idées analogues à celles qui sont presque généralement adoptées aujourd'hui. (2)

---

sage suivant de Sénèque, que les Étrusques avaient observé aussi les couleurs produites dans les corps par l'action de la foudre. « Nunc ad id transeo genus fulminis quo icta fuscantur. Hoc aut decolorat aut colorat. Utrique distinctionem suam reddam. Decoloratur id cujus color vitiatur, non mutatur; coloratur id cujus alia fit quam fuit facies; tanquam cærulea, vel nigra, vel pallida. Hæc adhuc Etruscis et philosophis communia sunt » (*L. Annæi Senecæ opera*, Amstelod., 1670, 2 vol. in-8, tom. II, p. 689, *Natur. quæst.*, lib. II, cap. 41). — Il y a, dans les ouvrages de Bède, un traité sur la signification du tonnerre, qui paraît avoir quelque analogie avec les livres des Étrusques cités par Lydus. (*Bedæ opera*, Basil., 1563, 6 vol. in-fol., tom. I, fol. 459 et seq.)

(1) *Lydus, de ostentis*, p. 173.

(2) Voici le passage de Lydus. « De terræmotibus. Cum nota sint quæ de causis affectuum terræ veteres memoraverunt philosophi, unam ex omnibus hic admittens, ignem subterraneum, quandoquidem in regionibus, ubi crebro

Les anciens ont attribué un grand savoir en médecine aux Toscans, mais on ignore si cette science aussi était dans leur système de théocratie guerrière (1), un instrument de superstition, ou bien si elle avait fait chez eux des progrès réels en s'aidant des sciences naturelles, auxquelles ils n'étaient pas restés étrangers.

Les monumens étrusques révèlent un état social très avancé. Des routes qui s'étendaient jusqu'en Ibérie (2), des fortifications qui frappent encore d'étonnement par leur inébranlable soli-

---

commotiones fiunt, versatum me memini, de iis quæ oculis ipsis usurpavimus, pauca quædam exponemus. Ignis, terram in profundo destruens ac resolvens, ea ut fiant efficit. Quare profecto loca propinqua evaporationibus scatebrisque fontium calidorum quassantur crebrius : velut vicina Laodiceæ Phrigiæ, Hierapoleos quæ juxta est, Philadelphiæ oppidi nostri, et omnino cum tractus illæ Asiæ, tum plurimus Europæ occidentalis, Siciliam dico et Italiam. Nam concussionum causa spiritus est sicci per cavernosum prima ac maxima extenuatio quæ fit per ignem subterraneum. Altera causa est, maris in loca cavernosa irruptio. Facit quoque ad rem pluvia, hyeme si cadit multa, æstate si nulla. Illa stipans humum, pessumque detrudens spiritum, initium dat compressionis : siccitas sursum trahendo eliciendoque item movet. » (*Lydus*, *de ostentis*, p. 186).

(1) *Niebuhr, hist. rom.*, tom. I, p. 173. — *Micali, storia d'Italia,* etc., tom. II, p. 224.

(2) *Niebuhr, hist. rom.*, tom. I. p. 185.

dité, des statues en bronze de cinquante pieds de hauteur (1), des peintures avec des couleurs si durables qu'elles se conservent encore après plus de vingt siècles d'existence, annoncent des connaissances mécaniques et chimiques fort étendues. Selon toute probabilité, on doit aux Étrusques l'invention des voûtes : car les anciens monumens de l'Égypte et de la Grèce n'offrent aucun exemple de la voûte à voussoir, tandis qu'on la trouve dans la plus ancienne des portes de Volterra, et dans une des premières constructions latines, la *Cloaca Maxima*, que les Romains avaient imitée de leurs voisins à qui ils empruntaient les *Aquileges* et tout ce qui a rapport à l'hydraulique. Pline, qui fait honneur aux Étrusques de l'invention des moulins à bras (2), leur attribue aussi la découverte de la méthode des *attérissemens* (ou des *Colmate*) dont on se sert encore de nos jours avec tant de succès en Toscane pour dessécher les marais, en

---

(1) *Plinii, hist. natur.*, tom. II, p. 647, lib. XXXIV, cap. 8.

(2) *Plinii, hist. natur.*, tom. II, p. 748, lib. XXXVI, cap. 18.

y faisant arriver les eaux troubles des rivières (1). Un autre procédé suivi par ces peuples pour opérer l'écoulement des eaux au moyen de canaux souterrains, et dont il nous reste encore plusieurs traces, mériterait d'autant plus notre attention que nous ne savons plus l'imiter, et qu'il semble avoir quelque rapport avec l'usage en grand des puits forés aspirans.

Outre la difficulté, et je dirais presque l'impossibilité, de faire connaître, même d'une manière incomplète, l'état des sciences chez un peuple dont la littérature et la langue ont disparu, et qui par sa constitution politique et religieuse, était amené à présenter toutes ses observations, toutes ses croyances sous la forme d'allégories, il y a encore une autre difficulté provenant du manque de chronologie. La civilisation des Étrusques s'est développée de bonne heure et ses progrès ont duré long-temps; mais les auteurs qui nous ont conservé quelques fragmens de la science des Toscans, n'ont pas eu le soin d'indiquer l'âge auquel se rapportaient les citations qu'ils nous transmettaient. Après avoir

(1) *Plinii, hist. natur.*, tom. I, pag. 173, lib. III, cap. 16. — *Villani (Giov.) storia*, Firenze, 1587, in-4, p. 31.

perdu son existence politique, l'Étrurie jouit d'une assez grande tranquillité dans les deux siècles qui précédèrent la guerre sociale; les sciences et les arts y furent toujours cultivés. C'est probablement à cette seconde époque qu'il faut rapporter un grand nombre de monumens et d'objets d'art dans lesquels on reconnaît le type grec, et c'est dans ces temps qu'il faut placer les tragédies de Vibius, les fables atellanes et les vers fescennins. Alors les arts, les sciences et la philosophie avaient été envahis par l'élément hellénique, et nous ne saurions avancer désormais sans exposer le mouvement intellectuel qui s'était manifesté dans la Grande-Grèce et dans toute l'Italie méridionale.

L'établissement des Grecs en Italie remonte au-delà des temps historiques. Des traditions fabuleuses annoncent que les premiers navigateurs s'avançant dans la mer Tyrrhénienne furent guidés par une colombe mystérieuse et par une harmonie céleste, qui leur indiquaient le but du voyage (1). Ces allégories signifient que les côtes de l'Italie étaient inconnues aux premiers navi-

(1) *Niebuhr, hist. rom.*, tom. I, p. 221.

gateurs arrivant de la Grèce. On a supposé que presque tous les héros d'Homère avaient établi des colonies italo-grecques, et l'on a cité particulièrement Idoménée et Philoctète, comme les plus anciens vainqueurs des Hibériens et des Sicaniens qui dominaient en Sicile avant l'arrivée de ces nouveaux habitans (1). La colonie des Chalcidiens à Cumes est la première à laquelle on puisse assigner une date certaine (2). Il n'entre pas dans notre plan de parler en détail des nombreux établissemens formés par les Grecs dans l'Italie méridionale, ni de rappeler les rapports intimes qui existèrent pendant long-temps entre la Grèce et ses colonies; il est cependant à remarquer que, dès la plus haute antiquité, les Étrusques et les peuples de la Grande-Grèce s'étaient acquis une grande réputation dans les sciences et dans la philosophie. Sans adopter l'opinion de quelques modernes qui ont supposé

---

(1) Voyez la lettre de Platon à Archytas, rapportée par Diogène Laerce *De vitis philosophorum*, Colon.-Allobr., 1616, in-8, p. 618, lib. VIII, *Archytas*). Voyez aussi *Plutarchi opera*, tom. I, p. 18, *Romulus*. — *Thucydidis*, *hist.*, p. 378, lib. VI, § 2.

(2) *Thucydidis hist.*, p. 379, lib. VI, § 3. — *Niebuhr*, *hist. rom.*, tom. I, p. 220.

que Pythagore était Italien (1), on peut regarder le seul doute émis sur ce point par les anciens, comme une preuve de la haute renommée philosophique dont jouissait à cette époque la péninsule. Si Pythagore n'était pas né en Italie, on sait du moins qu'il y vécut long-temps et qu'il y forma de nombreux élèves. L'école italo-grecque a un caractère spécial : pendant que les Étrusques torturaient et défiguraient la nature pour faire coïncider les phénomènes qu'ils observaient, avec leurs idées mythologiques, et que les Grecs tournaient leurs plus grands efforts vers des problèmes métaphysiques qui surpassent les forces humaines, les habitans du midi de l'Italie cultivaient les sciences d'observation, suivaient la méthode expérimentale (2) et contribuaient aux progrès de la géométrie et de l'arithmétique. (3) Les recherches des pythagori-

---

(1) Voyez dans Tiraboschi (*Storia della letteratura italiana*, Venezia, 1795, 16 v. in-8, t. I, p. 28) par combien d'inexactes citations on a voulu établir que Pythagore était Italien.

(2) Cuvier faisait beaucoup de cas des recherches anatomiques des pythagoriciens, et il croyait qu'il fallait peut-être restituer à Alcméon de Crotone l'invention des trompes attribuées à Eustachi (*Cuvier, cours d'histoire des sciences naturelles*, Paris, 1831, 2 part. in-8, I^e partie, p. 96 et suiv.).

(3) Voyez la note II à la fin du volume.

ciens sur les vibrations des corps, sont les plus anciennes expériences de physique qui soient parvenues jusqu'à nous. C'est de l'école sicilienne que sont sorties les premières idées sur la sphéricité et la rotation de la terre, et sur la nature du soleil (1). C'est elle qui a dit pour la première fois que le cours des comètes était régulier et que leur apparition n'avait rien de menaçant (2). Au reste, ces aperçus étaient mêlés à beaucoup de rêveries et d'obscurités, et on doit les regarder seulement comme des conjectures, ingénieuses sans doute, mais dénuées de toute preuve. Nous ne possédons que quelques fragmens des

---

(1) *Aristotelis opera*, Paris, 1639, 4 vol. in-fol., tom. I, p. 658 et suiv., *de cœlo*, lib. II, cap. 8. — *Cicero, academicarum quæstionum*, Cantabrig., 1725, in-8, p. 190 et suiv., lib. II, § 37. — *Montucla, hist. des math.*, IIe édit., tom. I, p. 112 et suiv. — On peut voir dans Dutens (*Origine des découvertes*, Paris, 1812, 2 vol. in-8, tom. I, p. 195 et suiv.) un grand nombre de passages relatifs aux connaissances cosmographiques des pythagoriciens.

(2) *Aristotelis opera*, tom. I, p. 753, *Meteor.* lib. I, cap. 6. — Suivant Apollonius Myndien les Chaldéens avaient déjà considéré les comètes comme des planètes visibles seulement pendant une partie de leur cours ; mais Épigène assurait au contraire que les comètes étaient regardées à Babylone comme des vapeurs atmosphériques (*L. Annæi Senecæ opera*, t. II, p. 820, *Natur. quæst.*, lib. VII, cap. 3).

écrits des pythagoriciens, mais ils suffisent pour nous faire apprécier leur système cosmologique auquel on a attaché beaucoup trop d'importance. Empédocles supposait la distance de la lune à la terre double de celle du soleil à la lune, et il croyait à l'existence de deux soleils : Philolaus admettait un soleil de verre. Suivant les philosophes siciliens, l'univers entier était réglé par les lois de l'harmonie et de l'arithmétique. Ils soumettaient à ces lois même les principes moraux ; et Aristote s'est moqué avec raison de Pythagore qui définissait la justice « le produit de deux nombres pairs. » (1)

Non-seulement les pythagoriciens cultivèrent les sciences et la philosophie, mais ils formèrent une puissante institution politique, et les chefs de cette école furent à-la-fois des savans illustres et de grands citoyens (2). Empédocles refusa

---

(1) *Stobæi*, *sentent.*, *eclog.*, etc., Aurel.-Allobr., 1609, 2 part. en 1 vol. in-fol., 2e part., *Eclog. phys.*, p. 51, 53, 56. 61, etc., lib. I, cap. 25. — *Macrobii opera*, Amstelod., 1670, in-8, *in somn. Scipion.*, lib. I, c. 6. — *Aristotelis opera*, t. III, p. 192, *Magnor. moral.*, lib. I, cap. 1. — Voyez surtout le *Philolaus* de Bœckh (Berlin, 1819, in-8), où se trouvent réunies toutes les opinions cosmographiques des pythagoriciens.

(2) Voyez sur l'école italique *Opuscoli lett. di Bologna*,

d'être le tyran d'Agrigente et alla mourir dans l'exil. On croit qu'Archytas a appliqué le premier la géométrie à la mécanique (1). Il instruisit Platon dans la doctrine de Pythagore (2) et l'arracha à la colère mortelle de Denys (3). Sept fois général, il conduisit toujours à la victoire ses concitoyens. On lui doit un premier essai sur le fameux problème de la duplication du cube (4), et il passe pour un des plus anciens géomètres qui se soient servis de l'analyse (5). Quelques-uns

---

tom. I, p. 113-130, et 173-193 (*Bruni*). — *Scinà, memorie sulla vita d'Empedocle*, Palermo, 1813, 2 tom. in-8. tom. II, p. 5 et suiv.

(1) « Primus hic (*Archytas*) mechanica mechanicis principiis usus exposuit. Primusque motum organicum descriptioni geometricæ admovit, ex dimidii cylindri sectione duas medias secundum proportionem sumere quærens, ad cubi duplicationem. » (*Diogenis Laertii, de vit. philos.*, p. 619, lib. VIII, *Archytas*). — Voyez aussi *Plutarchi opera,* tom. I, p. 305, *Marcellus*.

(2) *Diogenis Laertii, de vit. philos.*, p. 617, lib. VIII, *Archytas*.— *Fabricii, bibl. græca*, Hamb., 1790 et seq., 12 vol. in-4, tom. I, p. 831.

(3) « Hic (*Archytas*) Platonem, quum a Dionysio necandus esset, per epistolam eripuit. (*Diogenis Laertii, de vit. philos.*, p. 617 et 619, lib. VIII, *Archytas*). — Voyez aussi *Suidæ lexicon*, tom. I, p. 347, Ἀρχύτας.

(4) *Diogenis Laertii, de vit. philos.*, p. 620, lib. VIII, *Archytas*.

(5) *Montucla, hist. des math.*, tom. I, p. 143.

de ses fragmens philosophiques, que Stobée a conservés (1), restent comme un modèle de logique et de clarté, au milieu des écrits obscurs et diffus de ses confrères. Archytas, à qui on attribue des découvertes merveilleuses, avait fait, dit-on, des oiseaux de bois qui volaient (2). Horace, qui l'a chanté dans ses odes, nous apprend qu'il fit naufrage et mourut sur les côtes de la Pouille. (3)

On ne connaît pas bien les causes de la chute des pythagoriciens qui fut accompagnée de longues guerres civiles. Il paraît qu'imitant les Orientaux en politique comme en philosophie (4), les disciples de Pythagore avaient introduit en Italie une aristocratie religieuse dont la raideur finit par exaspérer le peuple. Long-temps après avoir perdu leur influence politique, ils continuèrent à s'occuper de science ; mais attaqués par des sectes rivales, et ne conservant de leur

---

(1) *Stobœi Sent. eclog.*, etc., 2e part., *Eclog. phys.*, p. 82, lib. I, cap. 25.

(2) *Auli Gellii, noctes atticæ*, Lugd.-Batav., 1666, in-8, p. 524, lib. X, cap. 13.

(3) *Horatii carmina*, lib. I, od. XXVIII.

(4) *Diogenis Laertii, de vit. philos.*, p. 568, lib. VIII, *Pythag.* — *Abul-Pharajii, hist. compend. dynast.*, Oxoniæ, 1663, in-4, p. 33.

système que quelques pratiques superstitieuses, ils durent succomber, et furent livrés à la risée publique (1). Cependant, même après leur chute, les sciences furent encore cultivées en Sicile, et les Grecs ne cessèrent point d'y aller, à l'exemple de Platon (2), chercher des livres et des lumières. Malgré les longues et terribles guerres qui en furent la suite, l'arrivée des Carthaginois dans cette île dut contribuer aussi à agrandir le cercle des connaissances des Siciliens. En effet, quoiqu'il ne nous reste qu'un seul monument écrit de la littérature de Carthage, et que cet ouvrage (le Périple d'Hannon) ne nous soit arrivé que probablement défiguré par les Grecs, cette relation géographique, donne une idée avantageuse du savoir des Carthaginois, et prouve que les sciences pouvaient prospérer sous leur domination. Le foyer d'hellénisme qui existait

(1) *Athenæi deipnosophistarum*, Lugd., 1612, in-fol., p. 161 et 163, lib. IV, cap. 17.

(2) « Memoriæ mandatum est Platonem philosophum tenui admodum pecunia familiari fuisse : atque eum tamen tres Philolai pythagorici libros, decem millibus denarium mercatum, id ei precium donasse quidam scripserunt amicum ejus Dionem Syracusanum. » (*Auli Gellii, noctes atticæ*, p. 260, lib. III, cap. 17.)

en Sicile, ne tarda pas à répandre son influence dans l'Italie centrale. Les arts des Étrusques prirent alors une forme nouvelle; leurs écoles devenues plus savantes furent fréquentées par tout ce qu'il y avait de plus illustre dans la Péninsule (1); et tout porte à croire que, sans les victoires des Romains, l'Italie, dès cette époque, serait parvenue à l'apogée de la gloire littéraire. Mais, quelle que soit l'admiration que l'on ait pour la grandeur des descendans de Romulus, il faut reconnaître que leurs conquêtes furent non moins funestes aux lettres que les invasions des Barbares au moyen âge. Rome n'imita chez les peuples vaincus, que ce qui pouvait fortifier son système politique et rendre ses armes plus redoutables; mais, tant que la république conserva son antique vigueur, les Romains méprisèrent toute instruction, et détruisirent les monumens littéraires de vingt peuples divers. La postérité leur reprochera à tout jamais la mort d'Archimède.

Ce grand géomètre, de qui Leibnitz disait :

---

(1) *Titi Livii hist.*, tom. I, p. 807, lib. IX, § 36. — *Ciceronis opera*, p. 3742, *de divinatione*, lib. I, § 3.

« ceux qui sont en état de le comprendre admirent « moins les découvertes des plus grands hommes « modernes » (1), naquit vers l'an 467 de Rome. Selon Plutarque (2) il était parent du roi Hiéron; mais un mot dédaigneux de Cicéron paraît indiquer que le géomètre de Syracuse n'appartenait pas à une famille illustre (3). Archimède s'est placé, par ses découvertes, à la tête des géomètres de l'antiquité. Dans la quadrature de la parabole, il a surmonté pour la première fois l'obstacle qui s'opposait à la mesure des espaces curvilignes; et il a laissé dans ses écrits les germes du calcul des limites, qui a eu tant d'influence sur l'analyse moderne. Le rapport entre la sphère et le cylindre forme encore de nos jours le plus beau théorème de la géométrie élémentaire. Après vingt siècles de travaux et de découvertes, les

---

(1) « Qui Archimedem et Apollonium intelligit, recentiorum summorum virorum inventa parcius mirabitur. » (*Leibnitii opera*, Genevæ, 1768, 6 vol. in-4, tom. V, p. 460.)

(2) *Plutarchi opera*, tom. I, p. 305, *Marcellus*.

(3) On est bien choqué de trouver dans Cicéron ces paroles à l'égard d'un des hommes les plus extraordinaires qui aient jamais existé : « Humilem homunculum a pulvere, et radio excitabo... Archimedem. » (*Cicero*, *tusculanarum disputationum*, Cantabrig., 1709, in-8, p. 332, lib. V, § 33.)

intelligences les plus puissantes viennent souvent encore échouer contre la synthèse difficile du Traité des Spirales. L'invention des centres de gravité est la base de la statique, et Lagrange a dit qu'on devait à Archimède la mécanique de l'antiquité (1). Il est probable qu'on lui doit la première idée de la réfraction astronomique (2), et les plus anciennes recherches sur les équations indéterminées (3). Mais ce n'est pas à ces grandes découvertes qu'Archimède doit la popularité dont il jouit depuis vingt siècles. On a admiré surtout en lui l'inventeur de plusieurs machines (4) qui, encore de nos jours, sont appliquées avec succès aux arts et à l'industrie. Diodore raconte qu'Archimède avait inventé une machine pour diriger les eaux du Nil sur les terrains que l'inondation ne pouvait pas atteindre (5); et

---

(1) *Lagrange, mécanique analytique*, tom. I, p. 23.

(2) Voyez la note III, à la fin du volume.

(3) Voyez la note IV, à la fin du volume.

(4) *Cassiodori opera*, Venet., 1729, 2 vol. in-fol., tom. I, p. 20 et 105, *Variar.* lib. I, ep. 45, et lib. VII, ep. 5. — *Fabricii, bibl. græca*, tom. IV, p. 182. — *Montucla, hist. des math.*, tom. I, p. 231.

(5) *Diodori siculi, bibl. hist.*, Amstelod., 1746, 2 vol. in-fol., tom. I, p. 40 et 360, lib. I, § 34, et lib. V, § 37.

comme par un autre passage du même auteur on voit que les Espagnols se servaient d'une machine analogue pour chasser l'eau qui remplissait les mines (1), on pourrait croire que non-seulement Archimède a voyagé en Égypte (2), mais qu'il a été aussi en Espagne; et cette supposition se trouve confirmée par l'autorité d'autres écrivains (3). Archimède s'occupa d'hydrostatique, et ses ouvrages montrent qu'il avait trouvé un principe fondamental à l'aide duquel il prouva la fraude de l'orfèvre d'Hiéron. On dit qu'ayant fait cette découverte dans le bain, il en sortit tout nu en criant : *Je l'ai trouvé* (4)! Cette anecdote, qui n'a cependant aucun caractère d'authenticité, prouve encore une fois que le vulgaire ne savait admirer dans Archimède que les applications. Un fait qui mérite beaucoup plus d'attention, et qui a passé jusqu'à présent presque inaperçu, c'est qu'Archimède dut s'abaisser jusqu'à diriger (5)

---

(1) *Diodori siculi, bibl. hist.*, tom. I, p. 360, lib. V, § 37.

(2) *Casiri, bibliotheca arabico-hispana*, Matriti, 1760, 2 vol. in-fol., tom. I, p. 383.

(3) Voyez la note V, à la fin du volume.

(4) *Vitruvii architectura*, Napol., 1758, in-fol., p. 346.

(5) Le texte d'Athénée dit qu'Archimède fut le ὁ γεωμέτρης

la construction d'un vaisseau, où était une chambre destinée aux plaisirs honteux du roi (1). Voilà à quel prix il fut protégé par Hiéron!

Lorsque les Romains tournèrent leurs armes contre Syracuse, Archimède en prit la défense. Ses machines eurent un effet si prodigieux et si inattendu, que les Romains ne pouvaient, sans prendre la fuite, voir le moindre objet s'élever sur les remparts de la ville assiégée; tant ils craignaient les inventions du géomètre (2). Plutarque (3) et Polybe (4) nous ont laissé une description fort détaillée de ces machines, et surtout des moyens par lesquels Archimède détruisit, presque, la flotte des Romains. On a beaucoup parlé des miroirs ardens avec lesquels il aurait incendié les vaisseaux de Marcellus. Ce fait, qui ne se trouve

---

ἐπόπτης de ce vaisseau (*Athenæi deipnosophistarum*, p. 206, lib. V, cap. 9).

(1) « Post hæc ad Veneris voluptates aphrodisium extructum fuit, tribus lectis instructum. » (*Athenæi deipnosophistarum*, p. 207, lib. V, cap. 10).

(2) *Plutarchi opera*, tom. I, p. 307, *Marcellus*.

(3) *Plutarchi opera*, tom. I, p. 306, *Marcellus*.

(4) *Polybii historia*, Lipsiæ, 1790, 8 vol. in-8. tom. III, p. 22 et seq., lib. VIII, § 9.

pas dans les plus anciens auteurs, a été l'occasion de disputes très animées parmi les modernes (1); mais quoique Dufay et Buffon aient prouvé qu'il est possible, avec des miroirs, d'allumer du bois à des distances considérables, ils n'ont fait que diminuer la difficulté, car il est peu probable que les vaisseaux des Romains restassent dans l'immobilité nécessaire à ce genre d'expériences, et il paraît fort difficile qu'Archimède voulût choisir un moyen si peu praticable, lorsqu'il y avait tant d'autres manières de mettre le feu à une flotte qui aurait été à la portée de ses réflecteurs. Le génie d'Archimède ne parvint pas à sauver la patrie. Les Romains s'emparèrent par surprise de Syracuse, et malgré les ordres de Marcellus, le grand géomètre périt par la brutalité d'un soldat (2). Si l'on en croit Abulfarage (3), les Romains brûlèrent quatorze charges de manuscrits de ce grand homme. Mais cette anecdote est très suspecte dans un auteur à qui l'on doit

---

(1 Voyez pour cette discussion, *Montucla, hist. des math.*, tom. I, p. 231. — *Tiraboschi, storia della lett. ital.*, tom. I, p. 63. — *Dutens, origine des découvertes*, tom. II, p. 140 et suiv. — *Archimedis opera*, Oxonii, 1792, in-fol., p. 369.

(2) *Plutarchi opera*, tom. I, p. 508, *Marcellus*.

(3) *Histor. compend. dynast.*, p. 42.

le récit si connu, et si peu croyable, de l'incendie de la bibliothèque d'Alexandrie par les Arabes (1). Marcellus, selon les historiens d'occident, fit élever à Archimède un tombeau sur lequel on grava la figure qui sert à trouver le rapport entre le cylindre et la sphère. Mais, sous la domination romaine, les sciences dégénérèrent si vite en Sicile, qu'à peine un siècle après, lorsque Cicéron y fut envoyé comme questeur, on avait totalement perdu la mémoire de ce tombeau (2). La sou-

---

(1) Nous discuterons plus loin la vérité de ce fait. Quant aux ouvrages d'Archimède, il est certain que nous ne les possédons pas tous (*Fabricius, bibl. græca*, tom. IV, p. 180). Nous avons déjà cité le passage de Théon où il est fait mention *des livres de catoptrique* d'Archimède, ouvrage qui n'existe plus. Casiri (*Bibl. arab.-hisp.*, tom. I, p. 384) et Fabricius (*Bibl. græca*, tom. IV, p. 180) ont répété, d'après Bertolocci, qu'un manuscrit hébreu des élémens d'Archimède se trouvait à la bibliothèque du Vatican. Mais dans ce manuscrit (qui est maintenant le n° 384 *hébreu-palatin*) il n'y a que le feuillet 422 qui soit traduit d'Archimède : dans le feuillet suivant il y a de l'astrologie. L'original grec du traité *de iis quæ vehuntur in humido* existait au XVIe siècle, lorsque Commandin en publia la traduction ; il a été perdu depuis. M. Mai en a retrouvé quelques passages qu'il a insérés dans le premier volume des *Classicorum auctorum e vaticanis codicibus editorum*, p. 426 et suiv. Voyez aussi *Archimedis opera*, p. XVII.

(2) *Cicero, tuscul. disput.*, p. 332, lib. V, § 23.

mission des Étrusques, la conquête de la Grande-Grèce, la prise de Syracuse et l'asservissement de toute la Sicile, se succédèrent rapidement. Dès-lors, les poètes se turent, les sciences s'enfuirent, l'élément latin devint tout-à-fait prépondérant, et il suffit de peu d'années pour substituer la langue de Romulus à celle d'Homère, même dans les plus anciennes colonies des Grecs en Italie. (1)

On a dit que Numa, instruit par les Étrusques, avait déterminé, avec une grande précision, l'année solaire (2), et que les anciens Romains possédaient des connaissances astronomiques fort étendues. Mais cela semble peu probable, lorsqu'on considère que pendant long-temps ils ne connurent ni les gnomons, ni aucun autre instrument propre à la mesure du temps, et que même les noms des heures ne furent introduits à Rome qu'après la loi des douze tables (3). Dans les premiers siècles de la république, on est

---

(1) « Cumanis eo anno petentibus permissum, ut publice latine loquerentur. » (*Titi Livii hist.*, tom. III, p. 692, lib. XL, § 42).

(2) *Niebuhr, hist. rom.*, tom. I, p. 386.

(3) *Censorinus, de die natali*, p. 140 et 141, cap. 23.

forcé de compter pour un titre littéraire national l'école où Virginie allait apprendre à lire, près du tribunal des décemvirs (1). La cérémonie du clou, fiché dans le temple de Jupiter Capitolin pour indiquer les années au peuple, montre combien il était rare que l'on sût lire lorsque cet usage fut établi (2). Il n'y avait même pas d'histoire, excepté les grandes annales rédigées par les pontifes. Ces annales, quoique peu estimées de Cicéron (3), auraient eu un grand intérêt pour les sciences si, comme on l'assure (4), les éclipses avaient été la base de l'ancienne chronologie latine. Les Romains n'eurent d'abord d'autre poésie que des chansons héroïques que l'on chantait pendant le repas (5). Les premiers poètes latins, Andronicus, Naevius, Ennius et Plaute, étaient nés dans la Grande-Grèce ou dans les provinces voisines; et tandis que les Étrusques honoraient les auteurs des fables Atellanes, le peuple romain était assez grossier pour laisser

---

(1) *Titi Livii hist.*, tom. I, p. 283, lib. III, § 44.
(2) *Niebuhr, hist. rom.*, tom. I, p. 373.
(3) *Ciceronis opera*, p. 3858, *de legib.*, lib. I, § 6.
(4) *Niebuhr, hist. rom.*, tom. I, p. 353.
(5) *Cicero, tuscul. disput.*, p. 3, lib. I, § 2.

l'auteur de l'*Asinaria*, attaché plusieurs années à la meule d'un moulin (1). En voyant les lettres cultivées seulement par des étrangers et par des esclaves, tels que Cœcilius et Térence, on est tenté de croire que, selon l'ancienne institution de Romulus, tout exercice littéraire était encore considéré à Rome comme indigne des hommes libres. (2)

Pendant plusieurs siècles, les Romains n'eurent presque pas d'écoles chez eux. Il paraît même qu'ils n'eurent de maîtres payés par le public qu'au sixième siècle (3). Après la guerre contre Persée, un grand nombre de partisans de ce roi furent mis à mort en Grèce; d'autres furent traînés à Rome, pour que le Sénat statuât sur leur sort. Polybe, qui se trouvait parmi les

---

(1) «Et ob quærendum victum ad circumagendas molas, quæ trusatiles appellantur, operam pistori locasset.» (*Auli Gellii, noctes atticæ*, p. 219, lib. III, cap. 3).

(2) « Artes sedentariæ ac illiberales... ut corpus et animum hominum eas exercentium perdentes et labefactantes, servis et exteris exercendas (*Romulus*) dedit; et diu apud Romanos hæc opera habita sunt ignominiosa, nec ullus indigena eas exercuit. Duo vero sola studia ingenuis hominibus reliquit: agriculturam et bellicam artem.» (*Dionys. Halic. opera*, tom. I, p. 296, lib. II, § 28.)

(3) *Plutarchi opera*, tom. II, p. 278, *Quæst. rom.*

accusés, contribua, par son influence et par celle de ses amis (1), à introduire le goût de la littérature grecque à Rome : Carnéades, pendant son ambassade, continua l'œuvre de l'historien. Après la prise de Carthage, les lettres furent de plus en plus cultivées dans la capitale de l'Occident : on s'appropria d'abord l'agriculture de Magon (2), et il est probable que d'autres ouvrages carthaginois furent traduits en latin; mais on les oublia tous lorsque, suivant l'expression d'Horace, Rome victorieuse fut subjuguée par la Grèce.

Cicéron nous apprend (3) que ses concitoyens cultivèrent peu la géométrie; et tous les fragmens qui nous restent des écrits géométriques des Romains viennent à l'appui de son témoignage. Ainsi, on voit les jurisconsultes romains prendre pour mesure de la surface d'un triangle équilatéral la moitié d'un carré fait sur un des côtés (4),

---

(1) *Polybii hist.*, tom. IV, p. 559, lib. XXXII, cap. 9.

(2) *Columella agricultura*, lib. I, cap. 1, *Scriptores rei rusticæ*, Lipsiæ, 1773, 2 vol. in-4, tom. I, p. 429.

(3) *Cicero, tuscul. disput.*, p. 5, lib. I, § 2.

(4) *De agrorum conditionibus et constitutionibus limitum*, Paris, 1554, in-4, p. 147.—En traduisant en analyse la méthode moins erronée que Columelle a employée pour déterminer

quoiqu'il fût bien facile d'obtenir une valeur plus exacte. L'astronomie aussi fut négligée pendant long-temps à Rome, et l'on y regarda comme un prodige de science Sulpicius Gallus qui prédisait les éclipses (1). A peine connaissait-on le nom de la physique : les ouvrages des physiciens latins contenaient plutôt la métaphysique des atomes, que des observations et des expériences directes (2). Il était d'ailleurs difficile que dans un pays où même les hommes les plus illustres croyaient fermement à la magie, on pût étudier avec fruit les phénomènes naturels. (3)

---

la même surface, on voit qu'au lieu de faire, comme il l'aurait dû, cette surface égale à $\frac{a}{4}\sqrt{3}$ (en appelant *a* le côté du triangle), il l'a supposée égale à $\frac{13a}{30}$; ce qui revient à prendre $\sqrt{3}=\frac{26}{15}$, et par suite $\sqrt{675}=26$. (*Columella agricult.*, lib. V, cap. II, *Script. rei rust.*, tom. I, p. 571). Varron, l'un des hommes les plus savans de son temps, avait écrit sur la géométrie, sur l'astronomie et l'arithmétique ; mais ces ouvrages ont péri.

(1) *Titi Livii hist.*, tom. III, p. 918, lib. XLIV, § 37.

(2) *Cicero acad. quæst.*, p. 9, liv. I, § 2. — *Cicero, tuscul. disput.*, p. 230, lib. IV, § 3.

(3) Voici une des formules magiques que Caton nous a

Rome n'ayant plus d'ennemis à combattre se relâcha de plus en plus de son système de destruction, et accueillit les sciences et les lettres des peuples vaincus. Les écrits d'Aristote, rapportés en Italie par Sylla (1), contribuèrent aux progrès de la philosophie. C'est bien à regret que l'histoire des sciences accueille le nom de cet homme sanguinaire; mais elle y est forcée. Outre la conservation des écrits du maître des péripatéticiens, on lui doit la fondation d'une bibliothèque qui fut peut-être la plus ancienne de Rome (2), et il a probablement rapporté d'Orient

---

conservées : «Luxum si quod est, hac cantione sanum fiet; harundinem prende tibi viridem, p. IIII, aut v. longam. Mediam diffinde, et duo homines teneant ad coxendices. Incipe cantare, *In alio s. f. motas vaeta daries dardaries astataries dissunapiter,* usque dum coeant. Ferrum insuper iactatos ubi coierint, et altera alteram tetigerit; id manu prende, et dextra sinistra præcide. Ad luxum, aut ad fracturam alliga, sanum fiet, et tamen quotidie cantato in alio, *s. f.* vel luxato. Vel hoc modo, *huat hanat huat ista pista sista, domiabo damnaustra*, et luxato. Vel hoc modo, *huat haut haut ista sis tar sis ardannabon dunnaustra.*» (*Cato, de re rust.*, § clx, *Script. rei rust.*, tom. I, p. 125).

(1) *Strabo, rer. geog.*, p. 906, lib. XIII. — *Plutarchi opera*, tom. I, p. 468, *Sylla.* — *S. Isidori opera*, Matrit., 1778, 2 vol. in-fol., tom. I, p. 135, *Etym.*, lib. VI, cap. 5.

(2) *S. Isidori opera*, tom. I, p. 135, *Etym.*, lib. VI, cap. 1.

un de ces enduits, dont on s'est encore occupé de nos jours, propres à garantir les corps de l'action du feu et que les Romains ont ensuite employés habituellement dans leurs guerres. (1)

Le poème de Lucrèce est à-la-fois l'un des plus beaux monumens de la poésie latine, et le plus ancien dépôt de la philosophie des Romains; mais cet ouvrage, comme tous les autres écrits scientifiques des Latins, manque d'originalité; car les sciences ne furent cultivées à Rome que sous le rapport historique : on les considéra comme des matières d'érudition, et non pas comme pouvant offrir des sujets de recherche et de découverte. Lucrèce, qui suivait la philosophie d'Épicure, a traité dans son poème plusieurs points importans de physique (2). On y trouve

---

(1) *Auli Gellii, noctes atticæ*, p. 792, lib. XV, cap. 1. — *Ammiani Marcellini quæ supersunt*, Lipsiæ, 1808; 3 vol. in-8, tom. I, p. 227, lib. XX, § 51.

(2) Il nous semble que Cuvier a traité un peu sévèrement Lucrèce, lorsqu'il a dit: « Sa physique est aussi défectueuse que sa philosophie » (*Cuvier, cours d'histoire*, etc., Ire partie, p. 220). Au moins, on ne trouve pas dans Lucrèce l'*horreur du vide* et la *génération spontanée* d'Aristote. M. Ideler a cité d'autres anciens philosophes qui n'ont pas cru à la génération spontanée (*Meteorologia vet. græc. et rom.*, Berolin., 1832, in-8, p. 32). Les anciens rattachaient à la généra-

un passage remarquable sur la chute des graves, où l'auteur explique pourquoi certains corps tombent dans l'air plus vite que d'autres, et montre que ce phénomène, comme celui de la légèreté positive, dépend des lois de l'hydrostatique (1). Lucrèce admet l'existence du vide (2), et il dit que les couleurs sont dans la lumière (3). Ces idées appartenaient à son maître. Quant à la vie de Lucrèce, elle nous est presque inconnue : le breuvage amoureux qui lui aurait donné la mort, et les corrections faites par Cicéron au poème de la nature, ne paraissent mériter aucune confiance. Au reste, ce poème prouve que, du temps de Lucrèce, la philosophie était assez gé-

---

tion spontanée les pluies merveilleuses d'êtres vivans, dont les historiens font mention fréquemment, mais qu'il ne faut pas adopter sans examen : témoin la pluie de veaux dont parle Avicenne.

(1) « Nunc locus est (ut opinor) in his illud quoque rebus
Confirmare Tibi nullam rem posse sua vi
Corpoream sursum ferri, sursumque meare. »
(*Lucretii, de rerum natura*, Oxonii, 1695, in-8, lib. II, vers. 184, p. 73.)

(2) *Lucretii, de rer. nat.*, lib. I, versus 385 et 512, p. 22 et 29.

(3) « Præterea quoniam nequeunt sine luce colores
Esse, neque in lucem exi tunt Primordia rerum. »
(*Lucretii, de rer. nat.*, lib. II. vers. 794, p. 105).

néralement répandue chez les Romains, pour qu'on pût l'introduire dans la poésie.

Mais déjà nous touchons à une époque glorieuse, illustrée par les écrits de Cicéron et de César et par la naissance d'Horace et de Virgile. Cicéron, l'un des esprits les plus féconds de l'antiquité, a renfermé dans une vaste encyclopédie la littérature et la philosophie des anciens. Il ne nous appartient pas de rendre compte ici de l'ensemble de ses ouvrages où l'on trouve cependant des détails précieux sur l'histoire scientifique des Grecs et des Italiens (1). César qui, par une faculté étonnante, pouvait s'occuper à-la-fois des choses les plus disparates, écrivait sur la grammaire et sur l'astronomie, et méritait comme historien l'admiration de Cicéron. Lucain nous représente ce grand capitaine se livrant à l'observation des astres. La réforme du calendrier, à laquelle il présida, témoigne assez de ses connaissances scientifiques (2). Sa gloire n'aurait pas d'égale si, au lieu d'employer son génie à l'as-

---

(1) Delambre a observé que Cicéron connaissait mieux que César la durée de l'année (*Delambre, hist. de l'astron. ancienne*, Paris, 1817, 2 vol. in-4, tom. I, p. 261).

(2) César réforma le calendrier d'après les idées des Égyptiens dont l'année avait 365 jours et un quart (*Macrobii opera*,

servissement de la patrie, il l'avait consacré à la défense de la liberté et de l'ancienne constitution romaine.

Sous Auguste, il arriva ce qui a toujours lieu lorsqu'une tyrannie s'élève sur les débris de la liberté. Des hommes doués d'une grande énergie, ne pouvant plus faire tourner au profit de la patrie leurs forces individuelles, cherchèrent dans la culture des lettres un moyen d'exercer leur activité. Rome sous Auguste, Florence sous les Médicis, la France sous Louis XIV, ont reproduit le même spectacle; et la flatterie a attribué à la protection d'Auguste, des Médicis et du grand Louis, la gloire littéraire de leur époque Mais cette gloire convient-elle à celui qui, pour s'affermir sur le trône, jeta à Antoine la tête de Cicéron et voulut même étouffer la mémoire de l'orateur? Est-ce Tibulle, mort dans la misère, qui a valu cette réputation à Auguste? Est-ce Virgile, que Donat nous montre d'abord relégué dans les écuries du palais impérial (1), et qui,

---

p. 178, *Saturnal.*, lib. I, cap. XIV). On sait qu'Hipparque en retranchait 1/300e de jour; mais cette correction avait été presque oubliée depuis.

(1) « At Augustus in mercedem singulis diebus panes Vir-

au reste, payait assez cher par ses vers sur Marcellus et par des généalogies supposées, la protection de l'empereur? On sait qu'Horace, pour courtiser le tyran, dut se vanter de sa lâcheté à Philippes. On peut voir dans ses satires avec quelle morgue et quelle froideur il avait été reçu d'abord par ce Mécène qui est resté dans l'histoire comme le modèle des bienfaiteurs des lettres. A-t-on oublié Ovide, mort dans l'exil sans qu'on sache pourquoi, et dont les ouvrages mêmes furent proscrits (1)? La censure impériale fit brûler les écrits de Labienus et poussa l'auteur à se laisser mourir de faim. Lorsque Cornelius Gallus, exilé et réduit à la misère, se fut tué, Auguste empêcha Virgile d'en faire l'éloge (2). Ce qu'on

---

gilio, ut uni ex stabulariis dari jussit. » (*Virgilii vita, in proleg. Virgilii oper.*, Paris., 1714, 3 vol. in-12, tom. I.)

(1) *Ovidii Tristium*, lib. III, eleg. 1, vers. 65-70.

(2) « Hujus Pollionis filium C. Asinium Cornelium Gallum, oratorem clarum, et poetam non mediocrem, miro amore dilexit Virgilius. Is transtulit Euphorionem in latinum, et libris quatuor amores suos de Cytheride scripsit. Hic primo in amicitia Cæsaris Augusti fuit, postea in suspicionem conjurationis contra illum adductus, occisus est. Vero usque adeo hunc Gallum Virgilius amarat, ut quartus Georgicorum, à medio usque ad finem, ejus laudem contineret : quem postea, jubente Augusto, in Aristæi fabulam commutavit. » (*Virgilii vita, in proleg. Virgilii oper.*, tom. I.)

a appelé protection, n'était que l'argent jeté aux flatteurs, et le silence que la proscription et la mort imposaient aux écrivains indépendans. Auguste n'a fait que confisquer à son profit une gloire qui était due à la liberté expirante et non pas au despotisme naissant.

Les successeurs d'Auguste consolidèrent, par une horrible comparaison, la réputation de clémence de leur devancier. Tibère, jaloux de toutes les gloires, depuis celle de Germanicus jusqu'à la réputation d'un artiste, faisait périr dans les tourmens les architectes trop habiles. Sous Caligula, un comédien expiait dans les flammes quelques mots imprudens prononcés dans les fables atellanes. Dans sa fureur insensée, l'empereur s'en prenait à Virgile et à Tite-Live, et tentait même de détruire les poèmes d'Homère. Claude, qui n'était point méchant, fut aussi ridicule dans ses travaux littéraires qu'inepte dans le gouvernement de l'état. Néron, se faisant un jeu de brûler la moitié de Rome, ne devait pas espérer de voir prospérer les exercices académiques qu'il avait institués : ses trois successeurs ne régnèrent que le temps nécessaire pour organiser la guerre civile. Cependant, sous les premiers empereurs, les Romains surent encore s'illustrer par des travaux littéraires. Mais avec un sénat qui vantait la clémence de Caligula, avec une armée d'espions chargés de faire tomber les plus illustres têtes, sous l'empire de vils affranchis, distributeurs de toutes les faveurs, il était impossible que ces restes d'énergie républicaine, qui avaient fait la gloire du siècle d'Auguste, pussent se conserver longtemps. La littérature latine devint alors de plus en plus provinciale, et finit par l'être presque exclusivement. Les droits de citoyen ayant été accordés successivement aux habitans de tous les pays conquis, lorsqu'on vit que, même sans être né sur le Tibre, il était possible de parvenir aux plus hautes dignités, Rome devint le rendez-vous de tous les ambitieux. Quoique les sciences et les lettres eussent déjà été cultivées avec succès dans différentes provinces, les empereurs seuls créèrent cette centralisation qui contribua tant à conserver les monumens littéraires des peuples vaincus. Toutes les nations payèrent à Rome un tribut de gloire. L'Espagne fournit à la capitale les deux Sénèque, Lucain, Martial, Quintilien, Hygin : on dut à la France, Favorin et Domitius Afer; à la Palestine, Philon et Joseph l'historien : et à la Grèce, Élien, Plutarque, Épictète. L'Italie donna naissance à Juvénal, à Tacite et aux deux Pline. Mais il faut avouer que parmi ces écrivains illustres, il n'y en a pas un seul qui se soit élevé au rang des inventeurs. Après la mort d'Archimède, les sciences exactes quittèrent l'Italie. A Rome, les astrologues (auxquels on donnait alors le nom de *mathématiciens*) étaient chassés et rappelés à chaque instant par des empereurs cruellement superstitieux. Tibère condamnait à mort les astrologues étrangers (1) lorsqu'il était las d'employer leurs horoscopes comme arrêts de proscription. L'arrogance de ces imposteurs était telle que, lorsque Vitellius leur ordonna de sortir tous d'Italie un jour déterminé, ils répondirent en assignant le jour où l'empereur devait être sorti de ce monde (2); et comme il mourut avant le jour fixé, l'historien a soin d'ajouter : « Telle était l'exactitude avec laquelle ils prévoyaient les évènemens futurs! » Si les mathématiques n'étaient connues à Rome que comme un moyen de tirer des horoscopes, les sciences naturelles n'y furent un peu cultivées

---

(1) *Dionis Cassii, hist. rom.*, Hanov., 1606, in-fol., pag. 612 et 616, lib. LVII.

(2) *Dionis Cassii, hist. rom.*, p. 734, lib. LXV.

que par suite du luxe effréné et de la cruauté des Romains. Des parcs et des volières que la gourmandise des descendans de Cincinnatus peuplait des animaux les plus rares; des viviers dont les poissons étaient nourris quelquefois avec de la chair humaine; des cirques où les bêtes féroces des contrées les plus éloignées semblaient se donner rendez-vous pour amuser une populace avide de sang, renfermaient des collections vivantes extrêmement précieuses pour quiconque eût voulu s'occuper de zoologie. Sans pouvoir signaler aucune découverte scientifique faite en Italie sous les successeurs d'Auguste, on doit citer l'*Histoire naturelle* de Pline et les *Questions naturelles* de Sénèque comme deux encyclopédies qui renferment une multitude de faits curieux. Personne n'a connu mieux que Sénèque l'art de prêcher la vertu en pratiquant tous les vices. Né à Cordoue, de Sénèque le rhéteur, il arriva de bonne heure à la cour impériale. Accusé par Messaline de complicité avec Julie (1), il fut relégué dans l'île de Corse : là, il parlait de Claude, dont il implorait la clémence, comme d'un

(1) *Dionis Cassii, hist. rom.*, p. 670, lib. LX.

Dieu nécessaire au salut de la république(1); et l'on connaît la sanglante satire qu'il publia plus tard contre la mémoire de l'empereur. Instituteur de Néron, il ne sut pas empêcher un parricide; philosophe, il blâmait comme un luxe inutile la bibliothèque d'Alexandrie (2), et possédait cinq cents tables de cèdre à pieds d'ivoire (3). Sa belle mort a pu seule diminuer l'horreur des crimes dont il était souillé. Sénèque n'a pas cultivé les sciences par lui-même; il n'a été qu'un compilateur, mais il nous a transmis avec fidélité les idées qui dominaient de son temps. Ses *Questions naturelles* renferment des observations intéressantes. Le grossissement que produisent les globes de verre (4) par réfrac-

---

(1) *L. Annæi Senecæ opera*, tom. I, p. 217, 225, 227; *de consolat. ad Polyb.*, cap. 26, 31, 32, etc.

(2) *L. Annæi Senecæ opera*, tom. I, p. 362, *de tranquill. anim.*, cap. 9.

(3) «Nec in hac re solum, sed in plerisque aliis contra facere visus est quas philosophabatur. Quum tyrannidem improbaret, tyranni præceptor erat.... quingentos tripodas...» (*Dionis Cassii, hist. rom.*, p. 694, lib. LVI.)

(4) «Litteræ quamvis minutæ et obscuræ, per vitream pilam aqua plenam majores clarioresque cernuntur.» (*L. Annæi Senecæ opera*, tom. II, p 646, *Natur. quæst.*, lib. I, cap. 6.) — Au reste, Ficoroni a trouvé une *loupe* dans un

tion et les miroirs par réflection (1); les couleurs de l'iris qui se forment artificiellement à l'aide d'une espèce de prisme de verre (2); la diminution de la chaleur dans les hautes ré-

---

ancien tombeau romain (*Manni, degli occhiali da naso*, Firenze, 1738, in-8, p. XV et XVI. — *Nelli, vita di Galileo*, Losanna, 1793, 2 vol. in-4, tom. I, p. 150). Quelques personnes ont cru que le « *Nero princeps, gladiatorum pugna spectabat smaragdo* » de Pline se rapportait aussi à quelque moyen employé par les Romains pour grossir ou pour rapprocher les objets éloignés. Mais, en lisant avec attention tout ce passage, et en le comparant avec ce qu'Isidore a dit sur le même sujet, on se persuadera facilement que les Romains ne se servaient des émeraudes qu'à cause de leur couleur verte, comme d'un préservatif pour les yeux. Elles étaient pour eux des espèces de *conserves* à l'aide desquelles ils regardaient les objets, soit par réflection, soit par transmission (*Plinii, hist. nat.*, tom. II, p. 774, lib. XXXVII, cap. 5. — *S. Isidori opera*, tom. I, p. 405, *Etym.*, lib. XVI, cap. 7). On peut rapprocher ce passage de Pline d'un passage de Galien que M. Letronne a interprété d'une manière fort ingénieuse, et qui prouve que les personnes qui avaient la vue fatiguée se servaient d'objets colorés en bleu pour reposer leurs yeux (*Letronne, lettres d'un antiquaire à un artiste*, Paris, 1835, in-8, p, 376).

(1) *L. Annæi Senecæ opera*, tom. II, p. 654, *Natur. quæst.*, lib. I, cap. 15. — Voyez aussi *Plutarchi opera*, tom. II, p. 937, *de facie in orbe Lunæ*.

(2) « Virgula solet fieri vitrea, stricta, vel pluribus angulis... hæc si ex transverso Solem accipit, colorem tamen qualis in arcu videri solet, reddet » (*L. Annæi Senecæ opera*, tom. II, p. 646, *Natur. quæst.*, lib. I, cap. 7). — Voyez

gions de l'atmosphère (1); la formation des îles par l'action des volcans (2); les différentes couleurs des étoiles, des planètes et des comètes (3), sont au nombre des faits les plus curieux contenus dans cet ouvrage. Les comètes y sont considérées comme des astres ayant un cours régulier, mais visibles seulement lorsqu'ils sont près de la terre (4); et l'on y fait remarquer la différence de densité qui existe entre les diverses parties de la comète, l'opacité du noyau et la transparence de la queue (5). Sénèque semble avoir connu la gravité de l'air (6), et il paraît attribuer à la chaleur centrale l'origine des trem-

---

aussi *Plinii, hist. natur.*, tom. II, p. 786, lib. XXXVII, cap. 9. — *S. Isidori opera*, tom. I, p. 412, *Etym.*, lib. XVI, cap. 5.

(1) *L. Annæi Senecæ opera*, tom. II, p. 759 et 760, *Natur. quæst.*, lib. IV, cap. 11. — Voyez aussi *Aristotelis opera*, tom. I, p. 764, *Meteor.*, lib I, cap. 12.

(2) *L. Annæi Senecæ opera*, tom. II, p. 803, *Natur. quæst.*, lib. VI, cap. 21.

(3) *L. Annæi Senecæ opera*, tom. II, p. 632, *Natur. quæst.*, lib I, cap. 1.

(4) *L. Annæi Senecæ opera*, tom. II, p. 831 et seq., *Natur. quæst.*, lib. VII, cap. 17 et seq.

(5) «Per stellas, inquit, ulteriora non cernimus, per Cometas aciem transmittimus.» (*L. Annæi Senecæ opera*, t. II, p. 838, *Natur. quæst.*, lib. V, cap. 5).

(6) « Ex his gravitatem aëris fieri. » (*L. Annæi Senecæ ope-*

blemens de terre (1). Enfin, rapportant une opinion d'Empédocles sur la chaleur des eaux thermales, il parle de la manière de chauffer les appartemens par des courans d'air chaud, et fait entendre qu'il connaissait le refroidissement produit par l'évaporation. (2)

Pour étudier avec fruit le grand ouvrage de Pline, il faudrait commencer par établir une synonymie complète des animaux, des plantes et des minéraux décrits par l'auteur. L'*Histoire naturelle* sert surtout à faire connaître le développement et les progrès de toutes les branches des connaissances chez les anciens. Il nous est impossible d'en donner ici l'analyse, et nous devons nous borner à indiquer quelques-uns des faits les plus curieux que Pline donne comme étant généralement connus de son temps, et qui (bien qu'on les ait négligés depuis) doivent exciter notre intérêt, parce

---

ra, tom. II, p. 767, *Natur. quæst.*, lib. VII, cap. 22.) — Ibid., p. 759, *Natur. quæst.*, lib. IV, cap. 10.

(1) *L. Annæi Senecæ opera*, tom. II, p. 803; *Natur. quæst.*, lib. VI, cap. 21.

(2) *L. Annæi Senecæ opera*, tom. II, p. 724, *Natur. quæst.*, lib. III, cap. 24. — Le texte latin dit *trahit saporem evaporatio*, mais il nous semble qu'il faut lire *trahit calorem evaporatio*.

qu'ils renferment les premiers germes de plusieurs découvertes récentes. Ainsi, le développement de l'électricité par la chaleur (1), la diverse conductibilité calorifique de l'eau douce et de l'eau de mer (2), l'action qu'exerce l'huile sur la surface de l'eau pour en empêcher l'agitation (3),

---

(1) « Ex eodem genere ardentium, lychnis appellata a lucernarum accensu, tamen præcipuæ gratiæ. Nascitur circa Orthosiam, totaque Caria, ac vicinis locis : sed probatissima in Indis, quam quidam remissiorem carbunculum esse dixerunt. Secunda bonitate similis est, Ionia appellata a prælatis floribus. Et inter has invenio differentiam : unam quæ purpura radiat : alteram quæ cocco : a Sole excalefactas, aut digitorum attritu, paleas, et chartarum folia ad se rapere » (*Plinii, hist. natur.*, tom. II, p. 780, lib. XXXVII, cap. 7. — Voyez aussi *S. Isidori opera*, tom. I, p. 413, *Etym.*, lib. XVI, cap. 14). — On avait connu long-temps avant Pline l'attraction électrique de l'ambre ; mais serait-il possible qu'il fût question de l'étincelle électrique là où Pline dit : « Philemon ait flammam ab electro reddi? » (*Plinii, hist. nat.*, tom. II, p. 770, lib. XXXVII, cap. 2.)

(2) « Marinas (*aquas*) tardius gelare, celerius accendi. Hyeme mare calidius esse, autumno salsius. Omne oleo tranquillari. Et ob id urinantes ore spargere : quoniam mitiget naturam asperam, lucemque deportet. » (*Plinii, hist. nat.*, tom. I, p. 122, lib. II, cap. 103). — Aristote avait déja remarqué la différente conductibilité de certains corps pour la chaleur (*Aristotelis opera*, tom. II, p. 489, *de part. animal.*, lib. II, cap. 2). — Voyez aussi *L. Annæi Senecæ opera*, tom. II, p. 759, *Natur. quæst.*, lib. IV, cap. 9.

(3) *Plinii, hist. nat.*, tom. I, p. 122, lib. II, cap. 103. —

la variabilité des odeurs des fleurs à différentes heures de la journée (1), et beaucoup d'autres observations intéressantes, que l'on attribue communément à des savans modernes, sont consignées dans l'*Histoire naturelle* (2). Outre cette immense compilation, Pline, quoique chargé des affaires les plus importantes de l'empire, avait écrit d'autres ouvrages qui malheureusement n'existent plus. On sait que, frappé par le spectacle extraordinaire d'une grande éruption du Vésuve, il voulut observer le volcan de trop près et qu'il paya de sa vie sa curiosité scientifique. (3)

Les empereurs qui succédèrent à Vitellius essayèrent en vain d'empêcher la décadence des lettres. Vespasien assigna des pensions aux rhé-

---

Plutarchi opera, tom. II, p. 950, *de prim. frigid.* — *Franklin's*, *complete works*, Lond., (S. D.), 3 vol. in-8, tom. II, pag. 144 et suiv.

(1) *Plinii*, *hist. nat.*, tom. II, p. 239, lib. XXI, cap. 7.

(2) Le passage suivant, dans lequel on fait une distinction entre la vitesse du son et celle de la lumière, nous paraît digne d'être cité. « Fulgetrum prius cerni, quam tonitrum audiri, cum simul fiant, certum est. Nec mirum : quoniam lux sonitu velocior. » (*Plinii*, *hist. nat.*, tom. I. p. 101, lib. II, cap. 54.)

(3) *Plinii Cœcilii Secundi epistol.*, Lugd.-Batav., 1669, in-8, p. 365, lib VI. ep. XVI.

teurs grecs et latins (1). Adrien accumula les honneurs et les richesses sur les professeurs, et fit bâtir l'Athénée, qui fut peut-être le premier germe de l'université romaine (2). Tous les empereurs, sans excepter Tibère et Domitien (3), fondèrent de nouvelles bibliothèques. Mais ni les pensions, ni les Athénées, ni les bibliothèques, ne pouvaient raviver un corps qui avait perdu toute énergie (4). Les Romains n'étaient plus qu'un peuple dégénéré : ils avaient appris que ce n'était ni par des vertus, ni par des travaux sérieux que l'on plaisait aux acheteurs de l'empire. Si Rome était encore visitée par quelques étrangers illustres, pour un Épictète ou un Plutarque, il arrivait cinquante charlatans; et il paraît que des cordonniers et des teinturiers pouvaient y balancer la réputation

(1) *Suetonii opera*, Trajecti ad Rhen., 1690, 2 vol. in-8, tom. II, p. 499. *Vespasian*, cap. 18.

(2) *Tiraboschi, storia della lett. ital.*, tom. II. p. 229.

(3) *Auli Gellii, noctes atticæ*, p. 603 et 883, lib. XI, cap. 17, et lib. XVI, cap. 8, — *Tiraboschi, storia della lett. ital.*, tom. I, p. 240-242. — *Suetonii opera*, tom. II, p. 614. *Domitian*, cap. 20.

(4) *Mémoires de l'acad. des inscript. et bell.-lett.*, 2e série, tom. IX, p. 423 et suiv. (*Naudet*).

médicale de Galien (1). Même pour le petit nombre de personnes qui les cultivaient encore, les lettres n'étaient plus qu'une aride et sèche érudition, et souvent le mérite principal d'un ouvrage consistait dans un titre bizarre (2); et l'Italie restait étrangère aux progrès que faisaient les sciences dans les provinces. Cent ans après Ptolémée, Censorinus, qui était l'un des savans de son temps, rapportait et semblait adopter les idées des pythagoriciens, pour lesquels l'univers était enharmonique, et qui croyaient que la terre était éloignée du soleil de trois tons et demi, la distance des étoiles à la terre étant de six tons (3). Pendant que l'empire romain tombait

---

(1) « Atque hinc adeo fit, ut nunc etiam sutores, et tinctores, et fabri, tum materiarii, tum ferrarii, proprio magisterio relicto, in medicinæ artis opera insiliant. » (*Galeni opera*, Venet., 1625, 5 vol. in-fol., VII class., f. 2, *Method. Medend.* lib. I, cap. 1.)

(2) Voyez dans la Préface des *Noctes atticæ* l'indication de quelques ouvrages dont les titres n'ont rien à envier à tout ce qu'a produit de plus extraordinaire la bizarrerie de quelques érudits modernes.

(3) *Censorinus, de die natali*, p. 67 et 68, cap. 13. — Plus tard cependant, Ptolémée fut connu en Italie : on le trouve cité par Cassiodore (*Cassiodori opera*, tom. II, p. 560, *de artib. et discipl. liber.* cap. 7).

sous son propre poids, il se préparait deux grands évènemens, le christianisme et l'invasion des barbares, qui, renversant tout ce qui existait déjà, et remettant tout à neuf, menacèrent d'abord d'anéantir toute civilisation, mais qui finirent, après des siècles de ténèbres, par enfanter la civilisation moderne.

La politique romaine qui accueillait toutes les divinités des peuples vaincus, prépara la chute de la sévère religion de Numa. La multiplicité des dieux divisa et affaiblit la croyance. L'augmentation progressive du luxe et de la prospérité amollit les mœurs et fraya la route aux ambitions. Les guerres civiles, qui se succédèrent sans interruption depuis Sylla jusqu'à Auguste, les proscriptions, l'accroissement subit des fortunes et la perte de la liberté, avaient miné le principe moral de la société. Les intérêts matériels étaient devenus les dieux exclusifs de ce peuple, qui jadis avait été si rigide observateur du devoir et de la religion du serment; et comme il arrive toujours, le culte de la prospérité matérielle avait rendu le scepticisme presque universel. Mais il paraît que les masses ont besoin de croire à une certaine classe de faits, dont on ne saurait démontrer l'existence, et qui ont d'autant plus de charme pour le vulgaire qu'ils s'éloignent davantage de la réalité. L'histoire est là pour attester que lorsque, par des circonstances quelconques, la religion d'un peuple s'affaiblit, il s'élève de tous côtés une multitude de superstitions grossières qui se combattent entre elles, et qui finissent par disparaître devant la nouvelle croyance destinée à satisfaire le besoin occulte de l'humanité. Cette réaction du principe moral, contre les intérêts matériels et contre le principe physique de l'homme a remué profondément plusieurs fois la société : elle agit même dans les temps où nous vivons, et se manifeste par mille effets bizarres : on peut prévoir qu'elle portera tôt ou tard ses fruits.

Rome riche, sceptique, corrompue, indifférente à tout, embrassa avec ferveur une foi nouvelle; et ces hommes qui ne savaient plus mourir pour la gloire, coururent en foule au martyre pour la religion de Jésus. Il ne faut pas voir dans le christianisme un fait isolé, ni la puissance d'un seul homme. Ce fut peut-être une grande nécessité. Déjà, du temps de la république, Rome avait été ébranlée par des associations religieuses. Plus tard, lorsque des monstres couronnés eurent répandu la désolation et l'effroi du Tage à l'Euphrate, on embrassa avidement une religion d'égalité, qui promettait le paradis aux malheureux et menaçait les Césars. D'autres sectes tentèrent en vain de lutter contre le christianisme; ce n'était ni la subtilité grecque, ni les tours d'Apollonius de Tyane qui devaient accomplir la grande révolution. Il n'était donné qu'à des hommes non corrompus, accoutumés par tradition au martyre, doués d'une immense énergie et d'une imagination puissante, de pouvoir sortir d'une écurie de Nazareth pour aller s'asseoir sur le trône impérial. Cette religion qui devait remuer si fortement le monde fut, dès l'origine, ennemie de la science. Car elle voulait régner seule sur les esprits, et être adoptée sans discussion. Après que les chrétiens, aidés par des circonstances favorables et poussés par une volonté de fer, eurent envahi les plus belles provinces de l'empire; après que Constantin se fût persuadé que l'ancien élément était trop affaibli et qu'il fallait s'appuyer sur la nouvelle foi pour ranimer le colosse romain; tout ce qu'il y avait d'hommes énergiques se jeta dans le mysticisme. Alors la lecture même des anciens auteurs fut défendue aux chrétiens : elle ne fut permise qu'à ceux qui voulaient combattre le paganisme, et à ceux qui cherchaient (chose inconcevable!) dans les écrivains grecs et romains des prédictions de l'arrivée du messie (1). Aussi dans les premiers siècles de l'Église, on ne rencontre pas un seul chrétien qui ait laissé un nom dans les sciences (2). Si la géométrie est encore cultivée à Alexandrie, s'il nous reste un monument précieux de l'ancienne analyse indéterminée (3), ce n'est pas aux chrétiens qu'on le doit. Sans l'ar-

---

(1) Voici ce que dit à ce sujet saint Jérôme : « Et si quando cogimur litterarum sæcularium recordari, et aliqua ex his dicere quæ olim omisimus, non nostræ est voluntatis, sed ut ita dicam, gravissimæ necessitatis : ut probemus ea quæ à sanctis Prophetis ante sæcula multa prædicta sunt, tam Græcorum, quam Latinorum, et aliarum gentium litteris contineri. » (*S. Hieronymi opera*, Paris., 1699–1700, 5 vol. in-fol., tom. III, col. 1074.)

(2) Voyez dans la *Revue des deux Mondes* (15 mars 1834, p. 601) un article très intéressant de M. Letronne sur les erreurs des Pères de l'Eglise en fait de cosmographie.

(3) Diophante a été appelé le père de l'algèbre; mais, à notre avis, il ne méritait pas ce titre. D'abord nous avons déjà vu qu'outre les pythagoriciens, Platon et Archimède s'étaient déjà occupés de la théorie des nombres; et puis les questions d'analyse indéterminée que Diophante traite d'une manière très ingénieuse, mais sans notations spéciales, et sans aucune généralité, ne constituent point l'algèbre proprement dite. Nous montrerons plus loin que, selon toute probabilité, cette science nous est venue de l'Inde.

rivée des barbares, on ne saurait concevoir comment l'Europe serait sortie de l'état d'abrutissement où l'avaient plongée la corruption des mœurs, une ignoble tyrannie, et l'action d'une religion qui absorbait toutes les forces sociales. La nullité des Byzantins qui, sans avoir subi aucune invasion, et malgré les trésors littéraires hérités de leurs pères, dégénérèrent sans cesse sous l'influence du christianisme, nous fait prévoir quel aurait été le sort de l'Occident, si la sauvage énergie de ses nouveaux conquérans n'y eût pas retrempé le sang corrompu des Romains. (1)

Constantin, en embrassant la religion chrétienne et en transférant le siége de l'empire à Constantinople, porta le dernier coup à la littérature italienne. Rome alors n'attira plus l'ambition des savans, et livrée à la toute-puissance ecclésiastique, elle vit disparaître peu-à-peu ce qu'on appelait les *lettres profanes*. Une religion qui, étant encore au berceau, avait autorisé

---

(1) Ammien Marcellin nous a laissé un tableau effrayant de la corruption et de l'ignorance romaines. (*Ammiani Marcellini quæ supers.*, tom. I, p. 13 et seq., p. 481 et seq., lib. XIV § 6, et lib. XXVIII, § 4.)

un auto-da-fé littéraire (1), et qui admettait le dogme de la dégénération morale de l'homme, ne devait ni croire aux progrès de l'esprit humain, ni les encourager. Elle devait au contraire craindre les idées nouvelles. D'ailleurs, les persécutions dont les chrétiens avaient été si long-temps l'objet, l'intolérance même de Julien qui leur défendit l'étude des lettres (2), devaient les porter à haïr également les païens et leurs écrits. Les successeurs du grand apostat se chargèrent d'assouvir cette haine. Sous Théodose, le fanatisme de Théophile, patriarche d'Alexandrie, amena

---

(1) « Multi autem ex eis qui fuerant curiosa sectati, contulerunt libros et combusserunt coram omnibus » (*Acta apostolorum*, cap. XIX, v. 19). — Quelques écrivains, parmi lesquels on doit compter Tiraboschi (*Storia della letteratura italiana*, tom. II, p. 357 et 358), ont pensé que cet ancien auto-da-fé n'avait aucune gravité, parce que, d'après leur opinion, ces livres étaient des livres de magie. Mais doit-on brûler même des livres de magie? Nous répondrons sans hésiter: Non. D'ailleurs, les écrivains orthodoxes ont voulu appuyer sur ce fait le droit de censure que s'attribue l'Église romaine. (*Zaccaria, storia polemica delle proibizioni de' libri*, Roma, 1777, in-4, p. 1-4, etc.)

(2) *Theodoreti opera*, Lut.-Paris., 1642, 4 vol. in-fol., tom. III, p. 643. — « Docere vetuit magistros rhetoricos et grammaticos christianos, ni transissent ad numinum cultum. » (*Ammiani Marcellini quæ supers.*, tom. I, p. 384, lib. XXV, § 4.)

la destruction du temple de Sérapis, dernier asile de la science païenne, et la perte des plus précieux monumens littéraires (1). Les mathématiques marchèrent alors à leur total dépérissement. Après Diophante, dont l'âge est incertain, mais qui paraît avoir vécu vers le milieu du quatrième siècle (2), on ne peut guère citer qu'Hypatia, plus célèbre par sa beauté et par sa fin tragique que par ses écrits sur l'analyse indéterminée (3). Fille d'un philosophe que les chrétiens abhorraient, une populace en fureur l'assassina lâchement dans les rues d'Alexandrie. (4)

Les subtilités philosophiques avaient déjà diminué l'ardeur qui portait les Grecs aux études sévères; mais lorsque Justinien eut fermé les

---

(1) *Cassiodori opera*, tom. I, p. 318, *Hist. eccles.*, lib. IX, cap. 27. — *Socratis scholastici historia*, Paris, 1696, in-fol., p. 587 et 588.

(2) *Abul-Pharajii, hist. compend. dynast.*, p. 89. — *Brahmegupta and Bhascara, translated by Colebrooke*, London, 1817, in-4, p. xx. — Théon d'Alexandrie, qui écrivait avant le règne de Justinien, fait mention de Diophante (*Théon, commentaire, sur Ptolémée*, Paris, 1821-25, 5 vol. in-4, p. VII et III).

(3) *Suidæ lexicon*, tom. III, p. 533, Ὑπατία.

(4) *Socratis scholastici hist.*, p. 287. — *Suidæ lexicon*, loc. cit.

écoles d'Athènes (1), lorsqu'il eut forcé les néo-platoniciens à chercher un asile à la cour de Chosrou (2), la gloire d'Alexandrie fut éclipsée. Plus tard, les Persans victorieux imposèrent aux chrétiens la liberté de conscience; mais c'est à peine si, revenant de leur exil, les philosophes proscrits rapportèrent quelques germes des sciences de l'Asie (3). Ils furent réduits au silence, et l'école alexandrine ne se ranima que sous les Arabes.

En Occident, tout annonçait une dissolution prochaine. Les partages si fréquens de l'empire romain; les guerres civiles et les divisions des

---

(1) *Malala chronicon*, Venet, 1733, in-fol., pars II, p. 63 et 64.

(2) *Gibbon, the history of the decline*, etc., Basil., 1787-89, 13 vol. in-8, tom. II, p. 187. — *Agathias scholasticus hist.*, Paris., 1660, in-fol., p. 53.

(3) *Gibbon, the history of the decline*, etc., tom. VII, p. 125. —*Damascii philosophi plat.*, *quæstiones*, Franc. ad Mœn, 1826, in-8, p. IX.—*Agathias scholasticus hist.*, p. 66 et 67.— *Suidæ lexicon*, tom. III, p. 171. Πρέσβεις. — Voyez (sur les études philosophiques de Chosrou, qui lisait Platon et Aristote, et sur les écoles d'Orient) *de Sacy, antiquités de la Perse*, Paris, 1793, in-4, p. 368.—*Agathias scholasticus hist.*, p. 53. — *Assemanni, bibl. orient.*, Romæ, 1719–28, 4 vol. in-fol., tom. III, pars II, p. 1-38, et p. 919. — *Anciennes relations des Indes et de la Chine, traduites de l'arabe* (*par Renaudot*), Paris, 1718, in-8, p. 263.

chrétiens qui retardaient la chute du paganisme : une dépravation de mœurs (1) et un avilissement tels que le nom de Romain était devenu la plus cruelle des injures (2); les lettres si peu en honneur qu'aux approches d'une disette, on chassait les gens de lettres et les artistes, tout en gardant les danseuses et les charlatans (3); enfin les canons de l'Église qui défendaient la lecture des livres païens (4); toutes ces causes réunies préparèrent les ténèbres dans lesquelles se

---

(1) *Ammiani Marcellini, quæ supers.*, tom. I, p. 480-488, et 463-475, lib. XXVIII, § 4 et § 1.

(2) « Hoc solo, id est Romanorum nomine, quidquid ignobilitatis, quidquid timiditatis, quidquid avaritiæ, quidquid luxuriæ, quidquid mendacii, immo quidquid vitiorum est, comprehendentes » (*Muratori, scriptores rer. ital.*, Mediol. 1723 et seq., 25 tom. in-fol., tom. II, pars 1a, p. 481). — Ainsi parlaient les barbares. Voyez le parallèle que fait Salvien entre les barbares et les chrétiens (*Salviani opera*, Paris., 1684, in-8, p. 85, 172, etc.).

(3) *Tiraboschi, storia della lett. ital.*, etc., tom. II, p. 381.

(4) A la fin du quatrième siècle, l'Église ordonnait : « Ut episcopus gentilium libros non legat : hæreticorum autem pro necessitate temporis » (*Acta conciliorum*, Paris, 1715, 12 vol. in-fol., tom. I, col. 980, *ad ann. Chr.* 398, Concil. Carthag. IV. cap. XVI). — Saint Jérôme dit : « Quid facit cum Psalterio Horatius? cum Evangeliis Maro? cum Apostolo Cicero? Nonne scandalizatur frater, si te viderit in idolio recumbentem? » (*S. Hieronymi opera*, tom. IV, pars 2a, col. 42.)

trouvait plongée l'Italie lorsque arrivèrent les Goths : ces Goths qui, selon l'expression d'un illustre historien, furent moins nuisibles aux lettres que ne le fut l'établissement du christianisme (1).

L'Italie a toujours été exposée aux invasions des peuples celtiques qui, même avant les temps historiques, s'étaient établis dans le nord de la Péninsule. Les Romains eurent souvent à combattre les nations qui escaladaient les Alpes pour aller se fixer sur les rives du Pô. Ces irruptions sans ensemble vinrent toujours se briser contre le colosse de Rome; mais vers la fin du premier siècle de l'ère chrétienne, une grande révolution, qui s'accomplissait à l'extrémité orientale de l'Asie (2), chassa vers l'Occident un essaim de peuples qui, se pressant les uns sur les autres, finirent par l'inonder. On sait, en effet, que les Hioung-Nou septentrionaux, vaincus et poursuivis sans relâche par les Chinois, arrivèrent

(1) *Gibbon, the history of the decline*, etc., tom. VII, p. 113.

(2) *Deguignes, histoire générale des Huns*, Paris, 1756, 4 tom. in-4, tom. I, 2e part., p. 277. — *Klaproth, tableaux historiques de l'Asie*. Paris, 1826, in-4, avec atlas, p. 62.

aux frontières de l'Europe vers le commencement du second siècle de l'ère chrétienne (1), pendant que les Chinois établissaient le système fédératif dans presque toute l'Asie centrale (2), et se préparaient même à attaquer les Romains (3). Quelques historiens ont cru, un peu légèrement peut-être, à l'identité des Hioung-Nou avec les Huns, mais on ne peut s'empêcher de reconnaître que ce sont les Chinois qui ont d'abord mis en mouvement ces peuples qui, se précipitant les uns sur les autres, ont fini par renverser l'empire romain. Sans les vues pacifiques du conseil impérial, qui fit rappeler les troupes et abandonna des conquêtes immenses (4), il est certain que les Chinois, chassant devant eux leurs ennemis, seraient arrivés dans le Ta-Tsing (ou Grande-Chine, comme ils appelaient l'empire romain), et il est peu probable que les Romains, déjà fatigués par les attaques des barbares, eussent

---

(1) *Deguignes, hist. génér. des Huns*, tom. I, 2e part., p. 278.

(2) *Klaproth, tabl. hist. de l'Asie*, p. 66.

(3) *Deguignes, hist. génér. des Huns*, tom. I, 2e part., p. 282. — *Klaproth, tabl. hist. de l'Asie*, p. 67.

(4) *Deguignes, hist. génér. des Huns*, tom. I, 2e part., p. 287.

pu résister aux armes victorieuses de ces nouveaux conquérans. On ne saurait calculer quels auraient été les résultats de la civilisation chinoise succédant à cette époque au système romain. Les invasions des Huns et des Goths purent bien renouveler toute l'organisation sociale, mais n'apportèrent dans le midi de l'Europe aucun nouveau principe littéraire.

L'apparition des Huns en Italie ne fut signalée que par des dévastations. Non-seulement ils n'étaient pas initiés aux sciences de l'Asie, mais ils étaient même étrangers à cette grossière astronomie qui accompagne la superstition chez presque tous les peuples de la terre. Ce n'était pas dans les étoiles que le Fléau de Dieu cherchait à lire le sort futur des batailles. L'astrologie elle-même était une erreur trop savante pour Attila; il cherchait l'avenir dans les fissures de certains os qu'il faisait calciner. (1)

L'invasion gothique eut d'autres résultats : elle ranima pour un instant la littérature latine, mais sans en altérer le caractère. D'après le récit de

---

(1) *Deguignes, hist. génér. des Huns*, tom. I, 2e part., p. 311.

Jornandès (1), les Goths avaient appris la philosophie, l'astronomie et la physique, d'un étranger nommé Dicenée, qui vivait du temps de Sylla. On voit dans l'Edda, qu'ils possédaient une poésie, une cosmogonie (2) et un système complet de connaissances. Leur mythologie, leur calendrier, paraissent avoir une origine orientale (3). Mais quoique la féodalité (4), qu'Odin et les Ases avaient apportée dans le nord de l'Europe, se soit répandue de là dans tout l'Occident, quoique

---

(1) *Muratori, scriptores rer. ital.*, tom. I, pars 2ª, p. 311.

(2) Voyez dans l'*Edda rhythmica, seu antiquior*, Hauniae, 1787-1828, 3 vol. in-4, tom. III, p. 23 et seq.), la cosmogonie exposée au commencement de Volo-Spa; et les idées des Scandinaves sur la création, dans le petit Edda, traduit par Mallet (Genève 1787, in-12), p. 68, 77, etc.

(3) Voyez *Edda rhythmica, seu antiquior*, tom. III, p. 999 et seq. — *Edda, traduit par Mallet*, p. 57, etc. — *Richardson, persian, arabic and english Dictionary* (prel. dissert.), London, 1806, 2 vol. in-4, tom. I, p. LXIII, LXXXV. — On a voulu pousser l'esprit de système jusqu'à considérer *Odin* comme étant la même chose que Bouddha. Klaproth (*Tableaux hist. de l'Asie*, p. 64) et Abel-Rémusat (*Mélanges asiat.*, Paris, 1825, 2 vol. in-8, tom. I, p. 308) ont combattu avec raison cette opinion; ce dernier pense, avec beaucoup de probabilité, qu'il y a eu plusieurs *Odin* et plusieurs *Bouddha*: les uns mythiques, les autres historiques. (*Abel Rémusat, Mélang. asiat.*, tom. I, p. 308.)

(4) *Richardson, persian, arabic and english Dictionary*, (prel. dissert.), tom. I, p. LXIII, LXXXV, LXXXVIII.

la poésie scandinave ait eu plus tard beaucoup d'influence sur la poésie des Allemands, aucun fait n'annonce que, sous le rapport littéraire ou scientifique, les Italiens aient rien emprunté aux Goths à cette époque. Lorsque, au commencement du cinquième siècle ces peuples arrivèrent en Italie, ils y trouvèrent les lettres en pleine décadence, et cependant, après de vains efforts pour introduire leur langue parmi les vaincus (1), ils finirent par adopter et cultiver le latin. Ce fait est démontré par tous les monumens contemporains : il prouve, malgré tout ce qu'on a pu dire de contraire (2), qu'en arrivant dans le midi de l'Europe les peuples septentrionaux ont été subjugués par l'élément latin, et que leur influence en Italie a été infiniment moindre que celle qu'y exercèrent plus tard les Arabes, dont les sciences, la poésie et la langue, jetèrent de si profondes racines dans la Péninsule. La célébrité du royaume Goth-Italique passa les Alpes, et les merveilles de la ville de Bern (Vérone) allèrent se refléter dans les poésies scandinaves. Mais on

---

(1) *Saxius apud Argelati, bibl. script. Mediolan.*, Mediol. 1745, 2 tom. in-fol. tom. I, part. 1, col. XVII.

(2) Voyez la note VI, à la fin du volume.

chercherait vainement un seul document contemporain propre à démontrer que les traditions de l'Edda auraient pénétré en Italie (1). Bien qu'affaibli et déchu, l'élément latin soutenu par l'Église était encore assez puissant pour subjuguer les envahisseurs. Le sac de Rome par les soldats d'Alaric fut sans doute un grand désastre; mais il fut bientôt réparé. Nous voyons du temps de Théodoric, les lettres reprendre une nouvelle

---

(1) Muratori a publié (*Script. rer. ital.* tom. II, part. 2ᵉ, p. 700. — *Antiquit. ital.*, Mediol., 1740, 6 vol. in-fol., tom. III, col. 963) une espèce de roman historique où l'on parle d'Attila et des héros du Nord. Mais cet ouvrage, d'une époque bien postérieure à la chute de l'empire des Goths, ne constate en aucune manière l'influence de ces peuples en Italie. Attila et ses compagnons avaient fait assez de mal aux Italiens pour que ceux-ci dussent avoir gardé le souvenir de leurs dévastations. Il existait en Italie d'anciennes traditions sur Attila; elles étaient réunies dans des ouvrages que Malespini avait vus au treizième siècle dans la bibliothèque de l'Abbaye de Florence et ailleurs, et qu'il appelle *anciens écrits*. Ces traditions qui ont été la base du roman intitulé *Attila flagellum dei vulgar*, publié plusieurs fois au quinzième et au seizième siècle en Italie, appartenaient au peuple vaincu et n'avaient rien de scandinave (*Malespini, storia fiorentina*, Firenze, 1718, in-4, p. 31, cap. XXXVII). Ce qu'il peut y avoir de traditions septentrionales dans le *Chronicon Novaliciense*, doit être plutôt le résultat des rapports que les habitans des provinces subalpines eurent plus tard avec les Français, les Suisses et les Allemands.

vie en Italie, les écoles florissantes (1) et les savans honorés (2). Et certes les ouvrages de Boëce, de Cassiodore, de Symmaque, surpassent de beaucoup toutes les productions du siècle précédent. Sous le règne de Théodoric, l'Italie fut plus forte, plus tranquille et plus heureuse que sous les derniers empereurs d'Occident. Les Goths, quoique ariens, ne persécutèrent pas les catholiques (3); ils laissèrent aux Romains leurs propres lois et conservèrent jusqu'à un certain point l'ancienne forme du gouvernement. Théodoric éleva plus de monumens que n'en avaient fait construire tous les empereurs depuis Constantin. Il fit réparer les

---

(1) Les Goths établirent des écoles dans plusieurs villes italiennes. Milan, qui déjà sous les Antonins avait été appelée la *nouvelle Athènes*, continua pendant long-temps à être un foyer d'instruction (*Saxius, ap. Argelati, bibl. script. Mediolan.*, tom. I, pars 1, col. XII, XIV, etc. — *Antichità longobardico-milanesi*, Milan, 1792, 4 vol. in-4, tom. III, p. 294 et suiv. — *Tiraboschi, storia della letter. ital.*, etc., tom. III, p. 10 et 66).

(2) *Cassiodori opera*, tom. I, p. 19, *Var.*, lib. I, ep. 45. — *Tamassia, storia del regno de' Goti*, Bergamo, 1823, 3 vol. in-8, tom. II, p. 23 et suiv. — *Cochlaius, Vita Theodorici regis*, Ingolst., 1544, in-4, cap. VII.

(3) *Tiraboschi, storia della lett. ital.*, etc., tom. III, p. 2. — *Tamassia, storia del regno de' Goti*, tom. I, p. 196.

aqueducs et travailla au desséchement des marais qui déjà commençaient à infecter l'Italie (1). Il appela auprès de lui les Italiens les plus illustres par leurs talens et leurs vertus. On peut voir dans les lettres de Cassiodore avec quel soin Théodoric dirigeait toutes les branches de l'administration. Boëce, qu'il nomma consul, fut l'un des hommes les plus remarquables de cette époque. Il cultiva à-la-fois les lettres et les sciences, et s'occupa de philosophie, d'arithmétique, de géométrie. Pendant plusieurs siècles, on ne connut d'Aristote que ce que Boëce en avait conservé (2). Il n'avait pas d'invention dans les sciences, mais les deux livres de géométrie qu'il a tirés d'Euclide renferment tout ce que les chrétiens surent en mathématique avant de connaître les écrits des Arabes (3). Dans les der-

(1) *Cassiodori opera*, tom. I, p. 32, 33, 46, 47, 54, *Var.*, lib. I, ep. 32, 33, 34; lib. III, ep. 53, etc.

(2) *Jourdain, recherches critiques sur les traductions latines d'Aristote*, Paris, 1819, in-8, p. 24 et 25. — *Gibbon, the history of the decline*, etc., tom. VII, p. 35.

(3) Lorsqu'on cite les deux livres de la géométrie de Boëce, on veut parler des éditions connues de cet ouvrage; mais il existe à Florence, à la bibliothèque de Saint-Laurent, un manuscrit qui contient une géométrie du même auteur, en

nières années de sa vie, Théodoric (soit qu'il craignît une révolte de la part des Italiens, soit qu'il voulût satisfaire les Goths, mécontens de la préférence qu'il accordait aux vaincus) éloigna successivement de sa cour les Romains les plus illustres, et ternit sa gloire par le supplice de Boëce et de Symmaque. Cassiodore, qui avait été secrétaire du roi goth, fut plus heureux. Après la mort de Théodoric, lorsque Amalasunte fut forcée, par les plaintes de ses sujets, à faire interrompre les études d'Athalaric, Cassiodore se retira dans un couvent où il vécut jusqu'à un âge très avancé, inspirant le goût des lettres à ses disciples (1). Dans les différens ouvrages qu'il nous a laissés, on aperçoit une grande ardeur pour l'étude, mais on y voit en même temps combien avaient dégénéré les descendans de César et de Cicéron. Copier des manuscrits, les faire copier à des moines, avoir un grand soin de leur conservation, voilà le but

---

cinq livres. Il faut remarquer que, dans ce manuscrit, il n'y a que des chiffres romains (*MSS. Bibl. Laurent.*, plut. XXIX, cod. XIX, p. 1-40).

(1) *Cassiodori opera*, tom. II, p. 514, 518, 525, 526, *de instit. divin. litt.*, cap. 8, 15, 30, etc.

des veilles du plus savant des Italiens. Il faut signaler cependant un passage d'une de ses lettres (1) qui prouve que Cassiodore avait connu les horloges mécaniques. Une espèce d'encyclopédie, qu'il avait écrite, montre que de son temps les sciences étaient presque réduites à rien (2). Les bienfaits du règne de Théodoric disparurent rapidement. La lutte acharnée des Grecs et des Goths désola l'Italie (3). La population diminuait tous les jours; les terres restaient en friche, et il en résultait la plus cruelle disette. Un historien contemporain affirme que, dans une seule province, cinquante mille paysans moururent de faim (4). Alors l'Italie changea d'aspect: de fertile et riante qu'elle était, elle devint peu-à-peu inculte et sauvage, et ses belles campagnes se couvrirent de forêts et de marais. Les Grecs n'étaient pas les auxiliaires des Italiens, ils ne venaient pas les délivrer : non moins barbares

---

(1) *Cassiodori opera*, tom. I, p. 19 et 20, *Var.*, lib. I, ep. 45.

(2) *Cassiodori opera*, tom. II, p. 528.

(3) *Muratori*, *scriptores rer. ital.*, tom. I, pars 1, p. 291 et 315. — *Muratori dissertazioni*, Napoli, 1783, 6 vol. in-8, tom. II, p. 6 et suiv., diss. XXIII. — *Bossi*, *storia d'Italia*, Milano, 1819-23, 19 vol. in-8, tom. XII, p. 161.

(4) *Procopii historia*, Paris, 1662, 2 vol. in-fol., tom. I, p. 435, *de Bello Gotthic.*, lib. II, cap. 20.

que les barbares qu'ils combattaient (1), ils brûlaient et saccageaient les villes plus fréquemment encore que les hommes du nord. L'obstination avec laquelle ils revinrent sans cesse sur l'Italie produisit un mal irremédiable, en empêchant les Goths de s'y établir solidement et de former avec les anciens habitans une masse compacte qui, dès cette époque, aurait pu assurer l'indépendance italienne.

Déjà vaincus par Bélisaire, les Goths furent domptés par Narsès, et Justinien parut appelé à être à-la-fois le législateur et le libérateur de l'empire. Mais bientôt après, les Lombards, conduits par Alboin, vinrent de nouveau arracher aux Grecs l'Italie. Cette nouvelle irruption diminua encore les faibles restes de l'ancienne littérature. Les Lombards, qui étaient idolâtres lorsqu'ils franchirent les Alpes (2), reçurent avec une extrême lenteur les connaissances des Romains. Car, à une époque où même les notions les plus élé-

---

(1) « Itali universi acerbissime ab utroque vexabantur exercitu : hinc agris a Gotthis, inde cuncta supellectili a Cæsarianis exuti. « (*Procopii opera*, tom. I, p. 485, *de Bello Gotth.*, lib. III, cap. 9).

(2) *Antiqui chronologi quatuor*, Neapoli, 1626, in-4, p. 20. — *Villani* (*Giov.*) *storia*, p. 49.

mentaires semblaient réservées aux ecclésiastiques, la différence de religion était un obstacle de plus à la fusion des peuples, et empêchait les vainqueurs de profiter des débris de la civilisation latine.

Théodoric avait rendu l'Italie forte et puissante; il lui avait redonné une sorte d'unité; mais les Lombards ne purent jamais la conquérir tout entière (1). Maîtres des provinces qui avoisinaient le Pô, de la Toscane et d'une grande partie de la Romagne, ils s'avancèrent à peine, dans l'Italie méridionale, au-delà de Bénévent (2). Rome formait une espèce de république dont le pape était le premier magistrat populaire. Le midi de l'Italie, soumis encore aux empereurs d'Orient, commençait à être ravagé par les Arabes (3), pendant que Childebert venait avec

---

(1) *Muratori, scriptores rer. ital.*, tom. II, pars 1, p. 484 et suiv.

(2) *Machiavelli opere*, Italia, 1826, 10 vol. in-8, tom. I, p. 21.

(3) D'après Paul Diacre, les Arabes partirent d'Alexandrie et arrivèrent pour la première fois en Sicile vers l'an 669 (*Muratori, scriptores rer. ital.*, tom. I, pars 2, p. 481). D'autres écrivains pensent que les Sarrazins étaient déjà venus en Italie en 652 (*Bossi, storia d'Italia*, tom. XII, p. 355-376). Mongitore croit que les Mores sont arrivés pour la première

ses Francs saccager le nord de la Péninsule. Le partage en duchés affaiblit beaucoup le royaume des Lombards, et fut une des causes principales qui empêchèrent cette nation d'achever la conquête de l'Italie. Quelques historiens ont pensé que les Lombards étaient trop peu civilisés pour pouvoir fonder un empire; et ils ont dit que leur barbarie seule força plus tard l'Église à invoquer le secours des étrangers. Mais cette opinion est erronée; ils n'étaient ni aussi barbares, ni aussi cruels que ces *Atticoti* que saint Jérôme avait vus dans les Gaules couper et manger les mamelles des femmes (1); et l'on ne voit pas que l'Italie ait été plus tranquille et plus heureuse après l'invasion des Francs, appelés par le pape à combattre les Lombards, que sous la domination de ces derniers. Les dispositions en faveur des serfs, que l'on trouve dans les capitulaires des rois

---

fois en Sicile en 641 (*Opuscoli d'autori siciliani*, Palermo, 1760 et seq. 20 vol. in-4, tom. VII, p. 121).

(1) « Quum ipse adolescentulus in Gallia viderim Atticotos, gentem Britannicam, humanis vesci carnibus... et feminarum, et papillas solere abscindere, et has solas ciborum, delicias arbitrari. » (*S. Hieronymi opera*, tom. IV, pars 2, col. 201). — Voyez aussi *Muratori, annali d'Italia,* Napoli, 1782, 17 vol. in-8, tom. V, p. 218, ann. 590.

lombards, ne sont pas une preuve de cette grande barbarie. Elles contrastent d'une manière frappante avec les récits de Juvénal et de Galien qui nous montrent les Romains (hommes et femmes) assistant avec délices à la torture de leurs esclaves, et poussant la férocité jusqu'à les mutiler avec leurs dents (1). Sous les Lombards les écoles de Pavie eurent de la célébrité, et d'illustres étrangers y allèrent faire leurs études (2). Il est vrai qu'on ne saurait signaler dans cette époque aucun homme comparable à Boëce, ou à Cassiodore; mais il faut remarquer encore une fois que, du temps de Théodoric, les Goths dominaient presque exclusivement en Italie, tandis qu'à l'époque dont nous parlons, cette contrée était déchirée par les guerres civiles (3), et dévastée par les Grecs, dont la méchanceté, comme dit Grégoire-le-Grand, était plus à craindre que l'épée des Lombards. Certes les auxiliaires du

---

(1) *Antichità longobardico-milanesi*, tom. I, p. 328 et suiv. — *Juvenalis satyræ*, lib. II, sat. 6, v. 475 et seq. — *Galeni opera*, clas. II, f. 51 et 53, *de dignosc. animi morbis*, cap. 3 et 4.

(2) *Tiraboschi, storia della lett. ital.*, tom. III, p. 89. — *Muratori, scriptores rer. ital.*. tom. III, p. 185. — *Muratori dissertazioni*, tom. II, p. 278, diss. XLIII.

(3) *Muratori, annali d'Italia*, tom. V, p. 237, 255, etc.

pape n'étaient pas plus policés que ses ennemis. Dans leurs premières invasions les Francs ne firent qu'enlever des esclaves (1). Les guerres continuelles, la dévastation du monastère du Mont-Cassin et des autres grands dépôts littéraires (2), le desir qu'avaient les étrangers de se procurer des livres (3), et l'animosité de saint Grégoire contre les écrits des païens (4), avaient

---

(1) *Tiraboschi, storia della lett. ital.*, tom. III, p. 84. — *Muratori, annali d'Italia*, tom. V, p. 221, ann. 590. — Au reste, les Italiens étaient réduits à une telle misère qu'ils se vendaient eux-mêmes pour ne pas mourir de faim. Plus tard les Grecs allèrent en Toscane acheter des esclaves chrétiens, et les Vénitiens se firent les pourvoyeurs des Sarrazins. Les lois étaient impuissantes contre cet abominable trafic, que le christianisme n'avait pas aboli (*Muratori, annali d'Italia*, tom. VIII, p. 87, ann. 960. — *Bouquet, rerum gallicarum scriptores*, Paris, 1738 et seq., 19 vol. in-fol., tom. V, p. 588. — *Bossi, storia d'Italia*, tom. XII, p. 25, tom. XIII, p. 27, 486). Voyez aussi *Reinaud, invasions des Sarrazins* (Paris, 1836, in-8, p. 236 et suiv.), sur la grande manufacture d'eunuques qu'on avait établie à Verdun, afin de pourvoir aux besoins des infidèles, à qui on vendait ces malheureux.

(2) *Muratori, scriptores rer. ital.*, tom. I, pars 1, p. 458.

(3) *Tiraboschi, storia della lett. ital.*, etc., tom. III, p. 91.

(4) Voyez, sur ce point controversé d'intolérance religieuse, *S. Gregorii opera*, Lut.-Par., 1675, 3 vol. in-fol., tom. I, col. 57 et 58. — *Joannis Saresberiensis, policraticus*, Lugd.-Batav., 1595, in-8, p. 104, 557. — *Vossius, de historicis latinis*, Lugd.-Batav., 1627, in-4, p. 768. — *Ginguené*,

rendu si rares les manuscrits en Italie, que dans ces temps calamiteux, même la bibliothèque de l'église romaine ne contenait qu'un très petit nombre de livres, pour la plupart insignifians (1). Cependant, lorsque, après un règne de plus de deux siècles, les Lombards, d'abord battus par Pépin, furent domptés par Charlemagne, et que les papes, en appelant pour la première fois les étrangers, eurent donné un exemple funeste, qui n'a été que trop suivi depuis, les Italiens se trouvèrent encore plus avancés que les nouveaux conquérans. Charlemagne ne fut pas, comme on l'a prétendu, le restaurateur des lettres en Italie. Ce furent, au contraire, les Italiens qui lui inspirèrent le goût de l'étude (2). C'est parmi

---

histoire littéraire d'Italie, Paris, 1824-33, 10 vol. in-8, tom. I, p. 52. — *Tiraboschi, storia della lett. ital.*, etc., tom. III, p. 103 et suiv. — *Denina, vicende della letteratura*, Torin, 1792, 3 vol. in-12, tom. I, p. 152.

(1) *Tiraboschi, storia della lett. ital.*, etc., tom. III, p. 92 et 93. — La France, au reste, n'était pas mieux partagée : d'après une lettre de Loup de Ferrières au pape Benoît III, il paraît qu'au neuvième siècle il n'y avait pas dans toute la France un Térence, un Cicéron, un Quintilien (*Ginguené, hist. litt.*, tom. I, p. 79).

(2) *Tiraboschi, storia della lett. ital.*, etc., tom. III, p. 144 et suiv. — *Ginguené, hist. litt.*, tom. I, p. 68 et suiv. — *Histoire*

eux qu'il choisit les hommes auxquels il confia le soin d'instruire ses peuples : Paul Diacre, George de Venise, Théodulphe, brillent au premier rang de ceux qui secondèrent les vues de l'empereur. Les historiens français nous montrent à-la-fois dans Pierre de Pise le précepteur de Charlemagne et le premier fondateur des écoles françaises (1). Le célèbre Alcuin lui-même, bien qu'Anglais, était sorti de l'école italienne (2). Enfin tout annonce que les Francs étaient alors moins policés que ces Lombards dont on a fait un portrait si effrayant.

Charlemagne rêva le rétablissement de l'empire romain, et ce projet seul suffirait pour prouver que le vainqueur de Didier, connaissait bien les nations dont il était le chef, et qu'il sentait le besoin de se rattacher à la civilisation latine pour

---

littéraire de France par les Bénédictins, Paris, 1733-1735, 18 vol. in-4, tom. IV, p. 7-11, etc. — Tiraboschi, surtout, a mis hors de doute la supériorité qu'avaient les Italiens sur les Francs du temps de Charlemagne; on peut voir à l'endroit cité un grand nombre de passages d'anciens auteurs français qui démontrent la vérité de ce fait.

(1) *Bulœus, historia universitatis parisiensis*, Paris, 1665, 6 vol. in-fol., tom. I, p. 626 et seq.

(2) Voyez la lettre XV d'Alcuin citée par Tiraboschi (*Storia della lett. ital.*, tom. III, p. 147).

mettre un terme à la barbarie. Il imita Théodoric et ne fut pas beaucoup plus heureux que lui. Ses projets gigantesques étaient prématurés; il fut impossible à ses successeurs de les exécuter : son héritage passa en des mains étrangères, et la lumière qu'il avait fait briller en Occident s'éteignit rapidement (1). Après sa mort, l'Italie fut pendant plus de deux siècles en proie à de nouvelles invasions, et aux guerres civiles les plus acharnées. L'histoire de cette époque n'est qu'un tissu de massacres et d'horreurs. Alors, les écoles furent fermées ou négligées : on oublia les sciences et la philosophie des anciens sans y rien substituer. L'ignorance dans les arts fut extrême : les livres devinrent de plus en plus rares; on laissa périr les plus importans sans les copier et on ne s'attacha qu'à la conservation des ouvrages ascétiques, comme le prouvent les manuscrits de cette époque qui nous sont restés. Un problème remarquable, et qui mériterait toute l'attention des historiens, c'est celui de rechercher pourquoi

(1) Lothaire protégea les lettres en Italie, mais ses efforts ne portèrent aucun fruit (*Saxius, ap. Argelati, bibl. script. Mediolan.*, tom. I, pars 1, col. XXVIII. — *Muratori, dissertazioni*, tom. IV, p. 286, diss. XLIII).

les plus épaisses ténèbres n'arrivèrent pas en Europe avec la grande invasion des barbares, et pourquoi elles n'en furent pas la suite immédiate. Ce fut seulement après que Charlemagne eut dompté les Saxons, repoussé les Mores d'Espagne, rendu l'éclat et la puissance à l'Église, et rétabli l'empire d'Occident, que l'Europe tomba dans le dernier degré de l'abrutissement (1). Cette question est trop vaste pour que nous puissions la traiter ici; mais on doit remarquer qu'après Charlemagne, l'ignorance augmenta avec l'agrandissement de la féodalité et du pouvoir des pontifes. Charlemagne essaya de faire servir le principe religieux à réorganiser l'empire d'Occident. Mais l'instrument qu'il voulait plier à ses desseins fut plus fort que le bras qui l'employait. Le pape maîtrisa l'empereur, et pendant plusieurs siècles rien ne put résister à l'ascendant de l'Eglise (1). D'ailleurs les

---

(1) L'Eglise fit même subir aux sciences une transformation, qui, au reste, leur fut utile. L'astronomie, par exemple, qui aurait été proscrite comme étude profane, fut protégée et cultivée dès qu'elle devint ecclésiastique. Les pénibles recherches qu'il fallait faire pour déterminer le jour de Pâques ont pu seules, dans ces siècles de ténèbres, conserver parmi les chrétiens quelques notions du mouvement des astres. On

nations qui descendirent des Alpes, n'apportant avec elles aucun nouvel élément de civilisation, finirent par user les derniers restes de l'influence latine, qui ne servit qu'à diminuer la barbarie des envahisseurs.

Si les conquérans n'avaient pas donné à l'Italie une nouvelle littérature, ils avaient fait plus en lui donnant des hommes nouveaux et en retrempant le caractère des habitans. Cependant les Italiens, après les irruptions des Goths et des Lombards, après même les victoires de Charlemagne, seraient restés long-temps plongés dans l'ignorance, s'ils avaient dû recréer une nouvelle civilisation d'eux-mêmes et sans aucun secours étranger. Mais les sciences revinrent en Europe, en suivant encore une fois le cours du soleil, qui déjà anciennement les avait apportées de l'Orient.

Les traditions de la Bible, que les chrétiens avaient adoptées, aidèrent l'orgueil des Européens à croire, pendant une longue suite de siècles, que

---

peut voir dans les ouvrages de Bède combien cette détermination exigeait alors de travail : il faut remarquer que le cycle le plus parfait des chrétiens était dû à un saint égyptien (*Bedæ opera*, tom. I, col. 194).

toute l'histoire ancienne devait se grouper autour de celle de trois peuples : les Juifs, les Grecs et les Romains. Cependant les Grecs avaient déjà reconnu la suprématie des Orientaux, et ils savaient qu'il ne fallait pas chercher l'origine des sciences et de la civilisation dans les livres sacrés d'un petit peuple qui avait tout emprunté à ses voisins. Les Grecs, dès la plus haute antiquité, eurent de fréquentes relations avec les Égyptiens, les Phéniciens, les Mèdes et les Persans. Les voyages que firent en Égypte les plus illustres philosophes, prouvent la haute science des Égyptiens, de qui les Grecs paraissent avoir reçu les premiers élémens de la géométrie, l'obliquité de l'écliptique, la division du temps et les quatre élémens; comme ils ont appris des Phéniciens à se servir de la petite Ourse dans la navigation (1); et des Babyloniens, l'usage du gnomon (2). Il paraît même que, dans les temps anté-historiques, ils

(1) *Strab., rer. geog.*, p. 6, lib. I.

(2) *Herodoti hist.*, p. 153, lib. II, § 109. — Au reste, il est très difficile de bien déterminer ce que les Grecs ont emprunté à chacun de ces peuples qui devaient avoir un grand nombre de notions communes. Hyde croit qu'ils ont pris aux Persans les noms des mois (*Hyde, hist. relig. veter. Persar*, Londini, 1700, in-4, p. 191).

eurent des rapports directs et peut-être même une extraction commune avec les peuples de l'Inde : si dans la suite ils en perdirent le souvenir, l'influence indienne se perpétua dans la langue et la religion des Hellènes. (1)

---

(1) Pour prouver cette influence, plusieurs orientalistes sont revenus récemment sur les trois mots Κόγξ, ὄμ, πάξ, avec lesquels on congédiait l'assemblée à Éleusis, lorsque la célébration des mystères était terminée. Ces paroles sacrées, que les Grecs prononçaient dans les cérémonies les plus importantes, étaient regardées jusqu'à ces dernières années comme inexplicables ; mais en les rapprochant de trois mots sanscrits dont les prêtres se servent encore aux Indes dans plusieurs rites religieux, on a cru y reconnaître une parfaite identité. Cependant cette opinion, émise d'abord par Wilford, soutenue par Ouwaroff et par d'autres, et embrassée avec enthousiasme par M. Creuzer, a trouvé de savans contradicteurs. M. Ideler m'a indiqué plusieurs travaux publiés en Allemagne sur ce sujet, et dont je n'avais pas eu connaissance lorsque je publiai ce volume pour la première fois. M. Lobeck, dans le premier volume de son *Aglaophamus*, a voulu établir que ces trois mots se mettaient à la fin de quelque chose pour signifier simplement *c'est assez*, ou *cela suffit*. M. Ideler a donné, dans son *Commentaire sur la météorologie d'Aristote*, un exemple de ὀμ employé comme signe tachygraphique pour ὁμοίως, et il croit que cette abréviation a été la source d'un grand nombre de méprises. Malgré tout cela, on ne peut s'empêcher d'être frappé de la similitude que ces trois mots offrent avec des formules sacrées des Hindous. Le mot ὄμ surtout semble être lié aux plus profonds mystères de la religion indienne (*Hesychii lexicon*, Lugd.-Batav., 1766, 2 vol.

Les sciences des Grecs eurent une origine tout orientale. On doit même remarquer que si le sol de la Grèce a été fécond en poètes, en orateurs, en philosophes et en historiens; si les arts y ont été portés au plus haut degré de perfection; si l'histoire naturelle même y a été cultivée avec succès; c'est en revanche aux Grecs transportés hors de leur sol natal (1), aux Siciliens et aux Grecs orientaux (les Ioniens et les Alexandrins), que sont dus les travaux les plus remarquables et les découvertes les plus importantes en géométrie et en astronomie: comme si le génie des Hellènes n'avait pu cultiver avec succès les sciences exactes que lorsqu'il se trouvait en contact avec des élémens étrangers. D'ailleurs, quoique les Ioniens aient rendu de grands services aux sciences, on leur a attribué plusieurs découvertes qu'ils avaient empruntées aux Chal-

---

in-fol., tom. II, p. 290, Κόγξ, et p. 855, Πάξ. — *Asiatic researches*, tom. V, p. 297-301. — *Ouwaroff, essai sur les mystères d'Eleusis*, Saint-Pétersb. et Paris, 1815, in-8, p. 24-30 et 108-116. — *Aristotelis, Meteorolog. ab Idler*, Lipsiæ, 1834, tom. I, p. 399, lib. I, cap. 7, § 3).

(1) Nous avons déjà vu combien les Siciliens avaient fait pour les sciences; mais cela rentre spécialement dans l'histoire scientifique de l'Italie.

déens et aux Égyptiens, avec lesquels ils eurent toujours des rapports plus directs que les autres Grecs. C'est ainsi qu'Anaximandre a été proclamé l'inventeur des cartes géographiques et des gnomons, qui, certainement, étaient connus avant lui en Égypte et à Babylone (1); et que l'on a fait honneur à un architecte du temple d'Éphèse de l'invention de l'équerre et du niveau, instrumens qu'il n'avait fait qu'emprunter aux Orientaux. On a dit, plus tard, que Platon avait renfermé dans son école toute la géométrie des Grecs. Mais bien que les platoniciens aient cultivé les sciences avec succès, on a trop vanté l'importance de leurs travaux géométriques (2). Platon était allé étudier les mathématiques en Égypte, à Cyrène et en Italie (3), et ses disciples les plus illustres appar-

---

(1) *Strabo, rer. geog.*, p. 1, lib. I. — *Apollonii Rhodii argon.*, lib. IV, v. 279 et seq. — *Herodoti hist.*, p. 153, lib. II, § 109.

(2) Presque tout ce que nous savons sur l'histoire des mathématiques chez les Grecs, est tiré des écrits des néo-platoniciens; et il n'est pas étonnant que ces écrivains aient un peu exagéré le mérite de leur école.

(3) *Diogenis Laertii, de vit. philos.*, p. 190, lib. III, *Plato.* — *Strabo, rer. geog.*, p. 1159, lib. XVII.

tenaient à l'Ionie. La découverte des sections coniques, que l'on avait attribuée au philosophe d'Athènes, nous paraît plutôt devoir être partagée entre Eudoxe de Cnyde et Archytas (1). Si le fondateur de l'Académie avait possédé cet esprit éminemment géométrique, dont on lui a fait honneur, il n'aurait pas blâmé Archytas d'avoir soumis la mécanique à la géométrie (2), ni commencé par repousser les idées cosmologiques des pythagoriciens : surtout, il n'aurait pas dit que la vision se fait par quelque chose qui sort de l'œil (3). Malgré cela, on doit reconnaître que de toutes les écoles philosophiques de la Grèce proprement dite, l'école de Platon est celle où l'on a cultivé la géométrie avec le plus de succès. Les péripatéticiens s'occupèrent spécialement des sciences naturelles, et négligèrent les mathématiques. Maintenant qu'on n'a plus à craindre son joug, on peut avouer que, malgré

---

(1) *Diogenis Laertii, de vit. philos.*, p. 620, lib. VIII, *Archytas*. — *Montucla, hist. des math.*, tom. I, p. 179.

(2) *Plutarchi opera*, tom. II, p. 718, *Sympos.*, lib. VIII, quæst. 2.

(3) *Euclidis opera*, f. 601–605. — *Auli Gellii, noctes atticæ*. p. 348, lib. V, cap. 10.

ses erreurs, le philosophe de Stagire fut un des esprits les plus vastes de l'antiquité. Cuvier a signalé, avec son talent accoutumé, les services immenses qu'Aristote et Théophraste ont rendus aux sciences naturelles (1). Les physiciens aussi peuvent lire, non sans en retirer quelque profit, les écrits du père des péripatéticiens. Ils y trouveront la différente conducibilité que les corps ont pour la chaleur (2), la gravité de l'air (3), l'explication de la rondeur de l'image formée par des rayons solaires qui passent par un trou de forme quelconque, la sphéricité de la terre déduite de la rondeur de l'ombre que notre globe projette sur la lune dans les éclipses lunaires (4), le refroidissement produit par un ciel serein et la formation de la rosée qui en résulte (5). Un fait du plus haut intérêt, et qui

---

(1) *Cuvier, cours d'histoire*, etc., 1re part., p. 137-187.

(2) *Aristotelis opera*, tom. II, p. 488, *de part. animal.*, lib. II, cap. 2.

(3) *Aristotelis opera*, tom. I, p. 692, *de Cœlo*, lib. IV, cap. 4. — *Humboldt, examen critique de l'histoire de la géographie dans le nouveau continent*, édit. in-fol., p. 44.

(4) *Aristotelis opera*, tom. IV, p. 141, *Probl.*, sect. XV, quæst. 5.

(5) *Aristotelis opera*, tom. I, p. 660, *de Cœlo*, lib. II, cap. 14.

a passé jusqu'à présent inaperçu, c'est l'emploi que fait Aristote des lettres de l'alphabet pour désigner les quantités indéterminées (1). Ce philosophe, qu'on a accusé à tort de ne pas tenir compte des observations, était, au contraire l'homme des faits. Mais ses observations, trop souvent incomplètes, ne lui permettaient pas de déterminer les diverses circonstances qui influent sur la production d'un phénomène, et il se trompait dans la recherche des causes. En restant attaché au témoignage des sens, il a pu faire de bonnes descriptions et avoir un grand succès en histoire naturelle, mais il devait être moins heu-

(1) Il ne s'agit pas ici d'abréviations semblables à celles dont plus tard fit usage Diophante pour exprimer les diverses puissances des inconnues, en écrivant, par exemple, δῡ au lieu de δύναμις (carré), κῡ au lieu de κύβος (cube), et ainsi de suite. Aristote, dans sa Physique, exprime la force, la masse, l'espace et le temps, par les lettres α, β, γ, δ, etc.; exactement comme on le ferait aujourd'hui (*Aristotelis opera*, tom. I, p. 575 et 660, *Natur. auscult.*, lib. VII, cap. 6, et lib. VIII, cap. 15). Cicéron aussi s'est servi des lettres de l'alphabet pour indiquer des objets indéterminés (*Ciceronis, epistolæ ad Atticum*, lib. II, ep. 3). Au reste, nous prouverons dans la suite de cet ouvrage que même chez les modernes on avait employé les lettres pour indiquer les inconnues long-temps avant Viete, à qui il faudrait cesser d'attribuer cette invention.

reux en physique. Ses erreurs sur la légèreté positive, sur la chute des graves, sur la nature des forces (1), sur la génération spontanée, viennent toutes de la même source. Mais il faut se garder de lui attribuer les fausses opinions des péripatéticiens modernes, qui avaient abandonné sa méthode d'observation, tout en conservant ce qu'il y avait d'erroné dans sa doctrine. C'est surtout à cette universalité d'esprit qui lui permit d'embrasser dans une vaste encyclopédie toutes les connaissances humaines qu'Aristote (2) doit

---

(1) Il n'est pas facile de croire qu'Aristote (comme quelques auteurs l'ont affirmé) ait connu la composition des forces, lorsqu'on examine ses idées si extraordinaires sur l'équilibre du levier, qu'il fait dépendre des propriétés merveilleuses du cercle (*Aristotelis opera*, tom. II, p. 759 et seq., *Quœst. mech.*, cap. 1). Dans le sixième chapitre du septième livre de la Physique, Aristote donne une règle pour mesurer les forces d'après l'espace parcouru, le temps écoulé et la masse du mobile. Mais, tandis qu'il dit avec raison qu'une force double fera parcourir un espace double, il n'admet pas qu'en diminuant la force, on puisse toujours imprimer au mobile une vitesse proportionnelle (*Aristotelis opera*, tom. I, p. 575, *Natur. auscult.*, lib. VII, cap. 6). Aristote s'est trompé encore ici, parce qu'il est resté trop attaché à ce qui a lieu effectivement dans la nature quand on ne fait pas abstraction du frottement.

(2) On peut voir dans Diogène Laërce (*De vit. philos.*, p. 314-318, lib. V, *Aristotelis*) l'immense catalogue des ou-

sa gloire. Gloire que les Grecs léguèrent aux Arabes, les Arabes aux Chrétiens.

L'étude de l'astronomie déclinait tous les jours en Grèce lorsque les observations astronomiques des Chaldéens, rapportées par Callisthènes, ranimèrent l'ardeur des savans. Ces observations, des matériaux pour l'histoire naturelle d'Aristote, et quelques notions plus exactes sur la géographie de l'Asie (1), furent le résultat immédiat des conquêtes d'Alexandre. Plus tard, le partage du grand empire macédonien créa plusieurs centres où les sciences furent cultivées avec ardeur; et dans cette nouvelle ère scientifique les Grecs orientaux eurent encore le dessus. Pergame et

---

vrages d'Aristote. La plupart de ces écrits ont péri. Le biographe grec cite un livre *des pierres* que l'on croyait perdu, mais dont une traduction arabe, ou pour mieux dire un abrégé, se trouve à la bibliothèque du roi (*MSS. arabes*, n° 402). Nous parlerons de ce manuscrit, lorsque nous discuterons l'opinion d'Albert-le-Grand, qui attribuait à Aristote la découverte de la boussole.

(1) *Delambre, hist. de l'astron. ancienne*, tom. I, p. VII. — *Cuvier, cours d'histoire*, etc., Ire partie, p. 137 et 170. — *Robertson, recherches sur l'Inde*, Paris, 1792, in-8, p. 269, 282, 292. — *Baldelli, storia delle relazioni vicendevoli dell' Europa e dell' Asia*, Firenze, 1827, 2 vol. in-4 parte I, p. 18.

Alexandrie rivalisèrent pendant quelque temps; mais bientôt la victoire resta à l'Égypte. On doit rattacher à l'école alexandrine, Euclide (1), Hipparque (2), Archimède, Eratosthène, Apollonius de Perge, Ptolémée, Diophante, qui firent tous un séjour plus ou moins long à Alexandrie, et qui s'illustrèrent tous par des découvertes importantes. Un fait digne d'être remarqué, et qui vient à l'appui de ce que nous avons dit précédemment, c'est que parmi ces géomètres célèbres, il n'y en a pas un seul qui soit né sur le

---

(1) On a confondu pendant long-temps Euclide le géomètre avec un philosophe de Mégare du même nom. Proclus nous apprend que l'illustre auteur des élémens de géométrie vivait à Alexandrie du temps de Ptolémée, fils de Lagus, tandis qu'Euclide de Mégare avait été élève de Socrate presque cent ans auparavant (*Diogenis Laertii, de vit. philos.*, p. 158; lib. II, *Euclides.*— *Auli Gellii, noctes atticæ*, p. 91, lib. I, cap. 20, not. 14. — *Fabricius, bibl. græca*, tom. IV, p. 44).

(2) Le commentaire sur Aratus est le seul ouvrage d'Hipparque que nous possédons. On trouve dans plusieurs bibliothèques un manuscrit intitulé Ἱππάρχου περὶ τῶν δώδεκα ζωδίων; mais il est facile de se convaincre que cet ouvrage est apocryphe en observant, entre autres choses, que le mois de Juillet y est appelé ἰούλλιος, nom qu'il n'a pu prendre que long-temps après Hipparque (*MSS. grecs de la bibl. du roi*, n° 2426, f. 9 et 10).

sol de la Grèce (1). Pendant plus de huit siècles l'école d'Alexandrie brilla d'un éclat sans égal (2). En vain les Romains asservirent la patrie des Pharaons ; en vain la croix s'éleva sur les ruines du temple de Sérapis : Rome demanda encore à l'Égypte les moyens de réformer le calendrier, et plus tard les chrétiens apprirent d'un saint égyptien à déterminer le jour de Pâques (3).

---

(1) Il nous est impossible de parler avec détail des découvertes scientifiques des Grecs dans ce *Discours préliminaire*, qui a seulement pour objet d'exposer d'une manière rapide la marche des sciences jusqu'à la renaissance des lettres. Nous ne pouvons qu'indiquer les résultats généraux, en nous bornant à citer les faits les plus importans et les moins connus. L'histoire des sciences de la Grèce a été traitée par un grand nombre d'auteurs ; mais on doit avouer que leurs ouvrages laissent encore beaucoup à desirer. M. Lacroix, qui a déjà rendu tant de services aux mathématiques, prépare maintenant une histoire de la géométrie chez les Grecs, dont tous les amis des sciences desirent la publication. Les recherches de M. Biot, sur l'année vague des Égyptiens, intéressent vivement les personnes qui s'occupent des sources de l'astronomie grecque. L'origine des signes du zodiaque, qui a été le sujet d'un grand nombre de travaux, paraît devoir être beaucoup éclairée par les investigations de cet illustre physicien (*Mémoires de l'académie des sciences de l'Institut*, tom. XIII, p. 777).

(2) Vers le milieu du cinquième siècle, Proclus forma une nouvelle école géométrique à Athènes, mais elle ne produisit rien de bien remarquable.

(3) *Bedœ opera*, tom. I, col. 194.

Enfin, après une longue série de guerres civiles et de persécutions religieuses, après que le joug de l'Alcoran se fut appesanti sur l'Égypte, l'école alexandrine osa lutter encore avec l'école de Bagdad.

Parmi les royaumes formés par le partage de l'empire d'Alexandre, il en est un, celui de Bactriane, qui parut destiné à ouvrir, dès cette époque, aux Européens les portes de l'Inde. Les monumens, les médailles avec des légendes grecques, que l'on découvre encore de nos jours dans le Guzarate (1), prouvent que les Macédoniens s'étaient avancés fort loin dans l'Orient. Mais bientôt le royaume de Bactriane, qui était resté isolé presque au milieu des Indiens, succomba à leurs attaques. Et les Parthes ayant détruit la puissance grecque dans l'Asie centrale, tandis que les Romains s'emparaient de l'Asie-Mineure, les longues guerres de ces deux peuples interrompirent encore une fois les relations de l'Europe avec l'Asie

(1) *Montfaucon, collectio nova script. Græcor.*, Paris, 1706, 2 vol., in-fol. tom. II, p. XI et 148. — *Asiatic society of Great Britain.*, vol. I, part. II, p. 313. — *Journal asiatique*, tom. II, p. 321-349. — Ibid., Mars 1832, p. 280. — *Journal des Savans*, Février, Mars, Avril, etc., 1836.

orientale. Ces relations se rétablirent plus tard; mais, sous l'influence des Romains, elles devinrent purement commerciales (1), et n'eurent aucun résultat littéraire.

On sait les rapports intimes qui lièrent anciennement les Indiens aux Persans : la langue et les systèmes astronomiques des deux peuples l'attestent. Mais ces relations furent interrompues dans les temps plus modernes, et les Grecs ne paraissent avoir rien reçu de l'Inde par la Perse, lorsqu'ils renversèrent le trône de Darius. On a déjà vu les philosophes d'Alexandrie, forcés par les persécutions des chrétiens à chercher un asile auprès de Chosrou, revenir après plusieurs années en Egypte, sans rien rapporter des sciences orientales.

Plus tard, les Arabes marchant sur les débris de vingt trônes, se trouvèrent à-la-fois en contact avec les Grecs, les Goths, les Indiens et les

(1) *Recherches asiatiques*, Paris, 1805, 2 vol. in-4, tom. I, p. 445. — *Gibbon, the history of the decline*, etc., tom. I, p. 71 et suiv. — *Robertson, recherches sur l'Inde*, p. 75. — On peut voir dans Cosmas les noms des marchandises qui venaient de l'Inde, du temps de Justinien (*Montfaucon, Collectio nova script. Græcor.*, tom. II, p. 336, et planche IV).

Chinois (1), devinrent dépositaires de toute la science connue, et la transportèrent en Occident. Excités par une religion qui commandait la valeur, ils ne devaient pas rencontrer de grands obstacles de la part des Chrétiens. Les Grecs furent battus; la Perse, l'Égypte, l'Inde, l'Espagne obéirent aux Arabes. On les a accusés d'avoir détruit, dans leurs premières conquêtes, les monumens littéraires des peuples vaincus (2); mais l'incendie de la bibliothèque d'Alexandrie et le sauvage dilemme d'Omar sont des faits beaucoup moins certains que la destruction des bibliothèques à Constantinople, où Léon l'Isaurien brûlait à-la-fois les livres et les lecteurs (3). Arrivant bientôt après dans l'Italie méridionale (4), appelés en Espagne par le comte Julien (5), les

(1) *Deguignes, hist. des Huns* tom. II, p. 494. — *Elmacin, hist. saracenica*, Lugd.-Batav., 1625, in-4, p. 84 et 85. — *Anciennes relations des Indes et de la Chine*, p. 52, 86, 148, 228, 271, etc.

(2) Voyez la note VII, à la fin du volume.

(3) « Eos demum dimisit (*Leo*) in ædes illas regias, multamque materiam aridam, circum eos collocatam, noctu incendi jussit; atque ita ædes cum libris, et doctos illos ac venerabiles viros combussit. » (*Zonaræ annales*, Paris, 1686, 2 vol. in-fol., tom. II, p. 104.)

(4) *Muratori, scriptores rer. ital.*, tom. I, pars 1, p. 481.

(5) Conde observe avec raison que les amours de Roderic

Arabes s'emparèrent successivement de toutes les îles de la Méditerranée. S'avançant victorieux vers le Bosphore, ils furent sur le point de soumettre l'Europe entière à leur joug. Après la chute des Ommiades la soif des conquêtes sembla s'apaiser chez les Arabes. Les Abbassides protégèrent les sciences, en s'aidant des savans Nestoriens qu'ils avaient amenés de Perse et de Mésopotamie (1). La munificence d'Haroun Al-Réchyd et d'Al-Mamoun contribua puissamment à répandre l'instruction (2). Un grand nombre

---

avec la fille du comte Julien ne sont qu'une fable dont l'origine arabe est attestée même par le nom de la *Caba ;* mais il reste toujours le fait de l'alliance de quelques seigneurs goths avec les Arabes (*Conde, historia de la dominacion de los Arabes*, etc. ; Madrid, 1820. 3 vol. in-4, tom. I, p. 25).

(1) *Jourdain, recherches sur les traductions d'Aristote*, p. 84. — *Notices des manuscrits de la bibl. du roi*, Paris, 1787 et suiv., 12 vol. in-4, tom. I, p. 45. — *Casiri, bibl. arab.-hisp.*, tom. I, p. IX. — *Abulfeda, annales moslem.*, Hafniæ, 1789-94, 5 vol. in-4. tom. I, p. 481. et seq.

(2) La protection accordée par Al-Mamoun aux sciences et aux lettres a été célébrée par les historiens (*Golius, notæ ad Alfragan.*, Amstelod., 1669, in-4, p. 66. — *Assemanni, catal. cod. orient. bibl. Mediceæ*, Florent., 1742, in-fol., p. 237, etc. — *Notices des manuscrits de la bibl. du roi*, tom. VII, 1re part., p. 38. — *Elmacin, hist. sarac.*, p. 176). On voit, par l'introduction à l'algèbre de Mohammed ben Musa, qu'Al-Mamoun avait conseillé à ce géomètre d'écrire

d'ouvrages scientifiques furent traduits du grec en arabe, par l'influence surtout des médecins chrétiens (1), qui faisaient tourner au profit des lettres la faveur dont ils jouissaient auprès des califes. Dictant la paix à l'empereur de Constantinople, l'Arabe victorieux demandait des manuscrits et des savans (2). Ici on élevait des observatoires, munis d'instrumens plus parfaits que ceux d'Hipparque et de Ptolémée (3); là on

---

le traité d'*algèbre populaire* que nous possédons (*Mohammed ben Musa, Algebra*, London, 1831, in-8, p. 3 et 5).

(1) Les médecins chrétiens étaient tout puissans à la cour des califes; ils y brillaient à-la-fois par leurs talens et leurs vertus. La fermeté d'Honaïn ben Isaac, refusant de livrer le poison que le calife Motawakkel lui demandait le glaive à la main, mérite d'être signalée (*Abul-Pharajii, hist. compend. dynast.*, p. 143, 148, 154, 166. — *Elmacin, hist. sarac.*, p. 155).

(2) *Cedreni, compend. hist.*, Paris, 1647, 2 vol. in-fol., tom. II, p. 548. — *Assemanni, globus cœlestis cufico-arabicus*, Patavii, 1790, in-4, p. XII. — *Deguignes, hist. gén. des Huns*, tom. I, part. I, p. 316. — *Scriptores hist. bizantinæ post Theophanem*, Paris, 1685, in-fol., p. 118. — *Abul-Pharajii, hist. compend. dynast.*, p. 160.

(3) *Abul-Pharajii, hist. compend. dynast.*, p. 161 et 217. — *Assemanni, catal. cod. orient. bibl. Mediceæ*, p. 401. — Le Soufi parle longuement, dans son traité d'astronomie, des sphères célestes et de la manière de les construire. Il semble, d'après cet auteur, que les Arabes se contentaient souvent de réduire les anciennes observations, sans observer

mesurait un degré du méridien (1). La curiosité et le commerce poussaient des voyageurs musulmans jusqu'aux Indes et à la Chine (2), tandis

---

directement les astres. Circonstance importante, parce qu'elle peut expliquer les anomalies qui résultent des réductions opérées sur des observations erronées (*Notices des manuscrits de la bibl. du roi*, tom. XII, p. 241-243). Il paraît certain que les Arabes avaient observé les taches du soleil dès le second siècle de l'hégire (*Assemanni, globus cœlestis cufico-arabicus*, p. XXXIX et seq.). Bernard a cru qu'ils avaient appliqué le pendule à la mesure du temps (*Philosophical transactions*, vol. XIII, n° 158, p. 567); mais Jourdain, qui s'est occupé spécialement de ce sujet, n'a jamais pu rien trouver qui confirmât cette assertion (*Magasin encyclopédique*, année 1809, tom. VI, p. 45. — *Bailly, histoire de l'astronomie moderne*, Paris, 1785, 3 vol. in-4, t. I, p. 246. — *Assemanni, globus cœlestis cufico-arabicus*, p. XLVIII). Cet auteur a tiré des écrivains arabes la description de plusieurs instrumens d'astronomie, parmi lesquels il faut remarquer le cercle mural dont les Orientaux paraissent avoir fait usage long-temps avant Tycho-Brahé (Voyez le *Mémoire sur les instrumens de Méragah*, p. 43-95, inséré dans le *Magasin encyclopédique*, année 1809, tom. VI. — Voyez aussi *Delambre, histoire de l'astronomie du moyen-âge*, Paris, 1819, in-4, p. 198). Jourdain parle (ibid., p. 64 et 65), d'après un écrivain arabe, des tubes que l'on adaptait aux instrumens d'astronomie, et qui ont porté quelques modernes à supposer que les Orientaux connaissaient le télescope.

Voyez la note VIII, à la fin du volume.

(1) *Notices des manuscrits de la bibl. du roi*, tom. I, p. 48 et suiv.

(2) *Baldelli, storia delle relazioni*, etc., parte I, p. 304.—

que d'autres formaient des établissemens à Sofala et à Madagascar (1) : et il s'opérait par les Arabes, guerriers, marchands et missionnaires à-la-fois (2), un échange continuel d'idées, de produits et de croyances, depuis le Gange jusqu'au Tage, depuis l'extrémité de l'Afrique jusqu'aux Alpes (3). Bagdad, capitale de cet immense empire, était alors le centre du monde civilisé.

Anciennes relations des Indes et de la Chine, p. XXXI, 32, 46, etc.

(1) *Baldelli, storia delle relazioni*, etc., parte I, p. 304.— *Anciennes relations des Indes et de la Chine*, p. 193 et 365. — Les Arabes paraissent même avoir connu la communication entre l'Océan atlantique et la mer des Indes (*Anciennes relations des Indes et de la Chine*, p. 73. — *Walckenaer, vies de plusieurs personnages célèbres*, Laon, 1830, 2 vol. in-8, tom. I, p, 335. — *Baldelli, storia delle relazioni*, etc., parte I, p. 304. — *Notices des manuscrits de la bibl. du roi*, tom. II, p. 25). On croit que les Arabes ont fondé *Timbouctou* dans l'intérieur de l'Afrique (*Walckenaer, recherches sur l'intérieur de l'Afrique*, Paris, 1821, in-8, p. 14).

(2) *Deguignes, hist. géner. des Huns*, tom. I, part. 1, p. 59. — *Notices des manuscrits de la bibl. du roi*, tom. I, p. 10-15, et tom. II, p. 25. — *Anciennes relations des Indes et de la Chine*, p. 9. — *Walckenaer, recherches sur l'intérieur de l'Afrique*, p. 12.

(3) Les Arabes s'étaient établis en Piémont au neuvième siècle ; on sait qu'ils pillèrent Turin en 906 (*Muratori, scriptores rer. ital.*, tom. II, pars 2, col 730. — *Muratori, an-*

L'observateur peut suivre la marche rapide de la civilisation des Arabes, qui n'est pas, comme celle de tant d'autres nations, cachée dans la nuit des temps. Ce peuple, dont les mœurs et les habitudes n'avaient pas changé depuis la plus haute antiquité, semblait avoir été fixé pour toujours dans l'Yemen. Mais soudain à la voix de Mahomet il sortit du désert et se répandit comme un torrent sur les pays environnans. Les con-

---

nali d'Italia, tom. VII, p. 363. — *Tiraboschi*, *storia della lett. ital.*, tom. III, p. 177), et qu'au milieu du dixième siècle ils percevaient un droit de péage pour le passage des Alpes (*Muratori*, *annali d'Italia*, tom. VIII, p. 63, — *Reinaud, invasions des Sarrazins en France*, p. 178). Au reste, s'ils rançonnaient les pays qu'ils avaient conquis, ils les fécondaient aussi. On leur doit, par exemple, l'introduction en Occident de la canne à sucre, qu'ils cultivèrent même en Sicile (*Heeren*, *Essai sur l'influence des croisades*, Paris, 1808, in-8, p. 397. — *Gibbon, the history of the decline*, etc., tom. XIII, p. 244). Makrisi dit, d'après Masoudi, que le citron rond a été apporté de l'Inde en Arabie au quatrième siècle de l'hégire (*Abd-allatif, relation de l'Egypte*, Paris, 1810, in-4, p. 117). Les mots *limon* et *orange* sont venus d'Orient avec les objets qu'ils désignent. En italien on disait indifféremment autrefois *arancio* ou *narancio*. Cette seconde manière, qui se rapproche davantage de la racine orientale, n'est pas indiquée dans le *Vocabolario della Crusca*; on la trouve plusieurs fois répétée dans les lettres de Navagero à Ramusio (*Lettere di* XIII *huomini illustri*, Venezia, 1584, in-8, f. 310, 316, 317, etc.).

quêtes presque fabuleuses des Ommiades permirent aux historiens de jeter négligemment cette phrase sur la tombe d'un prince qui avait à peine régné neuf ans. «Il conquit l'Inde, le Cashgar et l'Espagne » : elles mirent les Arabes en contact avec tous les peuples civilisés, et préparèrent aux Abbassides les moyens de réunir à Bagdad l'élite de tous les talens du monde. L'Arabe, dans ses guerres, avait marché rapidement de victoire en victoire ; et il ne put pas se vouer aux recherches lentes et pénibles qui seules pouvaient lui donner des sciences nationales. Le temps lui manqua : il les prit toutes faites chez ses voisins, comme par droit de conquête, et porta dans la culture des lettres une énergie égale à celle qu'il avait montrée dans les camps. Cette activité dévorante lui fit parcourir trop vite toutes les diverses périodes de la vie des nations, usa ses forces morales et le rendit décrépit avant le temps. Bientôt l'empire des califes s'écroulait sous les coups des tribus sauvages qu'avait vomies la Tartarie.

Les Grecs, les Persans, les Chinois et les Hindous (1) ont tous contribué à policer les Arabes ;

(1) Ibn-Khaldoun dit que les Arabes brûlèrent les livres

mais il est difficile de bien déterminer ce que chacun de ces peuples a pu leur donner. Les ouvrages scientifiques des Grecs ont passé de bonne heure chez les Arabes, par les soins des Abbassides et par l'entremise des Nestoriens, qui exercèrent pendant long-temps une grande influence en Asie. Dès les premiers siècles de l'ère chrétienne, ces hérétiques proscrits avaient parcouru l'Inde, la Chine et la Tartarie, et avaient acquis un grand pouvoir à la cour de Perse (1).

---

des Persans, et qu'ils n'eurent connaissance que des ouvrages des Grecs (*Abd-allatif, relation de l'Egypte*, p. 241 et 243). Mais il est prouvé par le témoignage d'un grand nombre d'écrivains que les Arabes profitèrent des lumières de tous les peuples de l'Asie orientale. Masoudi, qui vivait vers le milieu du dixième siècle de l'ère chrétienne, affirme que les livres des Mages existaient encore de son temps (*Jourdain, Recherches sur les traductions d'Aristote*, p. 84. — *Abul-Pharajii, hist. compend. dynast.*, p. 3. — *Notices des manuscrits de la bibl. du roi*, tom. I, p. 38. — *Assemanni, globus cœlestis cufico-arabicus*, p. XIV).

(1) La *Topographia cristiana* de Cosmas l'Égyptien contient des renseignemens très curieux sur les voyages des chrétiens en Orient. Les Nestoriens avaient traduit en persan, pour Chosrou, les ouvrages des plus illustres philosophes grecs; et l'on connaît encore plusieurs classiques grecs traduits anciennement en syriaque, parmi lesquels, d'après Abul-Farage, il faut compter Homère. (Voyez *Jourdain, recherches sur les traductions d'Aristote*, p. 81-87. — *Abul-*

Sans Mahomet, il est probable qu'ils auraient produit une grande révolution religieuse en Asie, et rapproché dès-lors les Orientaux et les Occidentaux. Lorsque les Abbassides se réfugièrent en Mésopotamie et en Perse pour se soustraire aux persécutions des Ommiades, ils y rencontrèrent des Nestoriens qui leur inspirèrent le goût de l'étude et qui, plus tard, les suivirent à Bagdad. La gloire littéraire des règnes d'Haroun-al-Réchyd et d'Al-Mamoun est due spécialement aux travaux de

---

Pharajii, hist. compend. dynast., p. 61, 143, 148, 172, 179, 223. — *Montfaucon, collectio nova script. græc.*, tom. II, *præf. ad Topog. christ.* — *Assemanni, bibl. orient.*, tom. III, pars II, p. 1–58. — *Anciennes relations des Indes et de la Chine*, p. 261–263. — *Agathias scholasticus hist.*, p. 53). Il faut remarquer que l'influence littéraire des moines grecs s'étendit plus tard jusqu'en Espagne. Lorsqu'en 948, Romain, empereur de Constantinople, envoya à Naser Abd-alrahman les ouvrages de Dioscoride, ce calife lui demanda un homme capable de les traduire. Le moine Nicolas, chargé de cette mission, arriva à Cordoue en 951, et ce fut lui surtout qui répandit parmi les Mores d'Espagne les sciences des Grecs (*Abd-allatif, relation de l'Egypte*, p. 496 et suiv.). Un manuscrit de la collection de Peyresc, que l'on croyait perdu, mais qui se trouve à la bibliothèque du roi (*Supplément latin*, n° 102), prouve qu'au dix-septième siècle il existait encore un grand nombre de livres scientifiques traduits en syriaque, et tous les ouvrages d'Aristote traduits en chaldéen.

Voyez la note IX, à la fin du volume.

ces moines, qui traduisirent en syriaque et en arabe les écrits des philosophes grecs. Astrologues et médecins à-la-fois, ils prirent un grand ascendant sur les califes, et ils en usèrent dans l'intérêt des sciences. D'après Ibn-Khaldoun, Euclide fut le premier auteur grec traduit en arabe : l'on étudia ensuite Ptolémée, Archimède, Apollonius, Aristote et Diophante (1); et c'est par les Arabes que ces restes précieux de la sciences des Hellènes ont été rendus à l'Occident. Les écrits philosophiques des Grecs devinrent aussi le sujet d'études approfondies, et furent commentés par des hommes supérieurs, tels qu'Avicenne, Nassir-eddyn et Averroës. On composa des encyclopédies presque calquées sur celle d'Aristote (2),

---

(1) Il paraît que Diophante n'a été traduit (ou du moins commenté) par les Arabes que vers la fin du dixième siècle (*Casiri, bibl. arab-hisp.*, tom. I, p. 433. — *Abul-Pharajii, hist. compend. dynast.*, p. 222. — *Mohammed ben Musa algebra*, p. IX. — *Brahmegupta and Bhascara, Algebra*. p. LXXII. — *Cossali, origine dell' algebra*, Parma, 1797-99, 2 vol. in-8, tom. I, p. 175). Cette date est très importante; car elle concourt, avec d'autres argumens, à prouver que l'algèbre, possédée par les Arabes dès le neuvième siècle, ne leur était pas arrivée de Grèce.

(2) Les encyclopédies d'Ibn-Sina et d'Alfirouzabi ont été fort célèbres même en Occident.

et l'on créa en Asie, en Égypte et en Espagne, des colléges de traducteurs et des universités, où l'on enseignait surtout les sciences de la Grèce (1). Mais si les Arabes paraissent avoir reçu des Grecs la géométrie (2), s'ils ont appris en Égypte cette alchimie dont on leur avait pendant long-temps attribué l'invention (3), s'ils ont tiré de l'Alma-

---

(1) *Jourdain, recherches sur les traductions d'Aristote*, p. 87. — *Casiri, bibl. arab.-hisp.*, tom. I, p. IX. — *Abd-allatif, relation de l'Egypte*, p. 468 et 469 — *Assemanni, globus cœlestis cufico-arabicus*, p. XIII. — *Abul-Pharajii, hist. compend. dynast.*, p. 217. — *Beniaminis*, *à Tudela*, *itinerarium*, Lugd.-Batav., 1633, in-8, p. 121. - Léon l'Africain comptait deux cents écoles à Fez (*Leonis Africani, Africæ descriptio,* Lugd.-Bat., 1632, 2 part. in-16, p. 88, 333 et seq.).

(2) Nous avons déjà dit que les *Elémens d'Euclide* furent le premier ouvrage grec traduit en arabe : Archimède et Apollonius furent traduits bientôt après, et les anciens manuscrits prouvent que presque tous les ouvrages des géomètres grecs nous ont été transmis par les Arabes (*Jourdain, recherches sur les traductions d'Aristote*, p. 85. — *Assemanni, catal. cod. orient. bibl. Medic.*, p. 381 et 392. — *MSS. de la bibl. du roi, supplément latin*, n° 49, etc., etc.).

Voyez la note X, à la fin du volume.

(3) Quelques écrivains attribuant à tort une origine arabe à tous les mots qui commencent par l'article *al*, ont cru qu'*alchimie* était un nom arabe, et par suite ils ont fait honneur aux Mahométans de la création de cette science. Mais χημία est un mot cophte, et c'était, dit Plutarque, le nom que l'on donnait à l'Egypte (*Plutarchi opera*, tom. II, p. 364,

geste l'ensemble de leurs connaissances astronomiques (1), s'ils semblent avoir puisé dans les

---

de Iside et Osiride). Les Arabes n'y ont ajouté que l'article *al*, comme ils l'ont fait pour *alkali, almageste*, etc. On sait que Dioclétien fit brûler tous les anciens livres de chimie des Egyptiens (*Suidæ lexicon*, tom. I, p. 594, Διοκλητιανὸς). Il faut consulter les recherches très intéressantes de M. de Humboldt sur l'origine du mot *alchimie* et sur la découverte de la distillation (*Humboldt, examen critique*, p. 219 et suiv.).

(1) Nonobstant l'Arjabhar indien cité par les Arabes (*Casiri, bibl. arab.-hisp.*, tom. I, p. 426 et 428, et tom. II, p. 332. — *Notices des manuscrits de la bibl. du roi*, etc., tom. I, p. 7 et suiv.), il nous semble que l'Almageste de Ptolémée a été la base de leur astronomie; mais on ne saurait méconnaître l'importance de leurs propres travaux. Albategni rendit un service signalé à la trigonométrie, en substituant les sinus aux cordes : on lui doit, ainsi qu'à Geber et à Ebn-Iounis, de beaux théorèmes de trigonométrie sphérique. Les Arabes introduisirent peu-à-peu l'usage des tangentes en astronomie, et Aboul-Wefa en calcula des tables. L'astronomie, protégée spécialement et cultivée par Al-Mamoun et par Adadeddaoulat, était devenue très populaire en Orient : il y avait au dixième siècle en Asie un très grand nombre d'*amateurs* qui s'en occupaient (*Assemanni, catal. cod. orient. bibl. Medic.*, p. 401. — *Notices des manuscrits de la bibl. du roi*, tom. XII, 1re part., p. 237, 241, 244, 251, etc.). Casiri (*Bibl. arab.-hisp.*, tom. I, p. 410), et d'après lui d'autres écrivains plus récens (*Viardot, histoire des Arabes d'Espagne*, Paris 1835, 2 vol. in-8, tom. II, p. 136), ont parlé d'un ouvrage arabe sur l'attraction. Mais il est reconnu maintenant que le livre cité par Casiri, est un

ouvrages d'Aristote, de Théophraste et de Dioscoride, leur philosophie (1), leur médecine, et leurs connaissances en histoire naturelle (2); leur littérature et leur poésie conservèrent un caractère oriental. Quant à l'algèbre, tout concourt à prouver que les Arabes l'ont reçue des Indiens.

On a appelé improprement *Algèbre*, l'ouvrage de Diophante sur l'analyse indéterminée. Des questions difficiles, quoique traitées avec une grande finesse, mais sans méthode générale et sans notation spéciale, ne constituent point la

---

ouvrage qui n'a aucun rapport à l'attraction (*De Sacy, chrestomatie arabe*, Paris, 1827, 3 vol. in-8, tom. III, p. 442). Au reste, Kazwini connaissait les idées des pythagoriciens sur l'espèce d'attraction magnétique exercée par les astres sur la terre (*De Sacy, chrestom. arabe*, tom. III, p. 433). On peut voir dans l'*Histoire de l'astronomie du moyen-âge*, par Delambre (p. XXXIX et suiv., et p. 1-191), un exposé assez détaillé des travaux astronomiques des Arabes.

(1) Un jeune orientaliste piémontais, M. Pallia, qui a bien voulu m'aider de ses lumières et faciliter mes recherches dans les manuscrits arabes que j'ai dû consulter, s'occupe maintenant de l'histoire de la philosophie chez les Arabes, et il croit pouvoir établir qu'ils ont eu une grande influence sur la renaissance de la philosophie parmi les chrétiens, et qu'ils ont posé les bases de la philosophie scholastique.

(2) Voyez la note XI, à la fin du volume.

science algébrique. Chez les Arabes, il y a des méthodes plus générales, leurs dénominations diffèrent essentiellement de celles des Grecs (1), et l'on y trouve le système d'arithmétique qui est adopté maintenant par toutes les nations de l'Europe. Or, cette arithmétique et cette algèbre existaient déjà chez les Indiens. Un passage de Masoudi (2) qui, bien qu'exagéré, conserve encore du poids, nous apprend que les Arabes avaient reçu ces connaissances de l'Inde. Une constante tradition a fait appe-

---

(1) *Brahmegupta and Bhascara, Algebra*, p. XLII-XIV.— Wallis avait remarqué que les Arabes ne formaient pas les diverses puissances par multiplication, comme les Grecs, mais qu'ils les déduisaient les unes des autres par des élévations à puissance, comme les Hindous (*Wallis opera*, Oxoniæ, 1695-99, 3 vol. in-fol., tom. II, p. 5 et 104). De manière que la sixième puissance, par exemple, appelée *cubo-cube* par Diophante, était le *carré-cube* (ou carré du cube) des Arabes. Mais Colebrooke a trouvé depuis, dans des ouvrages arabes modernes, les puissances formées à la manière des Grecs (*Brahmegupta and Bhascara, Algebra*, p. XIII), et, plus récemment encore, l'on a observé le même mode de formation dans un ouvrage arabe fort ancien (*MSS arabes de la bibl. du roi*, n° 1104. — *Journal asiatique*, Mai 1834, p. 435).

(2) *Notices des manuscrits de la bibl. du roi*, tom. I, p. 7. — Masoudi va jusqu'à supposer que l'Almageste est tiré d'un livre indien appelé *Almagist*.

ler par les Arabes et par les Grecs (1) *calcul des Indiens* l'arithmétique décimale, et nous aurons souvent occasion de signaler des faits qui prouvent que d'autres branches des mathématiques sortirent aussi de la contrée qui fut appelée *la minière des sciences* (2). D'ailleurs, supposer que les Indiens aient pu recevoir une science tout entière de ces Yavanas, de ces Mlétchhas (3), qu'ils traitent encore aujourd'hui avec tant de mépris; supposer qu'un peuple chez qui les anciennes croyances sont restées comme pétrifiées, qu'un peuple si porté à repousser tout ce qui vient de l'étranger (4), ait pu recevoir l'algèbre des Grecs, c'est, ce nous semble, peu conforme aux règles de la critique : surtout lorsque aucun fait ne vient à l'appui de cette hypothèse, et que la comparaison

---

(1) *Abul-Pharajii hist. compend. dynast.*, p. 230. — *MSS grecs de la bibl. du roi*, n° 2428, f. 186.

(2) *Abul-Pharajii hist. compend. dynast.*, p. 3.

(3) *Recherches asiatiques*, tom. II, p. 342. — On sait que les Hindous s'appelaient eux-mêmes *Aryas* (nobles), et désignaient tous les autres peuples par le nom de *Mlétchhas*, qui équivaut au *barbare* des Grecs.

(4) Pour se convaincre de l'extrême lenteur avec laquelle le peuple indien adopte les opinions des étrangers, on n'a qu'à chercher ce qu'il a reçu des Européens depuis plus de trois siècles qu'ils se sont établis sur les rives du Gange.

des notations et des méthodes se joint aux témoignages les plus graves pour prouver le contraire (1). Mohammed ben Musa, qui s'était déjà occupé de l'astronomie indienne, composa, sous le règne d'Al-Mamoun, un traité d'algèbre populaire (2), dans lequel cer-

---

(1) *Notices des manuscrits de la bibl. du roi*, tom. I, p. 7. — *Brahmegupta and Bhascara, Algebra*, p. XX et LXXIX. — Dans l'algèbre indienne, les inconnues sont désignées par les initiales des noms des différentes couleurs; et les équations sont ordonnées par les puissances de la variable. On y exprime les quantités irrationnelles par un signe spécial, et l'infini par l'unité divisée par zéro. Ces notations qui, avec beaucoup d'autres, se trouvent dans les ouvrages des Hindous (*Brahmegupta and Bhascara, Algebra*, p. XI–XIV), ont toujours manqué aux Grecs. Ces différences sont fondamentales, et portent sur des notions élémentaires; elles nous paraissent établir les deux origines tout-à-fait distinctes de l'ouvrage de Diophante et de l'algèbre des Indiens.

(2) *Brahmegupta and Bhascara, Algebra*, p. XX, LXVIII, LXIX, LXX. — *Mohammed ben Musa, Algebra*, p. 3. — L'ouvrage de Mohammed ben Musa, cité par Cardan (*Cardani de subtilitate*, Lugdun., 1559, in-8, p. 607, lib. XVI. — *Cardani ars magna*, cap. 1), a été publié en arabe et en anglais par M. Rosen à Londres en 1831. La Bibliothèque du Roi possède trois copies manuscrites d'une ancienne traduction de l'algèbre de Mohammed ben Musa, traduction que même Colebrooke croyait perdue depuis long-temps (*Brahmegupta and Bhascara, Algebra*, p. LXXIII); mais elles ne contiennent qu'une partie de cet ouvrage. La préface manque dans toutes les trois, et elles se terminent par le chapitre *Conventionum*

taines questions étaient résolues par les méthodes indiennes (1); tandis que l'ouvrage de Diophante, comme nous l'avons déjà indiqué, ne fut traduit en arabe que long-temps après (2) et paraît avoir été inconnu aux premiers algébristes mahométans. En effet, si Mohammed ben Musa, par exemple, avait tiré son algèbre des écrits de Diophante, il est certain qu'il se serait appliqué à l'analyse indéterminée (seule chose dont se soit occupé le géomètre d'Alexandrie), tandis qu'il n'a résolu que des équations

---

negociatorum. Le texte arabe, publié par M. Rosen, contient presque le double de matière que la traduction latine dont nous parlons.

Voyez la note XII, à la fin du volume.

(1) Lisez dans Mohammed ben Musa (*Algebra*, page 51 du texte arabe) le passage où l'auteur expose une méthode pour trouver le rapport de la circonférence au diamètre, méthode qui paraît certainement d'origine indienne (*Mohammed ben Musa, Algebra*, p. VIII et 197). Les Arabes citent, comme nous l'avons déjà remarqué, un astronome indien, Argebahr ou Arjabahr, qui nous semble n'être qu'Aryabhatta, le plus ancien des géomètres indiens (*Brahmegupta and Bhascara, Algebra*, p. XLI, L, LXIV et LXIX. — *Casiri, bibl. arab.-hispan.*, tom. I, p. 426-428, et tom. II, p. 332).

(2) *Mohammed ben Musa, Algebra*, p. IX. — *Brahmegupta and Bhascara, Algebra*, p. CXXII, etc.

déterminées des deux premiers degrés (1) et quelques problèmes d'élimination. Il ne faut pas cesser de répéter que les Grecs n'auraient pu donner aux Orientaux que ce qu'ils possédaient : et que lors même que les Hindous auraient eu connaissance de l'ouvrage de Diophante, ils n'en seraient pas moins les inventeurs de l'algèbre : science bien autrement étendue que l'analyse indéterminée des Grecs. Mais il semble peu probable que Diophante eût pu pénétrer aux Indes, lorsqu'on voit qu'Euclide lui-même y était inconnu avant la traduction qu'en fit faire Jaya Sinha au commencement du dix-huitième siècle (2). Au surplus, l'opinion qui attribue une origine indienne à l'algèbre n'est pas moderne : elle remonte à l'époque de l'introduction de cette science en Europe. Des ouvrages qui ont été traduits en latin au moyen âge, et qui existent en manuscrit encore aujour-

---

(1) Voyez la note XIII, à la fin du volume.

(2) *Asiatic researches*, tom. V, p. 177-194. — Il est vrai qu'on a trouvé dans la bibliothèque de Tippoo-Saëb la géométrie d'Euclide et l'éthique d'Aristote traduites en arabe ; mais sans aucun doute ces ouvrages avaient été apportés récemment aux Indes (*Stewart*, *catalogue of the library of Tippoo Sultan*, Cambridge, 1809, in-4, p. 101 et 120).

d'hui, prouvent qu'à cette époque, où les rapports littéraires avec l'Orient étaient si fréquens, les Européens attribuaient l'invention de l'algèbre à ce même peuple auquel ils devaient le Dolopatos et les fables de Bidpaï. (1)

(1) Non-seulement à la renaissance des lettres, on savait que les chiffres arabes venaient de l'Inde (*Targioni, Viaggi*, Firen., 1768, 12 vol. in-8, tom. II, p. 59), mais on connaissait aussi l'origine indienne de l'algèbre. Plusieurs manuscrits l'attestent encore. Il existe, à la bibliothèque du roi, trois copies d'un traité d'algèbre, compilé par un certain Abraham « d'après les savans Indiens » (*MSS. latins*, n° 7377 A. — *MSS. latins*, n° 7266, f. 124. — *Supplément latin*, n° 49, f. 126). Cet ouvrage, qui répand beaucoup de lumière sur la question de l'origine de l'algèbre, nous a paru digne d'être publié ; on le trouvera dans les *Notes et Additions* à la fin du volume, avec un petit traité de météorologie indienne, tiré aussi de la bibliothèque royale (*MSS. latins*, n° 7316, f. 177). Au treizième siècle, Albert-le-Grand connaissait les livres de philosophie et d'astronomie qui nous étaient venus de l'Inde (*Humboldt, examen critique*, p. 20). Quant au *Dolopatos*, ou *Roman des sept Sages*, on sait que des rives du Gange il fut transporté successivement en Perse, en Arabie, en Grèce ; et que, traduit au douzième siècle en langue romane par Dom Jean de Hauteselve, il fut souvent imité par les auteurs des *Fabliaux*. Ce n'est pas une petite gloire pour ce livre d'avoir pu fournir à Molière la première idée de son George Dandin (*Le Grand, fabliaux ou contes*, Paris, 1781, 5 vol. in-12, tom. III, p. 150 et suiv. — *Mémoires de l'académie des inscript. et bell.-lett.*, tom. XX, p. 355, et tom. XLI, p. 537, 546, 554, 556). Le livre de Bidpaï aussi fut connu au moyen-âge en Europe (*Notices des manuscrits de la bibl. du roi*, tom. X, 2e part., p. 3 et

La chronologie indienne, cachée dans des périodes astronomiques dont nous avons perdu la clef, et probablement défigurée par les prêtres, permet à peine de déterminer même d'une manière approximative, l'époque à laquelle furent composés les ouvrages algébriques qu'on a traduits récemment du sanscrit (1). Quant aux chiffres indiens, on ne les voit adoptés par les chrétiens que vers la fin du douzième siècle (2); mais il

---

suiv.). Dès le seizième siècle Firenzuola avait imité quelques-unes des fables de Bidpaï, qui, à cette époque, furent plusieurs fois reproduites en Italie (*Firenzuola opere*, Firenze, 1763, 3 vol. in-8, tom. I, *Discorsi degli animali*. — *Peregrinaggio di tre figliuoli del re di Serendippo*, Venet., 1557, in-8. — *Del governo de' regni, tratto di lingua indiana in agarena da Lelo Demno Saraceno*, Ferrare, 1583, in-8. — *Doni, la moral filosofia*, Venet., 1552, in-4). Il est impossible de ne pas reconnaître *Calila* et *Damna* dans le prétendu *Lelo Demno*. La Fontaine avouait plus tard, « par reconnaissance, qu'il devait la plus grande partie de ses fables à Bidpaï » (*Contes et Fables indiennes de Bidpaï et de Lokman*, Paris, 1778, 2 vol. in-12, tom. I, p. 11. — *Fables de Lafontaine*, Paris, 1825, 2 vol. in-8, tom. II, p. 61.)

Voyez la note XIV, à la fin du volume.

(1) Lisez, dans *Brahmegupta and Bhascara, Algebra*, p. XXXIII-LI, la chronologie des astronomes indiens, et les recherches de M. Colebrooke sur l'époque à laquelle vécurent Aryabhatta, Brahmegupta et Varaha-Mihira.

(2) *Andres, storia d'ogni letteratura*, tom. I, p. 197, et tom. X, p. 109. — *Targioni, viaggi*, tom. II, p. 67 et 68. —

paraît que les Arabes les employaient déjà quatre siècles auparavant (1). Ce système de numération marque à lui seul une révolution dans la science, et il est fort douteux que, sans la valeur de position des chiffres, on eût jamais pu effectuer, dans les temps modernes, les longs et pénibles calculs que l'application de l'analyse à l'astronomie a rendus nécessaires.

Deux monumens de l'algèbre indienne, le traité de Brahmegupta et celui de Bhascara Acharya, ont été publiés, dans le siècle actuel, par MM. Colebrooke, Taylor et Strachey (2); et l'on doit avouer, malgré tout notre orgueil occidental, que si ces ouvrages eussent été apportés en Europe soixante ou quatre-vingts ans plus tôt, leur apparition, même après la mort de Newton et du vivant d'Euler, aurait pu hâter parmi nous les progrès de l'analyse algébrique. Le Bija Ga-

---

Montucla, hist. des math., tom. I, p. 377. — Dans le second volume nous traiterons, avec les développemens nécessaires, ce point d'histoire scientifique, qui a donné lieu à tant de discussions.

(1) Voyez la note XV, à la fin du volume.

(2) *Brahmegupta and Bhascara, Algebra, translated by H. Colebrooke*, London, 1817, in-4. — *Bhascara Acharya, Lilawati, translated by J. Taylor*, Bombay, 1816, in-4. — *Bija Ganita, translated by Ed. Strachey*, London, 1813, in-4.

nita de Bhascara Acharya, qui fut traduit en persan au dix-septième siècle, avait été composé cinq cents ans auparavant (1). Brahmegupta, qui vivait au septième siècle de l'ère chrétienne (2), cite souvent Aryabhatta, dont malheureusement on n'a jamais pu retrouver les écrits (3). Mais, quoique l'époque à laquelle vivait ce dernier géomètre n'ait pas été déterminée avec précision, il paraît n'avoir pas été postérieur à Diophante (4), et il peut l'avoir précédé de plusieurs siècles. Les commentateurs attribuent à Aryabhatta la résolution de l'équation du premier degré à deux inconnues en nombres entiers : cette équation, résolue par Diophante seulement dans des cas particuliers, a été traitée par le

---

(1) *Bhascara Acharya, Lilawati*, p. 1. — *Brahmegupta and Bhascara, Algebra*, p. III et XXXIII.

(2) *Brahmegupta and Bhascara, Algebra*, pag. XXXIII-XXXVII.

(3) *Brahmegupta and Bhascara, Algebra*, p. V. — On a dit récemment que le traité d'Aryabhatta venait d'être retrouvé (*Journal asiatique*, avril 1832, p. 377); mais la citation qui avait donné lieu à cette annonce semble se rapporter plutôt à un commentateur qu'à l'auteur original. Il paraît au reste que, dans la collection Mackenzie, il y avait un ouvrage d'Aryabhatta (*Wilson, catalogue of Mackenzie collection*, Calcutta, 1828, 2 vol. in-8, tom. I, p. 121).

(4) *Brahmegupta and Bhascara, Algebra*, p. XLI-XLV.

géomètre indien avec la généralité qui manqua toujours aux Grecs (1). Les ouvrages de Brahmegupta et de Bhascara renferment des recherches d'un ordre beaucoup plus élevé. Outre la résolution générale de l'équation à une seule inconnue du second degré, et celle de quelques équations dérivatives des degrés supérieurs (2), on y trouve la manière de déduire, d'une seule solution, toutes les autres solutions entières d'une équation indéterminée du second degré à deux inconnues (3) : cette analyse, que nous devons à Euler (4), était connue aux Indes depuis plus de dix siècles. Un calcul qui a de la ressemblance avec les logarithmes, des notations particulières fort ingénieuses (5), et surtout une grande gé-

---

(1) La méthode d'Aryabhatta consiste dans la recherche du plus grand commun diviseur; elle coïncide avec celle que Bachet de Meziriac a fait connaître le premier en Europe en 1624 (*Brahmegupta and Bhascara, Algebra*, p. XVII, 112, 325-339. — *Bachet, problèmes plaisans et délectables*, Lyon, 1624, in-8, p. 18).

(2) *Brahmegupta and Bhascara, Algebra*, p. XIV, XVI, 208, etc.

(3) *Brahmegupta and Bhascara, Algebra*, p. XVIII, 172, 245, 265, etc.

(4) *Euler, Algèbre*, Lyon, 1774, 2 vol. in-8, tom. II, p. 113.

(5) *Brahmegupta and Bhascara, Algebra*, p. XI-XIV. —

néralité dans l'énoncé des problèmes, attestent les progrès de l'analyse indienne. Cette science, que les Hindous appliquaient à la géométrie et à l'astronomie (1), était pour eux un puissant instrument de recherche; et l'on doit citer, avec éloge, plusieurs problèmes géométriques dont ils avaient trouvé d'élégantes solutions (2). Leurs livres algébriques sont remarquables aussi par leur forme particulière et tout orientale. Ils sont en vers, et ne contiennent que l'énoncé et la

---

M. Whist a publié récemment (*Asiatic society of Great Britain*, tom. III, part. 5, p. 309) un mémoire sur les méthodes d'approximation et sur les séries des Hindous. Mais il nous semble que l'originalité des découvertes attribuées par M. Whist aux Orientaux n'est pas suffisamment établie dans son mémoire.

(1) *Brahmegupta and Bhascara, Algebra*, p. xv. — Pour rendre sensible la résolution des équations, les Hindous appliquaient la géométrie à l'algèbre, et les Arabes les ont imités aussi dans cette application (*Mohammed ben Musa, Algebra*, p. 8–15 du texte arabe).

(2) On peut citer spécialement une démonstration très simple du *carré de l'hypothénuse*, tirée de la similitude des triangles que l'on forme en abaissant, du sommet de l'angle droit d'un triangle rectangle, une perpendiculaire sur l'hypothénuse (*Brahmegupta and Bhascara, algebra*, p. xvi et xvii). On trouve dans Brahmegupta le théorème sur la manière de déterminer l'aire d'un triangle quelconque en fonction des trois côtés (*Brahmegupta and Bhascara*, p. 295 et 296).

solution de la question; leur laconisme et les expressions bizarres dont ils sont remplis (1) empêchent souvent de découvrir la méthode suivie par l'auteur.

On a beaucoup disputé pour savoir jusqu'à quel point s'étendaient les connaissances astronomiques des Hindous, et l'on a cherché à retrouver leur système primitif dans les règles pratiques dont ils se servent encore de nos jours pour effectuer leurs calculs (2). Mais, quoiqu'il

---

(1) Dans le Lilawati, l'auteur, après avoir invoqué *la divinité qui a une tête d'éléphant*, propose un problème de cette manière : « Dis-moi, chère et belle Lilawati, toi qui as les yeux comme ceux du faon, dis-moi quel est le résultat de la multiplication de 135 par 12 ? » (*Brahmegupta and Bhascara, Algebra*, p. 1 et 6).

(2) L'*Histoire de l'astronomie ancienne* de Delambre (tom. I, p. 400-556) contient un exposé assez détaillé des méthodes astronomiques des Hindous. Cependant, il faut avouer que Delambre, plus occupé à combattre Bailly qu'à suivre la marche des sciences, a toujours montré une trop grande prévention contre les travaux des Orientaux. Quoiqu'il eût eu connaissance des Mémoires de la société asiatique de Calcutta, ainsi que du Liliwati et du Bija Ganita, où se trouvent exposées tant de belles recherches mathématiques, il ne craignit pas d'écrire le passage suivant : « Après ce que nous avons annoncé des Chinois et des Indiens, il serait fort inutile d'exposer ici les travaux grossiers ou tardifs de ces deux peuples, qui sont toujours restés

soit malaisé de reconstruire maintenant ce système, l'on parvient cependant à y reconnaître

---

étrangers aux progrès de la science. Nous renverrons aux deux chapitres que nous avons consacrés à leur histoire. Qu'il nous suffise de rappeler qu'on ne leur connaît aucun instrument, aucune science géométrique, aucune méthode qui n'ait été tirée directement ou indirectement des écrits des Grecs » (*Delambre, histoire de l'astronomie ancienne*, t. I, p. XVII). — Plus tard, lorsque Colebrooke eut publié le traité de Brahmegupta, qu'il avait enrichi d'une introduction historique si remarquable, Delambre ne daigna pas lire cet ouvrage capital, il n'en parla que d'après les journaux (*Delambre, histoire de l'astronomie du moyen-âge*, p. XVIII). Cependant, forcé cette fois d'avouer que les Indiens avaient une géométrie et une algèbre qui leur étaient propres, il ajouta : « je n'ai jamais prétendu nier cette science ni son originalité. » (Ibid., p. XXVIII) ; ce qui était tout-à-fait opposé à sa première assertion. Mais il s'efforça de prouver que ces connaissances n'avaient aucun rapport avec le sujet dont il s'était occupé. Si cela était vrai, l'on aurait de la peine à comprendre pourquoi il s'est arrêté si long-temps à un ouvrage de Planude sur l'arithmétique indienne ; ouvrage dont il dit « qu'il fera une transition naturelle entre l'astronomie ancienne et l'astronomie des Européens » (*Delambre, histoire de l'astronomie ancienne*, tom. I, p. 518), et que par une distraction assez extraordinaire, il a placé avant l'arithmétique d'Archimède. Il faut remarquer aussi que notre historien suppose que Planude, écrivain du quatorzième siècle, a été le premier à exposer le système arithmétique des Indiens (ibid., p. 518), quoique l'on sache depuis long-temps que ce moine grec avait été précédé en cela par Fibonacci, par Sacrobosco et par plusieurs autres mathématiciens. On des analogies avec l'astronomie et l'astrologie occidentales, sans qu'on puisse expliquer ces analogies d'une manière satisfaisante (1). On sait que les astronomes indiens calculaient les éclipses et la durée de l'année solaire par des méthodes fort simples (2). Leurs tables des sinus étaient construites d'une manière fort ingé-

---

doit bien regretter qu'un astronome tel que Delambre, écrivant un ouvrage très volumineux sur l'histoire de l'astronomie, ait mis trop souvent peu de soin dans la recherche et dans la discussion des matériaux qu'il employait, et peu d'ordre dans leur distribution. Son ouvrage est plutôt un assemblage de notes détachées qu'une histoire régulière. Nous venons de voir que, dans l'*Histoire de l'astronomie ancienne*, Planude est placé avant Archimède. Les travaux de La Hire et d'Ozanam sont exposés dans l'*Histoire de l'astronomie du moyen-âge*, tandis que ceux de Copernic et de Tycho-Brahé se trouvent dans l'*Histoire de l'astronomie moderne*.

(1) *Brahmegupta and Bhascara, Algebra*, p. XXIV et LXXX-LXXXIV.

(2) Les vers mnémoniques qui contiennent des règles pour effectuer les calculs astronomiques sont très anciens chez les Hindous, qui possèdent des méthodes très simples pour faire les opérations arithmétiques les plus compliquées. Les fables que l'on rencontre dans l'astronomie indienne (et il y en a beaucoup) sont dues aux partisans des Pouranas, mais les vrais astronomes ne les ont pas adoptées (*Delambre*, *histoire de l'astronomie ancienne*, tom. I, p. 479-511. — *Recherches asiatiques*, tom. II. p. 333).

nieuse (1), et ils connaissaient les théorèmes fondamentaux de la trigonométrie sphérique (2). Ils observaient les astres avec des instrumens en maçonnerie dont les énormes dimensions pouvaient suppléer, jusqu'à un certain point, au défaut d'exactitude (3) : ils mesuraient le temps avec des clepsydres : ils connaissaient la sphère armillaire, et se servaient du cercle de déclinaison, du niveau à bulle d'air, et de gnomons auxquels ils adaptaient des tubes pour observer les astres (4). Leur zodiaque lunaire, qui est déjà indiqué dans les lois de Menou (5), paraît avoir été adopté, non sans quel-

---

(1) *Royal society of Edinburgh*, tom. IV, p. 83 et suiv.— *Leslie, elements of geometry and plain trigonometry*. Edinburgh, 1809, in-8, p. 485.

(2) *Delambre, histoire de l'astronomie ancienne*, tom. I, p. 470.

(3) On voit dans Daniell (*Antiquities of India*, planches, n° XIX) des gnomons et des arcs gradués, construits en maçonnerie, et dont les dimensions colossales frappent l'imagination. Les instrumens que Jaya-Sinha fit construire vers le commencement du dix-huitième siècle sont probablement d'origine européenne (*Asiatic researches*, tom. V, p. 177-194).

(4) *Asiatic researches*, tom. V, p. 87. — *Asiatic researches*, tom. IX, p. 326-328.

(5) *Recherches asiatiques*, tom. II, p. 346.

ques modifications cependant, par les Mongols, les Chinois, les Persans et les Arabes (1). Leur cycle aussi se retrouve avec les mêmes figures d'animaux, dans des contrées septentrionales où ces animaux ne vivent pas (2). Leur division du temps en douze parties, et puis en trente et en soixante subdivisions, rappelle les périodes des Chaldéens (3). Les Hindous s'étaient beaucoup occupés de philosophie spéculative, et avaient imaginé la plupart des systèmes reproduits par les métaphysiciens modernes. Leurs écrits philosophiques nous intéressent surtout par de curieuses observations physiques qu'ils contiennent. Les philosophes de l'Inde connaissaient la chaleur obscure de l'eau, le manque de chaleur des rayons lunaires (que Plutarque connaissait aussi) (4), et l'air vital nécessaire à la respiration ; ils considéraient les atomes simples, et admettaient l'existence d'un êter ayant pour at-

---

(1) Voyez la note XVI, à la fin du volume.

(2) *Humboldt, vues des Cordillères*, tom. II, p. 23. — *Deguignes, hist. génér. des Huns*, tom. I, 1re part., p. XVII.

(3) *Recherches asiatiques*, tom. II, p. 275 et 334. — *Asiatic researches*, tom. V, p. 81.

(4) *Plutarchi opera*, tom. II ; p. 929, *de facie in orbe lunæ.*

tribut spécial le son qui, disaient-ils, se propage en ondes (1). Ces vestiges de la civilisation indienne expliquent l'immense intérêt qui s'attache à l'histoire d'un peuple dont la langue, dans les temps les plus reculés, est venue se mêler à toutes les langues de l'Occident, dont la poésie est plus riche en grandes compositions épiques que celle d'aucune autre nation, dont les arts avaient reçu un immense développement dès la plus haute antiquité, dont les sciences se sont répandues depuis la mer Jaune jusqu'à l'Atlantique, et qui, après tant de siècles d'oppression étrangère, conserve encore, comme par instinct, dans les sciences, dans la médecine et dans les arts, des pratiques qui feraient honneur aux nations occidentales.

Ce n'est pas seulement de l'Inde que les Arabes ont tiré les connaissances qu'ils ont transmises à l'Europe. Les Chinois, dont l'antique civilisation, plus forte en cela que la civilisation romaine, a pu policer plusieurs fois de si féroces conqué-

---

(1) *Abel Rémusat, nouveaux mélanges asiatiques*, Paris, 1829, 2 vol. in-8, tom. II, p. 375-377. — *Asiatic society of Great-Britain*, tom. I, part. 1, p. 103-105, etc. — *Colebrooke, philosophie des Hindous, avec notes par Paultier*, Paris, 1833, p. 83.

rans, n'ont pas, il est vrai, comme les Hindous, donné à l'Occident des sciences entières; ils n'ont pas, comme les Arabes, rendu à l'Europe le savoir de la Grèce, ni posé, comme eux, les bases de l'enseignement moderne (1). Mais la face de l'Occident a été changée par des découvertes qui lui arrivaient, presque par hasard, de la Chine. Il paraît démontré qu'on doit la boussole aux Chinois (2),

---

(1) C'est probablement des universités moresques que l'on a tiré nos anciens réglemens académiques. On trouve dans Middeldorph (*Commentatio de institutis litterariis in Hispania*, p. 11-54) une description très intéressante des universités arabo-espagnoles de Cordoue, de Grenade, de Tolède, de Séville, de Murcie, etc. L'instruction publique y était partagée en deux classes; les grades s'obtenaient au moyen de thèses.

(2) *Chou-King, traduit par Gaubil et publié par Deguignes*, Paris, 1770, in-4, p. CXXVIII. — *Mailla, histoire générale de la Chine*, Paris, 1777, 13 vol. in-4, tom. I, p. 316-318. — *Duhalde, description de l'empire de la Chine*, Paris, 1770, 4 vol. in-fol., tom. I, p. 330.— *Mémoires de l'académ. des inscript. et bell.-lett.*, 2e série, tom. VII, p. 416-418.— *Abel Rémusat, mélang. asiat.*, tom. I, p. 408. — Voyez la figure de la boussole chinoise dans *Hyde, syntagma dissertationum* (Oxonii, 1767, 2 vol., in-4), tom. II, tab. I. — La boussole est citée parmi les instrumens dont se servait l'astronome Cheou-King (*Souciet, observations math. tirées des anciens livres chinois*, Paris, 1729-32, 3 vol. in-4, tom. II, p. 108).

Voyez la note XVII, à la fin du volume.

qui connaissaient la propriété directrice de l'aimant plusieurs siècles avant l'ère chrétienne, et qui avaient observé déjà la déclinaison (1), lorsqu'on commençait à peine, en Occident, à se servir de l'aiguille flottante. Ils employaient aussi fort anciennement la poudre à canon, que les Mongols ont peut-être apportée en Europe (2), et l'on a cru, non sans quelque probabilité, que les premiers élémens de l'imprimerie et de la gravure nous étaient venus de la Chine (3). Les annales de ce vaste empire

---

(1) *Klaproth, lettre sur l'invention de la boussole*, Paris, 1834, in-8, p. 69.

(2) *Mémoires de l'académie des inscript. et bell.-lett.*, 2e série, tom. VII, p. 416 et 417. — *Abel Rémusat, mélang. asiat.*, tom. I, p. 408.

(3) L'édition *princeps* des livres classiques chinois gravée en planches de bois est de 952 (*Mémoires de l'académie des inscript. et bell.-lett.*, 2e série, tom. VII, p. 417. — *Journal des savans*, Septembre 1820, p. 557). Les Chinois eurent aussi des caractères mobiles, mais ils les abandonnèrent pour adopter l'usage des planches gravées sur bois. Les Mongols reçurent des Chinois le papier-monnaie (*Baldelli, viaggi di Marco Polo*, Firenze, 1827, 2 vol. in-4, tom. I, p. 89), et il est possible, d'après ce qu'on lit dans Ramusio (*Viaggi*, Venezia, 1563-59-65, 3 vol. in-fol., tom. II, f. 29, 40, 107), que les marchands italiens aient appris en Asie l'usage des lettres de change (*Mémoires de l'académie des inscript. et bell.-lett.*, 2e série, tom. VII, p. 417). On peut consulter un mémoire de M. Klaproth sur l'origine du papier-mon-

ayant été liées de bonne heure aux phénomènes célestes, nous ont conservé le souvenir d'anciennes éclipses, qui ont été employées utilement, de nos jours, à la discussion des élémens de notre système planétaire. L'astronomie chinoise a été l'objet d'un grand nombre de travaux (1), mais elle présente encore de grandes difficultés. Les recherches les plus récentes et les plus approfondies semblent prouver que les anciens astronomes chinois n'ont rien emprunté aux peuples occidentaux. En effet, ils ont constamment rapporté à l'équateur le mouvement du soleil, de la lune et des planètes, par

---

naie (*Journal asiatique*, tom. I, p. 257-261). Les cartes à jouer, qui chez nous ont précédé l'imprimerie, furent inventées à la Chine en 1120. Abel Rémusat a remarqué que les plus anciennes cartes européennes ressemblent beaucoup aux cartes chinoises (*Mémoires de l'académie des inscript. et bell.-lett.*, 2e série, tom. VII, p. 418. — *Notices des manuscrits de la bibl. du roi*, tom. XI, Ire part., p. 173). Marco Polo parle de la gravure chinoise (*Baldelli, viaggi di Marco Polo*, tom. I, p. xx, et tom. II, p. 189-190).

(1) Outre tout ce qui a été publié sur ce sujet, il existe à la bibliothèque de l'Observatoire de Paris la correspondance inédite des missionnaires les plus distingués, avec Mairan, Freret et De l'Isle. Ces importans manuscrits méritent d'être étudiés par tous ceux qui veulent s'occuper avec fruit de l'astronomie chinoise.

ascension droite et distance polaire, au lieu de les rapporter à l'écliptique, comme semblent l'avoir fait les Égyptiens et comme le firent les Grecs. De plus, ils ont construit leur zodiaque sur l'équateur, de manière que l'étendue angulaire et les limites des vingt huit constellations du zodiaque lunaire ont dû varier successivement avec la position du pôle de l'équateur par rapport à celui de l'écliptique. Cette variabilité des constellations est un caractère spécial de l'astronomie chinoise (1). Au reste si, à son origine, cette astronomie paraît exempte de toute influence étrangère, plus tard elle a été modifiée par les astronomes persans qui s'attachèrent à la fortune des Mongols, et plus récemment encore par les missionnaires européens. Les Chinois ont probablement reçu des Hindous les élémens de l'arithmétique et de l'algèbre (2), et ils semblent avoir appris des Persans quelques procédés industriels (3). Mais ce qu'ils ont donné aux étrangers est bien plus important que ce qu'ils en

---

(1) *L'Institut, journal des sociétés scientifiques*, IIe année, n° 60, p. 218–219.

(2) Voyez la note XIII, à la fin du volume.

(3) *De Sacy chrestom. arabe*, tome III, p. 452.

ont reçu; car si nous n'avons rien appris d'eux dans les sciences abstraites, nous leur avons emprunté des découvertes importantes dans les arts et dans les manufactures (1); et, sans l'espèce de dédain que nous avons eu trop longtemps pour eux, nous pouvions leur en emprunter un bien plus grand nombre. Leurs immenses encyclopédies, contiennent plusieurs faits intéressans (2); elles sont encore peu connues

(1) Voyez un mémoire de M. Edouard Biot inséré dans le *Journal asiatique*, Mai 1835.

(2) On peut voir dans le XIe volume des *Notices des manuscrits de la bibl. du roi* (Ire part., p. 123) un mémoire très intéressant d'Abel Rémusat sur l'Encyclopédie japonaise. Ce grand ouvrage renferme en 80 volumes le système complet des connaissances des Chinois sur *les trois choses principales* (le ciel, la terre et l'homme). Parmi les choses curieuses qu'il contient il faut remarquer une notice sur les aérolithes (*Notices des manuscrits de la bibl. du roi*, tom. XI, Ire part., p. 150); l'indication des pierres de la foudre (ibid., pag. 150. — *Journal des savans*, Avril 1819, p. 250. — *Mémoires sur l'hist. des sciences, etc., des Chinois*, Paris, 1776 et suiv., 16 vol. in-4, tom. IV, p. 474); la division de l'année en décades, doubles décades et demi-décades (*Notices des manuscrits de la bibl. du roi*, tom. XI, Ire part., p. 151 et 152) que l'on retrouve chez les Scandinaves (*Edda rhythmica, seu antiquior.* vol. III, p. 1042); la sphère armillaire de l'empereur Chun (*Notices des manuscrits de la bibl. du roi*, tom. XI, Ire part., p. 170); la boussole (ibid., p. 170); une horloge qui sonne d'elle-même (ibid., p. 170);

en Europe, mais plus on les étudiera, plus nos connaissances sur l'Orient augmenteront; l'histoire naturelle surtout paraît destinée à en profiter (1). Divisée en plusieurs états, exposée aux incursions des Tartares, la Chine resta long-temps sans influence au dehors : ce ne fut qu'après avoir été réunie en un seul empire, sous la dynastie de Thsing, qu'elle acquit une

---

les aiguilles chirurgicales pour l'acupuncture (ibid., p. 170. — *Abel Rémusat, nouv. mélang. asiat.*, tom. I, p. 358); le feu follet né de la putréfaction des corps animaux (*Notices des manuscrits de la bibl. du roi*, tom XI, Ire part, p. 230); enfin la description du *Me* ou *tapir oriental*, connu des Chinois dès la plus haute antiquité, et dont les Européens n'ont appris l'existence que dans ces derniers temps (ibid., p. 198). M. Edouard Biot, qui s'occupe de l'étude de la langue chinoise dans le but de rechercher, et de faire connaître chez nous, les progrès industriels et technologiques des Chinois, a signalé dans l'Encyclopédie japonaise un procédé qui n'avait pas attiré l'attention d'Abel Rémusat. C'est une méthode employée depuis long-temps à la Chine, pour transformer la fécule de riz en sucre. Il faut consulter aussi un mémoire de M. Klaproth sur l'Encyclopédie de Matouan-lin *Journal asiatique*, Juillet et Août 1832, p. 1 et 97). La section XXI de cette encyclopédie est relative à l'astronomie et contient un catalogue d'anciennes éclipses qu'il faudrait faire connaître aux astronomes européens.

(1) Voyez un mémoire d'Abel Rémusat inséré dans le dixième volume des *Nouveaux mémoires de l'Académie des inscriptions et belles-lettres*.

prépondérance marquée sur les contrées environnantes. Dans les premiers siècles de l'ère chrétienne, les Chinois, poursuivant des ennemis qui les avaient trop long-temps opprimés, s'étaient avancés victorieux jusqu'à la mer Caspienne; leurs colonies s'étendaient jusqu'en Arménie, et les princes de la Transoxiane et de la Bactriane relevaient des empereurs chinois. (1)

Nous avons déjà vu comment les guerres contre les Hioung-nou, avaient servi à mettre en contact les Chinois avec les nations de l'Asie occidentale et même avec les Romains (2). Le culte de Bouddha, introduit dans le Céleste Empire vers la même époque, contribua à resserrer les rapports qui existaient déjà entre les Indiens et les

---

(1) *Abel Rémusat, nouv. mélang. asiat.*, tom. I, p. 66 et 68. — *Klaproth, tabl. hist. de l'Asie*, p. 58, 66, 72, 204, 207. — *Deguignes, hist. génér. des Huns*, tom. I, part. Ire, p. 57. — *Saint-Martin, mémoires sur l'Arménie*, Paris, 1818, 2 vol. in-8, tom. II, p. 16 et suiv. — Ce n'est qu'en étudiant les annales chinoises que l'on peut espérer de rétablir l'histoire de Hindous et des peuples de l'Asie centrale; histoire qui nous est presque entièrement inconnue, pour les temps antérieurs à la conquête musulmane.

(2) *Deguignes, hist. génér. des Huns*, tom. I, part. Ire, p. 217.

Chinois (1). Plus tard les Nestoriens arrivèrent à la Chine (2), et y furent bientôt suivis par des voyageurs arabes. Ce sont des marchands de soie qui ont révélé à l'Occident l'existence de la Chine (3. Ce précieux tissu était connu depuis long-temps en Europe; mais ce ne fut que du temps de Justinien que deux moines y rapportèrent des œufs de vers-à-soie (4). Plus tard, les

---

(1) Il y a dans l'Hitopadesa un passage qui semble indiquer que les Hindous ont eu très anciennement connaissance d'une erreur fort répandue parmi les Chinois, qui s'imaginent voir un lapin dans la lune (*Wa kan san saï tsoye*, tom. I, liv. I, f. 8), comme les Occidentaux ont cru de tout temps y voir le contour d'une figure humaine (*W. Jones Works*, London, 1807, 13 vol. in-8, vol. XIII, p. 123-125. — *Contes de Bidpaï et de Lokmann*, Paris, 1778, 3 vol. in-12, tom. II, p. 338. — *Plutarchi opera*, tom. II, p. 921, *de facie in orbe lunæ*).

(2) *Assemanni, bibliotheca oriental.*, tom. III, pars II, p. 1-38. — *Anciennes relations des Indes et de la Chine*, p. XXXI, 228, 261. — *Klaproth, tabl. hist. de l'Asie*, p. 208.

(3) C'est probablement de *sir*, nom de la soie en Coréen, que les Grecs tirèrent leur σὴρ, d'où l'on a déduit le nom de *Sérique* ou *Séricane*, donné d'abord à la Chine. On sait que cette contrée a été appelée aussi *Sin*, *Tchina*, etc., du nom de la dynastie de *Thsin*; et *Cataï* ou *Khitaï*, du nom des *Khitans*, qui occupèrent plus tard les provinces septentrionales de l'empire (*Abel Rémusat*, *mélang. asiat.*, tom. I, p. 290. — *Abel Rémusat*, *nouv. mélang. asiat.*, tom. I, p. 67. — *Saint-Martin*, *mémoire sur l'Arménie*, tom. II, p. 49-51).

(4) *Muratori*, *scriptores rer. ital.*, tom. I, pars I[a], p. 351.

Arabes, dans leur marche victorieuse vers l'Orient, arrachèrent la Perse à la suzeraineté des Chinois, les chassèrent de l'Asie centrale et les refoulèrent dans le Céleste Empire. Malgré ces guerres, il s'établit bientôt des rapports intimes entre ces deux peuples, et les Arabes eurent même un cadi à Canton (1). Les voyageurs musulmans qui visitèrent la Chine, observèrent des faits curieux, et transportèrent jusqu'en Espagne les produits de l'industrie chinoise (2). On a cru que, dès le premier siècle de l'Hégire, les Arabes avaient appris des Chinois la composition de la poudre à canon; mais cette supposition était

---

—*Procopii opera*, tom. I, p. 613, *de bello gotth.*, lib. IV, cap. 17. —*Montfaucon*, *collectio nova script. græc.*, tom. II, p. 337.

(1) *Anciennes relations des Indes et de la Chine*, p. 46, 86, 148. — *Baldelli storia*, etc., part. I, p. 100. — *Deguignes*, *hist. génér. des Huns*, tom. I, part. Ire, p. 58 et 59. — *Abel Rémusat*, *nouv. mélang. asiat.*, tom. I, p. 252-254.

(2) Le *Khar-sini* (pierre de la Chine) et quelques autres objets dont le nom est un composé du mot *Sini* décèlent l'origine chinoise (*De Sacy*, *chrestom. arabe*, tom. III, p. 452). Les Arabes connaissaient la porcelaine de la Chine dès le troisième siècle de l'hégire, et l'on a retrouvé en Espagne des vases de porcelaine fabriqués en Chine avec des inscriptions arabes (*Baldelli*, *storia*, etc, parte I, p. 324. — *Laborde*, *voyage pittoresque d'Espagne*, Paris, 1806-20, 4 vol. in-fol., tom. II, p. 25, et planches 65 et 66).

erronée, car on ne trouve la poudre chez les Mahométans qu'au treizième siècle, et ils paraissent l'avoir reçue des Mongols (1). Un fait

(1) Casiri et d'autres écrivains ont cru que les Arabes connaissaient anciennement la poudre à canon, et qu'ils l'avaient introduite en Occident (*Casiri, bibl. arab.-hisp.*, tom. II, p. 6). Parmi les passages cités par cet auteur il y en a un (celui qui est relatif à l'incendie de la Caba) qui ne paraît pas se rapporter à la poudre; cependant il est certain que les Arabes connaissaient la poudre au treizième siècle. Dans un ouvrage écrit l'an 695 de l'hégire on trouve la composition d'une poudre formée de *Baroud* (salpêtre), de *Fahm* (charbon), et de *Kibrit* (soufre). (*MSS. arabes de la bibl. du roi, ancien fonds*, n° 1127, f. 110.) Les Hindous et les Chinois paraissent avoir connu de tout temps les poudres explosives, et Abel Rémusat pensait que les chars à foudre, employés à la guerre par les Chinois au dixième siècle, étaient peut-être des canons (*Mémoires de l'académie des inscript. et bell.-lett.*, 2e série; tom. VII, p. 416). Cependant il faut observer que le feu a été employé à la guerre anciennement par des peuples qui ne connaissaient pas la poudre. Le manuscrit français n° 2739, de la bibliothèque du roi, contient la description d'un grand nombre d'instrumens et de machines propres à lancer le feu ordinaire: cette pratique se conserva même après l'introduction de la poudre. Il paraît certain qu'Houlagou, partant pour la Perse, avait à sa suite un corps d'artilleurs chinois (*Mémoires de l'académie des inscript. et bell.-lett.*, 2e série, tom. VIII, p. 417). Gaubil assure que la poudre est très ancienne à la Chine. Quant aux *pao* (canons), peut-être ne furent-ils d'abord que des balistes (*Gaubil, hist. de Gentchiscan*, Paris, 1739, in-4, p. 68, 69, 71, 93); mais les *pao à feu* sont évidemment des canons (ibid.,

beaucoup plus certain, c'est l'introduction du papier en Espagne par les Arabes, à qui les Chinois établis à Samarcande avaient appris à le faire (1). Un pays auquel l'Europe doit la soie, la porcelaine, le papier, les semoirs mécaniques, la boussole, et probablement aussi la poudre à canon et la première connaissance de la gravure, un pays où il y a depuis si long-temps des ponts suspendus, des puits forés et une espèce d'é-

---

p. 71, 93, 207. — *Notices des manuscrits de la bibl. du roi*, tom. XI, Ire part., p. 177. — *Abel Rémusat*, *mélang. asiat.*, tom. I, p. 408-410. — *Tien-koug-kay-oué*, liv. III, f. 35, verso). Ils furent connus en Europe dès l'arrivée des Mongols : on trouve dans le volume VIII des *Notices des manuscrits de la bibl. du roi* (IIe partie, p. 25) l'indication d'un manuscrit grec écrit au treizième siècle de la bibliothèque d'Iéna, où l'on voit la figure du canon.

Voyez la note XVIII, à la fin du volume.

(1) Par une bizarre antithèse on doit le papier à Moung-thian, l'un des généraux de Thsin-chi-houang-ti, qui fut le destructeur des anciens livres chinois. Les Chinois établirent des papeteries à Samarcande où les Arabes apprirent cet art qu'ils transportèrent plus tard en Europe (*Klaproth, tabl. hist. de l'Asie*, p. 36. — *Duhalde, description de la Chine*, tom. I, p. 380. — *Baldelli, storia*, etc., parte I, p. 329. — *Casiri, bibl. arab.-hisp.*, tom. II, p. 9. — *Abel Rémusat, nouv. mélang. asiat.*, tom. I, p. 218. — *Koch, tabl. des révolutions de l'Europe*, Paris, 1807, 3 vol. in-8, tom. II, p. 18 et suiv.).

clairage par le gaz, est loin d'être épuisé; en l'étudiant surtout sous le rapport des arts et de l'industrie, on peut en retirer encore de grands avantages. (1)

Enrichis des découvertes de tant de peuples divers, les Arabes cultivèrent les sciences avec succès. S'ils n'eurent ni l'esprit d'invention qui distingue les Grecs et les Hindous, ni la perfection dans les arts mécaniques et la persévérance dans les observations qui caractérisent les Chinois, ils eurent en revanche la force d'un peuple nouveau et victorieux; ils eurent ce desir de tout apprendre et de tout expliquer, qui les portait à s'occuper en même temps, et avec une égale ardeur, d'algèbre et de poésie, de philosophie et de grammaire. Ils méritent une reconnaissance éternelle, pour avoir été les conservateurs des sciences des Grecs et des Hindous, lorsque ces peuples ne produisaient plus rien, et que l'Europe était encore trop ignorante pour se charger de ce précieux dépôt (2). Si une imagination

(1) *Journal asiatique*, Mai 1835.—*Universel*, Avril 1829, p. 311, 312, 315, 324.—Voyez aussi la note XVIII, à la fin du volume.

(2) Quelques personnes ont même cru pouvoir attribuer à

trop ardente les entraîna dans les sciences occultes, il ne faut pas oublier que l'alchimie est la source de la chimie moderne; que sans les *propriétés admirables* des nombres, nous n'aurions peut-être pas eu d'algèbre; et qu'il n'y a pas trois siècles que les Européens ont commencé à appliquer l'astronomie à autre chose qu'à tirer des horoscopes. Même par leurs guerres civiles et leurs dissensions, les Arabes ont contribué à la renaissance des lettres en Occident. Pendant que les Abbassides triomphaient en Asie, les califes Ommiades allèrent se réfugier en Espagne (1), et c'est surtout à cette colonie avancée des Mores que l'Europe doit les scien-

---

l'influence des Arabes les connaissances scientifiques des Chinois et des Hindous. Mais les voyages des Musulmans sont postérieurs de plusieurs siècles à la formation du zodiaque chinois, et c'est seulement par les Mongols que l'astronomie occidentale, celle des Persans surtout, a pu pénétrer à la Chine. Quant à l'Inde, Aryabhatta et Brahmegupta ont précédé Mohammed ben Musa et les autres mathématiciens arabes, comme les philosophes indiens ont précédé cet Abbiruni, qui, d'après Abul-Farage, était allé enseigner aux Hindous la philosophie des Grecs (*Abul-Pharajii, hist. compend. dynast.*, p. 229).

(1) *Jourdain, recherches sur les traductions d'Aristote*, p. 88 et suiv. — *Herbelot, bibliothèque orientale*, La Haye, 1777-79, 4 vol. in-4, à l'article *Ommiah*.

ces de la Grèce et de l'Orient. Déjà du temps de Charlemagne, une ambassade du calife avait révélé aux Européens la supériorité des Orientaux (1) : plus tard, les lettres protégées par les Abdérames et par Almanzor brillèrent à Cordoue, à Grenade, à Séville, d'un éclat qui rejaillit sur toute l'Europe (2). Sous les Arabes, l'Espagne fut riche, glorieuse, et puissante comme peut-être elle ne l'a jamais été depuis. La population était immense. L'agriculture (3) et l'industrie avaient pris un développement prodigieux; les établissemens lit-

(1) *Bouquet, scriptores rerum gallicarum*, tom. V, p. LXXIII, 24, 53, etc.

(2) *Casiri, bibl. arab.-hisp.*, tom. II, p. 37, 38, 71, 201, 246. — *Baldelli, storia*, etc., parte II, p. 308-338. — *Jourdain, recherches sur les traductions d'Aristote*, p. 89. — — *Middeldorph, commentatio de institut. litter. in Hispania*, p. 11 et suiv. — *Conde, histor. de la dominacion de los Arabes*, etc., tom. I, p. 265 et 508.

(3) L'ouvrage d'Ebn-el-Awam nous montre le grand savoir des Arabes en agriculture, et nous fait connaître, quoique d'une manière trop succincte, leur système d'irrigation (*Ebn-el-Awam, traducido por D. J. A. Banqueri*, Madrid, 1802, 2 vol. in-fol., tom. I, p. 134 et suiv.. part. I, cap. 3). Hérodote nous apprend que très anciennement les Arabes faisaient des aqueducs avec des tuyaux en peau (*Herodoti hist.*, p. 197, lib. III, § 9).

téraires et scientifiques étaient nombreux et florissans. A Grenade, il y avait deux cent mille maisons; à Séville, seize mille métiers à soie. Les ruines de l'Alhambra sont le monument que l'Espagnol montre encore avec le plus d'orgueil aux étrangers. On comptait soixante-et-dix bibliothèques en Espagne, et celle de Cordoue contenait six cent mille volumes. De tous les peuples qui n'ont point connu l'imprimerie, l'Arabe est peut-être celui qui a laissé la littérature la plus riche et la plus importante. Quoique nous ne possédions que des débris échappés à la persécution chrétienne et à la jalousie des Mahométans eux-mêmes (1); quoique depuis plusieurs siècles cette nation, refoulée et opprimée par les Turcs, ne produise plus rien, il existe encore dans nos bibliothèques une foule de manuscrits arabes de la plus haute importance qui, à la vérité, sont peu lus aujourd'hui, mais qui ont été traduits et longuement étudiés

(1) « De orden del cardinal Cisneros se abrasaron mas de ochenta mil volumenes como si no tuvieran mas libros que su Alcoran. » (*Aledris, descripcion de Espana*, Madrid, 1799, in-8, prol., p. IV. — Voyez aussi *Conde, histor. de la dominacion de los Arabes*, tom. I, p. IV et V.)

au moyen âge, et qui ont alors porté leur fruit. Effacez les Arabes de l'histoire, et la renaissance des lettres sera retardée de plusieurs siècles en Europe.

Nonobstant les guerres continuelles des Chrétiens et des Mahométans, il existait de fréquentes relations entre les peuples des deux croyances (1); relations d'autant plus remarquables, que pendant long-temps il fut défendu aux Italiens d'envoyer même des lettres en Grèce (2). Les habitans des villes maritimes de l'Italie s'étaient emparés presque exclusivement du commerce du Levant : ils avaient formé des établissemens jusqu'au fond de la Mer-Noire, et dans tous les ports de la Méditerranée soumis aux Infidèles (3). Les pélerins qui revenaient du Sépulcre, frappés des merveilles de l'Orient (4),

---

(1) *Heeren, essai sur l'influence des croisades*, p. 308. — *Beniaminis, a Tudela, itinerarium*, p. 5. — *Muratori, annali*, tom. VIII, p. 133. — *Bossi, storia*, tom. XIII, p. 287.

(2) *Muratori, annali*, tom. VIII, p. 87.

(3) *Depping, histoire du commerce*, etc., Paris, 1830, 2 vol. in-8, tom. I, p. 149 et suiv., et 203-243.— *Cantini, storia del commercio dei Pisani*. Firenze, 1798, 2 vol. in-8, tom. II, p. 158 et suiv.

(4) On peut voir dans Abou'lfeda la description de la ma-

excitaient, par leurs récits, la curiosité de leurs concitoyens. Ces récits, l'attrait du merveilleux, le besoin d'instruction, attirèrent dans les universités moresques une foule d'illustres élèves chrétiens, parmi lesquels brille d'abord Gerbert. Fixés, malgré la victoire de Charles-Martel, dans le midi de la France et de l'Italie (1), occupant toutes les grandes îles de la Méditerranée, les Arabes exercèrent une haute influence sur l'état social, les mœurs et la poésie des Provençaux; et cette influence, directement, ou indirectement, s'étendit plus tard jusqu'à la littérature italienne. (2)

---

gnificence et du faste presque fabuleux de Moctafer (*Abulfedæ, annales muslemici*, tom. II, p. 330).

(1) *Roderici Toletani, hist. Arabum*, p. 26 et 36, *ad calc. hist. Elmacini.* — On sait que, du temps d'Al-Mamoun, les Arabes pillèrent les faubourgs de Rome (*Assemanni, catal. cod. orient. bibl. Medic.*, p. 225. — *Muratori, annali*, t. VIII, p. 63, 91, 187, etc. — *Giambullari, storia d'Europa*, Venezia, 1566. in-4, f. 22).

(2) On reconnaît l'influence orientale dans la plupart des anciennes poésies des Provençaux et des Italiens. L'Arioste même, quoique né à une époque beaucoup plus récente, en offre plusieurs exemples. Le joli épisode d'*Isabelle*, et sa mort si touchante se trouvent sous une autre forme dans Elmacin (*Historia saracenica*, p. 119). Plusieurs contes du Bocace sont tirés des sources arabes: la générosité de *Fede-*

C'est surtout aux Juifs que la chrétienté est redevable des premiers rapports littéraires qu'elle a eus avec les Musulmans. Quoique toujours haïs et persécutés, ils s'étaient répandus à-la-fois en Asie, en Afrique et en Europe; et les besoins du commerce faisaient partout valoir leur patiente et infatigable activité. Les nombreuses synagogues qu'ils avaient fondées en Egypte, en Espagne, dans le midi de la France et en Italie (1), correspondaient entre elles par l'entre-

---

rigo degli Alberighi et celle de *Natan*, ne sont évidemment qu'une imitation de l'histoire d'Hatem-Taï (*Cardonne, mélanges de littérature orientale*, Paris, 1790, 2 vol. in-12, t. I, p. 163 et suiv.). Le conte des Oies de frère Philippe est tiré évidemment de la légende de saint Barlaam, qui n'est elle-même que le travestissement d'un roman oriental (*Storia di Barlaam e Giosafatte*, Roma, 1816, p. 104). Manni n'a pas connu cette origine (*Storia del Decamerone*, Firenze, 1742, in-4, p. 363 et 552). L'influence arabe alla si loin, même dans les arts, qu'il existe encore des manuscrits du quinzième siècle, avec des ornemens où l'on a si fidèlement imité les Orientaux, que l'on y voit des miniatures exprimant la passion de Jésus-Christ avec des inscriptions arabes tout autour. Ces inscriptions que les peintres, sans les comprendre, avaient prises pour des arabesques, ne sont autre chose que des versets de l'Alcoran. (Voyez les miniatures III, VI, etc, du magnifique *Diurnal du roi René*, *MSS. de la bibl. du roi, supplément latin*, n° 547.)

(1) *Beniaminis, a Tudela, itinerarium*, p. 1-18, 121, etc.

mise de voyageurs chargés, en même temps, des intérêts du commerce et de la propagation des idées. Les manuscrits qui se conservent encore dans les bibliothèques prouvent, qu'avant les Chrétiens, les Juifs avaient traduit un grand nombre d'ouvrages arabes et grecs sur la philosophie, l'astronomie et la médecine (1). Benja-

— *Jourdain*, *recherches sur les traductions d'Aristote*, p. 94, 143 et suiv. — Benjamin de Tudela dit que de son temps le pape même avait des ministres juifs (*Itinerarium*, p. 10).

(1) *Basnage*, *histoire des Juifs*, La Haye, 1716, 15 vol. in-12, vol. XIV, p. 541. — *De Rossi*, *dizionario degli autori Ebrei*, Parma, 1802, 2 vol. in-8, tom. I, p. 14, 16, 30, etc. — Dans le manuscrit n° 102 du *supplément latin* de la bibliothèque du roi, qui faisait partie de la grande collection de Peiresc (sur laquelle nous donnerons une notice dans la suite de cet ouvrage), on trouve un catalogue de manuscrits orientaux. Nous y avons remarqué les *Catégories*, l'*Organon* et la *Logique* d'Aristote, traduits en hébreu, ainsi que les commentaires d'Averroès, un traité de physique, et beaucoup d'autres livres scientifiques traduits dans la même langue. Ce manuscrit, qui contient un grand nombre de pièces originales et de notes de Peiresc, mérite l'attention des orientalistes. Assemanni cite même des traités d'algèbre en hébreu (*Assemanni*, *catal. cod. manus. bibl. ration*, Romæ, 1756-58, 2 tom. in-fol., tom. I, p. 371 et 373). On trouvera, dans le volume suivant, l'analyse d'un traité géométrique fort important, composé vers le douzième siècle par le juif Savosorda. C'est, à notre avis, de cet ouvrage que Fibonacci a tiré l'expression de l'aire d'un triangle quelconque en fonction des trois côtés, qu'il a donnée dans sa *Pratique*

min de Tudela, dont le voyage avait semblé d'abord mériter peu d'attention, mais dont les assertions se confirment à mesure que l'on avance dans la connaissance de l'histoire orientale (1), parle fréquemment des rapports qui liaient entre eux les Juifs de tous les pays, et les montre tous occupés sans relâche à propager l'étude des sciences (2) dans leurs nombreuses académies.

---

de la géométrie (*MSS. de la bibl. du roi, supplément latin*, n° 774, f. 13. — *MSS. de la bibl. du roi, supplément latin*, n° 78, f. 32). L'auteur du traité d'algèbre « compilé d'après les savans indiens » dont nous avons déjà parlé, était aussi probablement un Juif. Les Juifs ont été les premiers à nous faire connaître les fables de Bidpaï, qu'ils ont traduites d'abord en hébreu et ensuite en latin (*Notices des manuscrits de la bibl. du roi*, tom. IX, Ire part., p, 563-399.—*De Rossi, dizionario degli autori ebrei*, tom. I, p. 135.— *Directorium vitæ humanæ*, in-fol. *S. D.*).

Voyez la note IX, à la fin du volume.

(1) Voyez la note VIII, à la fin du volume.

(2) *Beniaminis, a Tudela, itinerarium*, p. 118 et seq. — *Basnage, histoire des Juifs*, tom. XIII, p. 265-272. — *De Rossi, dizionario degli autori ebrei*, tom. I, p. 63, et tom. II, p. 22 et 118. — Benjamin de Tudela n'est pas le seul voyageur juif dont le nom soit parvenu jusqu'à nous. Sabtai Datelo (ou Dagolo Sabtai), Salomon Jarchi, Juda Coen, Moyse de Kotzi, Petachie de Ratisbonne et plusieurs autres savans juifs contribuèrent efficacement à répandre parmi les Chrétiens les connaissances des Orientaux (*Journal asiatique*, tom. VII, p. 139. — *De Rossi, dizionario degli autor*

On croit même qu'ils ont beaucoup contribué à l'établissement de certaines universités en Europe, comme ils avaient contribué à la fondation de plusieurs observatoires en Orient. Si l'on songe qu'à cette époque les médecins et les précepteurs des princes les plus puissans étaient des Juifs, et que les Juifs possédèrent pendant long-temps presque tout l'or et l'argent de l'Occident, on sera moins étonné de la grande influence que nous leur attribuons.

Les successeurs de Charlemagne essayèrent de relever le royaume d'Italie; mais comment rendre l'unité à cette agglomération de Francs, d'Allemands, de Goths, de Lombards, de Grecs et de Sarrasins (1), agités à-la-fois par

---

ebrei, tom. I, p. 1, 91, 97, 161; et tom. II, p. 67 et 91. — *Ugolini, thesaurus antiquitatum sacrarum*, Venetiis, 1744 et seq., 34 vol. in-fol., tom. VI, col. MCLIX et seq.).

(1) Les restes de toutes ces nations se conservèrent long-temps en Italie, et la fusion ne s'opéra que très tard. Benjamin de Tudela parle des Grecs qui habitaient la Calabre au douzième siècle. Nonobstant les victoires de Charlemagne, les Lombards conservèrent la principauté de Salerne jusqu'au onzième siècle (*Peregrinius, historia principum langobardorum*, Neapol., 1643, 3 vol. in-4, lib. I, p. 297), et les Normands les trouvèrent établis en Calabre (*Historia della*

les discordes civiles et par l'ambition papale? Pendant que les débris de tous ces peuples se déchiraient entre eux, les prêtres, voulant que

---

conquista del regno di Sicilia, cap. V, *MSS. italiens de la bibl. de l'Arsenal*, n° 68, in-4. — *Carusius*, *bibl. historica regni Siciliæ*, Panormi, 1723, 2 tom. in-fol., tom. II, p. 911). Un auteur contemporain nous montre au douzième siècle les Sarrasins, les Normands et les Lombards saccageant tour-à-tour le Mont-Cassin (*Martene et Durand veterum scriptorum amplissima collectio*, Paris, 1724, 9 vol. in-fol., tom. II, col. 286). C'est probablement à cause des établissemens formés par les Lombards dans le midi de l'Italie, que la Pouille fut souvent appelée Lombardie par les Grecs et par les Arabes (*Peregrinius, hist. princ. langob*, vol. II, lib. II, pars I, p. 51 et 54. — *Gregorio, rer. arab. collectio*, Panormi, 1790, in-fol., p. 46). Lorsque vers la fin du douzième siècle Henri VI menaça l'Italie méridionale, Falcand exhorta les Sarrasins de Sicile à faire cause commune avec les Chrétiens pour empêcher l'entrée des barbares du nord (*Muratori, scriptores rer. ital.*, tom. VII, col. 254 et seq.). Plus tard, Manfred eut toujours des Sarrasins dans son armée, et c'est pour cela qu'il fut appelé *le sultan de Nocère*. Vers la fin du treizième siècle ces mêmes Sarrasins étaient encore assez puissans pour faire révolter des villes contre Charles d'Anjou (*Villani, Giov., storia*, p. 180, 188, 189 et 205). La ville du royaume de Naples où ils conservèrent le plus long-temps leur influence s'appelle encore *Nocera de' Pagani*. En général, tous ces peuples se trouvent nommés par les historiens long-temps après que l'Italie avait été subjuguée par de nouveaux maîtres (*Giannone, storia civile del regno di Napoli*, Napoli, 1723, 4 vol. in-4, tom. II, p. 55. — *Sigonii opera*, Mediol., 1732-37, 6 vol. in-fol., tom. II, p. 918. — *Antichi chronologi quatuor*, Neap., 1616, in-4, p. 115).

toutes les facultés de l'homme fussent exclusivement appliquées au triomphe de l'Église, s'opposaient au libre développement de l'intelligence. On sait que Gui d'Arezzo fut récompensé, par une longue persécution, de la découverte qui fait la base de la musique moderne (1). En ouvrant les annales ecclésiatiques, on y voit les maux qu'eurent à souffrir les Virgilistes, accusés surtout d'être trop enthousiastes du grand poète qui, plus d'une fois, porta malheur à ses admirateurs (2). Il y avait sans doute au fond du cloître des hommes qui se vouaient à l'étude; mais leur talent, consacré à des controverses religieuses et à la lecture des pères de l'Église, était perdu pour les sciences. On formait des bibliothèques, il est vrai, mais elles se composaient presque uniquement de livres ascétiques (3). Non-seulement

---

(1) *Angeloni, sopra Guido d'Arezzo*, Parigi, 1811, in-8, p. 72, 217, 218, etc.

(2) *Baronii annales*, Lucæ, 1737-53, 43 vol. in-fol., tom. XVI, p. 400. — *Petrarchae, epist. senil.*, lib. I, ep. 3.

(3) *Muratori, antiq. ital.*, tom. III, col. 817 et seq. — Les écrivains qui ont voulu attribuer aux moines la conservation des classiques dans le moyen-âge ont eu plus égard au nombre qu'au genre des ouvrages contenus dans les bibliothèques monastiques. On connaît encore plusieurs catalogues de ces bibliothèques, et ils montrent que, sauf quelques rares ex-

les classiques grecs et latins restaient dans l'oubli, mais la cherté du parchemin, et la difficulté de se procurer du papyrus, dont la fabrication diminuait tous les jours (1), ne portèrent que trop

---

ceptions, elles ne contenaient que des ouvrages de dévotion. Ainsi la bibliothèque du Mont-Cassin ne contenait anciennement presque aucun auteur classique (*Muratori, scriptores rer. ital.*, tom. IV, p. 372); et dans la bibliothèque de Bobio, qui était si nombreuse, il n'y avait qu'une vingtaine d'ouvrages non ascétiques, et encore étaient-ils pour la plupart mutilés (*Muratori, antiquit. ital.*, tom. III, col. 817 et seq. — Voyez aussi *Petit Radel, recherches sur les bibliothèques anciennes*, p. 95. — *MSS. de la bibl. mazarine*, n° 130).

(1) Après l'invasion des Arabes, le papyrus ne venait plus d'Egypte, mais on en fabriquait encore en Europe (*Comment. R. societatis Gottingensis, classis philolog.*, tom. IV, p. 167 et 192-195). Cependant les chrétiens mettaient à profit tous les morceaux de papyrus égyptien qu'ils pouvaient se procurer. M. Champollion Figeac, conservateur des manuscrits à la bibliothèque royale (à qui je dois une vive reconnaissance pour l'extrême bonté avec laquelle il a toujours voulu favoriser et faciliter mes recherches) m'a montré une bulle sur papyrus, de l'an 826, écrite en caractères lombards, et adressée par Jean VIII à Charles-le-Chauve. Dans cette bulle, le haut du papyrus contient quelques lignes en caractères arabes cursifs, et tout prouve que ces caractères ont été tracés avant la date de la bulle. Ce document est très important pour les orientalistes. Il prouve, contre l'opinion de plusieurs érudits, que le caractère *neskhi* est antérieur au dixième siècle; ce qui au reste avait été déjà démontré par M. De Sacy (*Mémoires de l'aca-*

souvent des moines ignorans à gratter les plus beaux ouvrages de l'ancienne littérature, pour y substituer des sermonaires et des antiphonaires (1). Plus on copiait de livres, plus on dé-

---

démie des inscript. et bell.-lett., 2e série, tom. IX, p. 66 et suiv.)

(1) *Muratori, antiq. ital.*, tom. III, col. 834. — Les moines continuèrent jusqu'au quatorzième siècle à détruire les livres écrits sur parchemin. Le passage suivant, extrait d'un auteur contemporain, prouve d'une manière incontestable la vérité de ce fait : « Volo ad clariorem intelligentiam hujus literæ referre illud, quod narrabat mihi jocose venerabilis Præceptor meus Boccacius de Certaldo. Dicebat enim, quod dum esset in Apulia, captus famâ loci, accessit ad nobile Monasterium Montis Casini, de quo dictum est. Et avidus videndi Librariam, quam audiverat ibi esse nobilissimam, petivit ab uno Monacho humiliter, velut ille, qui suavissimus erat, quod deberet ex gratia sibi aperire Bibliothecam. At ille rigide respondit, ostendens sibi altam scalam : *Ascende quia aperta est.* Ille lætus ascendens, invenit locum tanti thesauri sine ostia vel clavi ; ingressusque vidit herbam natam per fenestras, et libros omnes cum bancis coopertis pulvere alto. Et mirabundus cœpit aperire et volvere nunc istum Librum, nunc illum, invenitque ibi multa et varia volumina antiquorumet peregrinorum Librorum. Ex quorum aliquibus erant detracti aliqui Quinterni, ex aliis recisi margines chartarum, et sic multipliciter deformati. Tandem miseratus, labores et studia tot inclytorum ingeniorum devenisse ad manus perditissimorum hominum, dolens et illacrymans recessit. Et occurrens in Claustro, petivit a Monaco obvio, quare Libri illi pretiosissimi essent ita turpiter de-

truisait de chefs-d'œuvre (1). Les classiques furent alors menacés d'une destruction totale. On voudrait pouvoir nier ces faits : mais les palimpsestes sont là. Quoi qu'on en ait dit, les hommes

---

truncati. Qui respondit, quod aliqui Monachi volentes lucrari duos, vel quinque Solidos, radebant unum Quaternum et faciebant Psalteriolos quos vendebant pueris; et ita de marginibus faciebant Brevia, quæ vendebant mulieribus. Nunc ergo, o vir studiose, frange tibi caput pro faciendo Libros! « (*Benvenuti Imolensis comment. in Dantis comœd., apud Muratori. antiquit. ital.*, tom. I, col. 1296).

(1) Ainsi la bibliothèque de Bobbio, qui était si riche en ouvrages ascétiques, est celle qui a fourni le plus grand nombre de palimpsestes importans (*Cicero, de republica*, Romæ, 1822, in-8, præf., p. XXIII). La bibliothèque royale de Paris possède aussi un grand nombre de palimpsestes tirés des anciennes bibliothèques des couvens : il faut espérer que le public ne sera pas privé plus long-temps des trésors qu'ils renferment. Au reste, le passage suivant prouve que les auteurs païens furent proscrits avec plus de sévérité encore chez les Grecs du Bas-Empire que parmi nous : « Audiebam etiam puer ex Demetrio Chalcondyla græcarum rerum peritissimo Sacerdotes Græcos tanta floruisse auctoritate apud Cæsares Byzantios, ut integra illorum gratia complura de veteribus græcis Poëmata combusserint, in primisque ea ubi amores, turpes lusus, et nequitiæ amantum continebantur, atque ita Menandri, Diphili, Apollodori, Philemonis, Alexis fabellas, et Saphus, Erinnæ, Anacreontis, Minermni, Bionis, Alcmanis, Alcæi carmina intercidisse. Tum pro his substituta Nazanzeni nostri poëmata. » (*Alcyoni de exsilio*, Venet., 1522, in-4, signat. c. III).

qui avaient gratté le traité de la république de Cicéron pour y substituer un commentaire sur les psaumes (1), et qui ont osé détruire des ouvrages d'Archimède, peuvent, à ce qu'on dit, avoir bien mérité de l'ordre social, mais certes ils n'ont pas bien mérité des sciences et des lettres.

Les Croisades, qui eurent tant d'influence sur l'état social et politique du reste de l'Europe, qui accélérèrent l'affranchissement des communes et créèrent le pape généralissime de toutes les troupes de la chrétienté, ne produisirent que des effets peu sensibles en Italie. Là les anciennes institutions municipales avaient résisté, plus qu'ailleurs, au choc des barbares; et l'Église, qui succédait volontiers aux droits des anciens seigneurs, y avait de bonne heure réprimé la féodalité. Les Italiens se contentèrent, en général, d'envoyer quelques légers secours aux croisés, profitant de l'occasion pour fréter leurs vaisseaux aux défenseurs de la croix (2), et surtout pour aug-

---

(1) *Cicero, de republica*, præf., p. XXV.

(2) *Robertson, the history of the reign of Charles V*, Basil., 1793, 4 vol. in-8, vol. I, p. 32. — *Muratori, antiquit. ital.*, vol. II, col. 906. — M. de Humboldt remarque même que les Vénitiens ont quelquefois prêché la croisade pour

menter leur influence dans le Levant. Les sciences et les lettres n'y gagnèrent presque rien. Mais si peu d'Italiens allèrent en Palestine, ils subirent en revanche chez eux une espèce de croisade dirigée contre les Arabes. Car, pendant que dans tout le reste de l'Europe les colonies des peuples septentrionaux étaient repoussées ou domptées par la civilisation renaissante, les invasions se renouvelaient sans cesse en Italie (1). Les Hongrois y allèrent plusieurs fois manger des enfans rôtis (2); et une troupe d'aventuriers Normands, soudoyés d'abord par les Grecs qui voulaient arracher la Sicile aux Sarrasins, firent bientôt la guerre pour leur compte, et finirent par s'emparer de tout le midi de l'Italie (3). A peine installés dans ces nouvelles con-

---

détruire la prospérité de l'Égypte et s'emparer de tout le commerce oriental (*Humboldt, examen critique*, etc., p. 109).

(1) *Bettinelli, risorgimento d'Italia*, Milano, 1819, 4 part. in-12, tom. I, p. 69-72. — On peut voir dans tous les historiens contemporains, la description des horreurs commises en Italie, depuis le neuvième siècle jusqu'au douzième, par les Hongrois, les Grecs, les Francs et les Sarrasins (*Antiqui chronologi quatuor*, p. 93 et suiv. — *Muratori, annali*, tom. VIII, p. 38, 49, etc.).

(2) *Giambullari, storia dell' Europa*, f. 44.

(3) *Historia della conquista del regno di Sicilia*, cap. III,

trées, ils devinrent les auxiliaires de l'Église, et l'aidèrent dans ses querelles avec l'empire.

On sait peu l'histoire de la domination des Arabes en Sicile; mais là, comme dans les autres parties de l'Europe soumises à leur empire, ils contribuèrent au développement des lumières, et les historiens contemporains nous les montrent beaucoup plus avancés en civilisation (1) et plus tolérans (2) que les nouveaux maîtres de la Sicile.

MSS. italiens de la bibl. de l'Arsenal, n° 68, in-4. — Les Grecs du Bas-Empire ont été les plus cruels ennemis de l'Italie; tantôt ils se liguaient avec les Mores pour combattre les rois d'Italie (*Muratori, annali*, tom. VIII, p. 167); tantôt ils appelaient d'autres étrangers pour combattre les Arabes.

(1) *Gregorio, rer. arab. collectio*, p. 233 et seq. — *Historia della conquista del regno di Sicilia*, cap. VI, VII, etc., *MSS. italiens de la bibl. de l'Arsenal*; n° 68, in-4. — Dans le couronnement des empereurs d'Autriche on se sert encore aujourd'hui de quelques ornemens qui avaient été travaillés par les Arabes de Sicile, et dont les Normands d'abord, et puis les Allemands s'étaient servis. On a cru pendant longtemps que ces ornemens avaient appartenu à Charlemagne (*Gregorio, rer. arab. collectio*, p. 172 et seq. — *Gregorio, discorsi*, Palermo, 1820, 2 vol. in-8, tom. II, p. 45. — *Morso, descrizione di Palermo antico*, Palermo, 1827, in-8, p. 20. — *Assemanni, discorso inaugurale*, Padova, 1808, in-4, p. 11).

(2) Les Arabes avaient laissé aux Siciliens le libre exercice de la religion chrétienne; ils leur permettaient même de faire des processions publiques (*Johannes de Johanne, codex diplomaticus Siciliæ*, Panormi, 1743, in-fol., tom. I, p. 348).

Leur influence avait été si grande, le peuple s'était tellement habitué à leur langue, que non-seulement sous les premiers rois normands les monumens publics portaient très souvent des inscriptions arabes (1), mais que même sous les princes de la maison de Souabe, on continua à frapper des monnaies avec des légendes arabes.

On sait, au reste, qu'au dixième siècle il y avait des évêques chrétiens à Cordoue, et que les peuples des deux croyances vivaient ensemble paisiblement (*Reinaud, invasions des Sarrasins*, p. 190). Le gouvernement des Arabes, lorsqu'ils étaient devenus possesseurs d'une province, ne ressemblait guère à leurs premières invasions, qui étaient faites ordinairement par des bandes indisciplinées, avides de pillage, et composées le plus souvent de Berbères idolâtres et même quelquefois de Chrétiens (*Reinaud, invasions des Sarrasins*, p. 160, 232, 238).

(1) Quelques-unes de ces inscriptions étaient en trois langues (en arabe, en grec et en latin); d'autres étaient bilingues; d'autres enfin étaient seulement en arabe ou en grec (*Gregorio, rer. arab. collectio*, p. 176. — *Morso, descrizione di Palermo antico*, p. 20, 27, 31, 356, 382, etc.—*Mortillaro, studio bibliografico*, Palermo, 1832, in-8, p. 115-117). Les légendes des monnaies des rois normands étaient tantôt en arabe et en latin, tantôt en arabe seulement (*Monete cufiche del Museo di Milano*, Milano, 1819, in-4, p. 329-342. — *Paruta, la Sicilia descritta colle medaglie*, Lione, 1697, in-fol., tav. 115 et suiv.). Il existe même des monnaies de Roger et de Guillaume, avec la formule : *Il n'y a d'autre Dieu que Dieu, et Mahomet est son prophète!* (*Morso, descrizione di Palermo antico*, p. 77).

Il existe de ces monnaies qui appartiennent au règne de Frédéric II. (1)

Les rois normands accueillirent avec empressement les savans mahométans, dont les doctrines acquirent à leur cour une prépondérance marquée (2). Edrisi, géographe fameux, chassé d'Afri-

---

(1) *Monete cufiche del Museo di Milano*, p. 329-342. — L'usage de la langue arabe cessa plus vite en Sicile qu'en Espagne où, même au quatorzième siècle, on écrivait quelquefois l'espagnol en caractères arabes (*Notices des manuscrits de la bibl. du roi*, tom. IV, p. 626, et tom. XI, Ire part., p. 311). Cependant, la langue italienne conserve encore aujourd'hui plusieurs mots qui dérivent de l'arabe ou du persan, parmi lesquels il suffira de citer *algebra, ambra, ammiraglio, baldacchino, candito, catrame, giulebbe, sapone, tariffa*, etc. En Provence aussi les chrétiens écrivirent un temps en arabe. Dans un manuscrit de Peiresc, déjà cité plusieurs fois (*MSS. de la bibl. du roi, supplément latin*, n° 102), on trouve la copie de quelques inscriptions arabes appartenant aux chrétiens du midi de la France. Ces inscriptions sont d'autant plus importantes, que les monumens d'où Peiresc les avait tirées n'existent plus.

(2) *Jourdain, recherches sur les traductions latines d'Aristote*, p. 95-99. — *Sigonii opera*, tom. II, p. 706. — *Morso, descrizione di Palermo antico*, p. 27. — L'optique de Ptolémée, citée par Roger Bacon, mais dont l'original s'est perdu, existe traduite de l'arabe en latin à la bibliothèque du roi (*MSS. latins*, n° 7320). Selon M. Caussin cette traduction a été faite au douzième siècle, par un certain Eugène, amiral du royaume de Sicile. C'est dans cet ouvrage qu'on trouve la première explication du presbytisme des vieillards (*Mé-*

que (1), chercha un asile en Sicile, où il écrivit en arabe le traité de géographie qui fut appelé *le livre de Roger* (2). Pierre Diacre raconte qu'au commencement du onzième siècle, un Africain, nommé Constantin, parcourut une grande partie de l'Afrique et de l'Asie, et s'avança jusqu'aux Indes pour s'instruire dans les sciences des Orientaux; qu'après trente-neuf ans de travaux et de voyages, arrivé à Salerne en habit de mendiant, il fut reconnu par le frère du roi de Babylone et comblé d'honneurs par le duc Robert; mais que, s'arrachant de la cour, il alla se faire moine au Mont-Cassin, et que là occupé à traduire de l'arabe divers ouvrages d'Hippocrate et de Galien, il forma de nombreux élèves qui marchèrent sur ses traces, et contribuèrent à la gloire de l'école

---

moires de l'académie des inscr. et bell.-lett., 2e série, t. VI, p. 1, 5, 13, 25, 34-36).

(1) A cette époque les princes arabes commençaient à craindre et à persécuter les savans; Edrisi, Ibn-Sina, Averroès en font foi. On connaît l'outrage sanglant fait à ce dernier par un prince qui se vouait lui-même au mépris de la postérité en croyant frapper le libre penseur. Les fils d'Averroès trouvèrent un asile à la cour de Frédéric II.

(2) *Opuscoli d'autori Siciliani*, tom. VIII, p. 233 et suiv. — *Gregorio, rer. arab. collectio*, p. 107.

naissante de Salerne (1). Ce récit renferme trop de merveilleux pour qu'on puisse l'adopter sans restriction, mais Constantin nous paraît être la personnification de l'influence orientale parmi les chrétiens.

Pendant que les germes d'instruction laissés par les Arabes se développaient en Sicile, les habitans du nord de l'Italie, suivant l'exemple des Provençaux, se rendaient chez les Mores d'Espagne. Le premier résultat de ces voyages littéraires fut la connaissance d'un grand nombre d'ouvrages grecs, que les Arabes avaient fait passer dans leur langue. Platon de Tivoli et Gérard de Crémone (2) sont les plus célèbres parmi les traducteurs italiens du douzième siècle. On doit à Gérard la première version de l'Alma-

(1) *Petri Diaconi, de viris illustribus casinensibus*, Lut.-Paris., 1666, in-8, p. 45. — *Giannone, storia civile del regno di Napoli*, tom. II, p. 121 et suiv.

(2) Jourdain (*Recherches sur les traductions latines d'Aristote*, p. 125 et suiv.) a donné une liste assez détaillée des traductions que l'on doit à Gérard de Crémone; nous y ajouterons ici le « *Liber Alpharabii, de scientiis*, translatus a magistro Gherardo Cremonensi in Toleto, de arabico in latinum », qui commence au feuillet 143 du manuscrit n° 49 (*Supplément latin*), de la bibliothèque du roi, et dont Jourdain n'a pas eu connaissance.

geste, et à Platon de Tivoli la connaissance de plusieurs ouvrages de géométrie (1). Bien qu'incorrectes et incomplètes, ces traductions furent les premières sources où puisèrent les Chrétiens pour s'initier à l'étude des sciences. Il est vrai que les mathématiques, la médecine et la philosophie ne pénétrèrent chez nous qu'accompagnées des sciences occultes (2); mais peut-être était-il nécessaire que la vérité fût mêlée à beaucoup d'erreurs pour être accueillie par les Chrétiens, alors si peu versés dans les sciences. Il est certain (à en juger par les témoignages des historiens contemporains et par les nombreuses traductions manuscrites qui nous restent) qu'à la renaissance des lettres, les ouvrages arabes étaient beaucoup plus répandus en Europe qu'ils ne le sont à présent. Cela tenait non-seulement

---

(1) *MSS. latins de la bibl. du roi*, n° 7316. — *MSS. de la bibl. du roi, supplément latin*, n° 774.

(2) Encore que les sciences occultes fussent fort en vogue chez les Arabes, et qu'Avicenne eût formé un grand nombre d'élèves en alchimie, Abd-allatif, le Soufi et plusieurs autres savans orientaux s'étaient fortement élevés contre ce genre de recherches (*Notices des manuscrits de la bibl. du roi*, tom. XII, Ire part., p. 237 et suiv. — *Abd-allatif, relation de l'Égypte*, p. 461-464).

aux besoins de l'époque, à la facilité des communications et à la suprématie reconnue des Orientaux (1), mais aussi à une espèce de mode qui a passé depuis aux ouvrages des Grecs. Sans le caprice de la mode, il serait difficile de comprendre pourquoi l'on s'est tant occupé des moindres fragmens des auteurs grecs les plus obscurs, tandis qu'on laissait, dans le plus profond oubli, un système scientifique qui a été la source de toutes les sciences modernes, et une littérature qui a eu tant d'influence sur la littérature du midi de l'Europe. A cette époque, on sentait tellement le besoin d'aller s'instruire en Orient, que des princes chrétiens, des papes même se décidèrent à encourager l'étude de la langue arabe. (2)

---

(1) Le long séjour que fit au douzième siècle Pierre-le-Vénérable en Espagne, pour présider à une traduction de l'Alcoran, est une preuve lumineuse de la grande influence exercée alors par les Arabes sur les Chrétiens (*Martene et Durand, veter. scriptor. ampliss. collectio*, tom. IX, col. 1119).

(2) *Conde, histor. de la dominacion de los Arabes*, etc., tom. I, p. IV. — *Corpus juris canonici*, Lugduni, 1671, 3 vol. in-fol., *Clementinarum*, lib. V, tit. I, cap. I. — Ces rapports de toute nature entre les peuples des deux croyances finirent par produire une réaction sur les Orientaux,

Les lettres commençaient à renaître en Espagne, en Provence et en Sicile par l'influence

---

lorsque les Chrétiens eurent commencé à s'occuper de science. Il existe des preuves nombreuses de ce fait. On sait que chez les Arabes, l'année étant exclusivement lunaire, le premier jour de l'an parcourait toutes les saisons en rétrogradant pendant un espace de trente-trois de nos années. Pour satisfaire aux besoins de l'agriculture; et en général toutes les fois que la connaissance de la longueur de l'année solaire était nécessaire, les écrivains arabes employaient ordinairement l'annéesolaire et les mois syriaques ou cophtes. Mais sous les derniers califes on introduisit les mois latins, et de plus on indiqua dans les calendriers les fêtes des Chrétiens. On trouvera à la fin du volume un calendrier de ce genre composé par *Harib, fils de Zeid,* et dédié à l'empereur Mostansir (probablement l'avant-dernier calife, mort l'an 1243 de l'ère chrétienne). Ce calendrier est très important pour la question des températures terrestres, à cause d'un grand nombre de phénomènes de végétation qui y sont rapportés à des époques données. M. Arago a fait un si heureux usage de quelques passages d'anciens auteurs, relatifs aux travaux de l'agriculture, pour rechercher si la température moyenne de la terre restant la même, les maxima de froid et de chaleur avaient diminué depuis quelques siècles, que nous avons cru devoir publier un document où se trouvent tant d'autres indications semblables. Il est presque inutile d'avertir les personnes qui voudraient discuter ce point important de physique terrestre, qu'il faut tenir compte maintenant de la réforme grégorienne du calendrier. La concordance des mois arabes et chrétiens, dont nous venons de parler, se retrouve dans une carte céleste gravée sur cuivre à Séville, l'an 615 de l'hégire. Ce monument précieux avait été trouvé par M. Schultz, qui a péri en Orient victime de des Orientaux, lorsqu'une nouvelle poésie, sortie des régions polaires, vint s'emparer de l'imagination des peuples germaniques. Les Goths, dont la littérature tout asiatique avait semblé si parfaite aux Romains de la décadence, qu'ils n'avaient pas craint de la comparer à la littérature grecque (1), les Goths avaient essayé vainement de ranimer l'instruction dans le midi de l'Europe. Leurs tentatives furent interrompues par l'arrivée de nouveaux envahisseurs. Leur nom, jadis si fameux, fut presque effacé du continent, et il ne resta que quelques débris de leur système dans une île lointaine. La poésie primitive de l'Edda se réfugia en Islande, d'où, après plusieurs siècles d'isolement, elle revint sur le continent. Pendant que ce système scandinavo-asiatique pénétrait en Allemagne, les Arabes in-

---

son ardeur pour les lettres. Nous en devons la connaissance à M. Reynaud, membre de l'Académie des Inscriptions, auteur du bel ouvrage sur les monumens musulmans du cabinet de M. de Blacas.

Voyez la note XIX, à la fin du volume.

(1) « Unde et pene omnibus Barbaris Gothi sapientiores extiterunt, Græcis pene consimiles, ut refert Dio : qui historias eorum annalesque Græco stilo composuit. » (*Freculphi chronicon*, tom. I, lib. II, cap. XVI, *Maxima bibl. vet. patrum*, Lugduni, 1677, 27 vol. in-fol., tom. XIV, p. 1079).

troduisaient un système oriental dans le midi de l'Europe. Se rattachant au nord au système scandinave, soumise au midi à l'influence moresque, et conservant encore quelques restes de l'influence latine, la France fut la première contrée de l'Europe où ces divers élémens vinrent se rencontrer : ils s'y modifièrent mutuellement, et de leur amalgame sortit la littérature moderne. Déjà les langues romane et francique avaient commencé à prendre une forme déterminée (1); le Brut d'Angleterre et le Guillaume d'Orange étaient déjà devenus populaires en France (2), et cependant l'Italie persévérait encore

---

(1) Sans parler des recherches grammaticales de Charlemagne, les sermens que les princes carlovingiens se prêtèrent réciproquement à Strasbourg en 842, en langue romane et en langue francique, et que tout le monde connaît, prouvent que ces deux langues avaient déjà commencé à se fixer.

(2) On sait que le Brut d'Angleterre fut traduit en français par maître Eustache, en 1155. La rédaction que nous possédons du Guillaume d'Orange est peut-être plus moderne, mais elle contient certainement des passages tirés de poèmes plus anciens où le même sujet était traité. On trouve dans ces deux romans des influences septentrionales et moresques; et la généalogie troïenne du Brut d'Angleterre, généalogie qui revient si souvent dans les romans du moyen-âge, est une nouvelle preuve de l'influence latine. Il y a dans le Guillaume d'Orange des morceaux de la plus grande beauté. La

dans les traditions classiques, et luttait contre le nouveau principe qui devait la ranimer. Les Italiens se sont placés de bonne heure à la tête du mouvement intellectuel de l'Europe ; mais on a été trop loin lorsqu'on a dit qu'ils avaient précédé tous les autres peuples modernes. En Espagne et dans le nord de l'Europe, l'ancienne civilisation ayant été domptée complètement par les nouveaux conquérans, les nations rudes et grossières qui furent le fruit de tant d'invasions, purent épancher leur mâle énergie dans des langues nouvelles, sans que le génie fût entravé par les traditions d'une littérature abâtardie. Mais si plusieurs peuples avaient envahi l'Italie et y avaient laissé des traces profondes de leur séjour, aucun n'avait pu l'asservir complètement, ni détruire tout-à-fait l'élément romain. Cet élément, soutenu par une religion victorieuse, s'était conservé là bien plus puissant que partout ailleurs ; et l'Italie paraissait surtout savante aux autres nations, parce qu'elle se trouvait comme

---

description de la bataille d'Aleschans et de la fuite de Guillaume, mériterait d'être lue par tous ceux qui aiment la poésie noble et animée. (*MSS. français de la bibl. du roi*, n° 7535, *Brut d'Angleterre*. — *MSS. français de la bibl. du roi, fon Lavallière*, n° 23, *Guillaume au court nez*, tom. I).

emprisonnée dans les formes latines, et que sa littérature n'avait pas encore subi la transformation qui devait recréer la gloire de ce pays. Il est vrai qu'avant d'imiter les Provençaux, les Italiens avaient écrit, en latin corrompu, des poésies et des romans, d'après d'anciennes traditions (1); mais ces productions se rattachent plutôt à la décadence de la littérature ancienne, qu'à la renaissance des lettres, et les Italiens n'eurent une littérature nationale et populaire qu'après avoir subi l'influence provençale. Quant à la langue italienne, d'illustres philologues ont cru, non sans quelque raison peut-être, qu'elle tirait son origine des anciens dialectes italiens, dialectes que les invasions n'avaient pu

---

(1) *Muratori*, *antiquit. ital.*, tom. III, col. 709. — L'histoire de Catilina, de la reine Bellisea et de sa fille Teverina, qui se trouve dans Malespini, est évidemment tirée d'un roman d'origine latine (*Malespini, storia fiorentina*, p. 12 et suiv., cap. 17 et 18). Voyez sur ces anciennes traditions florentines, *Dante*, *paradiso*, cant. XV. — *Busone da Gubbio, l'avventuroso Ciciliano,* Milano, 1833, in-16, p. 285 et 388. — Voyez aussi la légende du géant *Mugello,* au commencement de la *Genealogia di casa Medici* (Manuscrit inédit dont je possède une copie du dix-septième siècle, et qui n'est probablement que l'ouvrage de C. Baroncelli, dont parle Moreni dans la *Bibliografia storica della Toscana*, Firenze, 1805, 2 vol. in-4, tom. I, p. 87).

que modifier, sans les effacer. Mais bien que l'on rencontre souvent, dans les anciens diplômes et dans les inscriptions, des mots et des phrases entières qui semblent indiquer l'existence de cette langue (1), elle ne paraît avoir pris une forme certaine, et ne s'être prêtée à la nouvelle poésie, que vers le milieu du douzième siècle. A partir de cette époque, il s'éleva des poètes de tous les points de la péninsule; mais, chose remarquable, les plus anciennes poésies italiennes que l'on connaisse appartiennent à la Sicile, quoique ce fût certainement en Toscane que la langue parlée se rapprochait le plus de la langue écrite. Les questions importantes, qui surgissent de ce fait singulier, ne sauraient être traitées ici ; cependant, on ne peut s'empêcher de se demander pourquoi les Siciliens ont choisi, pour écrire, un dialecte qu'ils ne parlaient pas (2),

---

(1) L'italien était déjà considéré en 960 comme une langue différente du latin (Voyez la lettre de *Gunzone* dans *Martene et Durand, veter. scriptor. ampliss. collectio*, tom. I, col. 294, 295 et 298. — Voyez aussi *Gatterer, commentatio de Gunzone Italo*, Norimb., 1756, in-4, p. 10 et suiv.)

(2) Non-seulement le dialecte sicilien est à présent fort éloigné de l'italien, mais il y a six siècles qu'il l'était tout autant. Richard de Saint-Germain nous a conservé un spécimen du dialecte parlé en Sicile en 1233, d'après lequel on

et dans lequel il paraît qu'il n'existait rien d'é-

---

voit que déjà à cette époque l'*o* était changé en *u* par les Siciliens (*Carusius, bibl. historica, regni Siciliæ*, tom. II, p. 607). L'*Historia*, déjà citée, *della conquista del regno di Sicilia* (*MSS. italiens de la bibl. de l'Arsenal*, nº 68, in-4), écrite en sicilien du temps du Bocace, s'éloigne de la langue du Décameron, beaucoup plus que les poésies de Jacopo da Lentino ne diffèrent de celles de Guittone d'Arezzo ou de Bonagiunta Orbicciani (voyez pour cela un manuscrit précieux de la Bibliothèque du roi, intitulé *Canzoni di Dante*, nº 7767, qui est un recueil de poésies des plus anciens poètes italiens). D'ailleurs Barbieri nous a conservé une chanson écrite en pur sicilien vers l'an 1250, par *Stefano Pronotario da Messina*, poète qui, comme on le sait, écrivait aussi en italien (*Barbieri, origine della poesia rimata*, Moden., 1790, in-4, p. 142 et 143.— *Crescimbeni, storia della volgar poesia*, Venez., 1731, 6 vol. in-4, vol. III, p. 40). Cette chanson prouve, que lorsque les anciens poètes siciliens écrivaient en italien, ils ne se servaient pas, comme on l'a prétendu, de la langue qui était parlée alors en Sicile. Au reste, outre la *Conquista del regno di Sicilia*, et la chanson de *Stefano*, il existe plusieurs autres écrits en ancien dialecte sicilien (*Opuscoli d'autori siciliani*, tom. IV, p. 97.— *Busone da Gubbio, l'avventuroso ciciliano*, p. 36). Les dialectes des autres provinces italiennes ne sont pas moins anciens. Indépendamment de ce que Dante en dit dans l'*Éloquence vulgaire*, et des documens publiés par Muratori et par d'autres en ancien dialecte sarde (*Muratori antiq. ital.*, tom. II, col. 1051 et seq.—*Historiæ patriæ monumenta*, Aug.-Taur., 1836, in-fol., *Chartarum*, tom. I, col. 842, etc.), je possède quatre anciens manuscrits de poésies populaires italiennes, écrites en divers patois. L'un d'eux, qui est de 1259, et qui est un *livre de confrérie*, contient un grand nombre de poésies en patois de Bergame et de Brescia : elles crit (1). Les princes de la maison de Souabe cultivèrent la nouvelle poésie, et on leur doit la célébrité des poésies des Siciliens, tandis que peut-être des poésies toscanes plus anciennes, mais moins illustres, ont été oubliées. Du reste, il est possible aussi que les écrits de Ciullo d'Alcamo, de Ruggerone da Palermo, et des autres

---

montrent que ces dialectes n'ont pas sensiblement varié depuis six siècles. Dans un autre, qui est du quatorzième siècle, et qui est également un *livre de confrérie,* il y a à-la-fois des poésies en patois et en italien (Voyez aussi un petit poème du treizième siècle en patois de Padoue, publié par l'abbé Brunacci, dans la *Lezione d'ingresso nell' Accademia dei Ricovrati*, Venezia, 1759, in-4).

(1) On voit que nous ne tenons pas compte ici de l'inscription Ubaldini; mais était-elle contemporaine du fait dont elle devait conserver la mémoire? C'est ce qu'il est très difficile d'affirmer : elle est d'ailleurs la plus barbare de toutes les poésies de cette époque (*Borghini, discorsi,* Milano, 1809, 4 vol. in-8, tom. III, p. 42-45. — *Crescimbeni, storia della volgar poesia*, vol. III, p. 6. — Voyez aussi *Opuscoli letterarii di Bologna*, t. III, p. 337 et suiv.). Au reste, l'italien fut écrit en Provence un siècle avant le Dante : on connaît la chanson que Rambaud de Vaquieras écrivit en provençal, en italien, en français, en gascon et en espagnol (*MSS. français de la Bibl. du roi*, n° 7222. — *Raynouard, choix des poésies des Troubadours*, Paris, 1816 et suiv., 6 vol. in-8, tom. V, p. 416. — *Nostradama, vite de' poeti provenzali tradotte dal Crescimbeni*, Roma, 1722, in-4, p. 38).

auteurs siciliens, aient été arrangés et modifiés plus tard par les copistes, lorsque la langue italienne fut plus répandue (1). Quoi qu'il en soit, la formation d'une langue vulgaire, qui seule pouvait faire participer le peuple italien au développement de la civilisation moderne, était aussi nécessaire aux progrès des sciences qu'elle le fut à la production des chefs-d'œuvre de la littérature italienne.

Le douzième siècle prépara tous les élémens nécessaires à la renaissance des lettres. Le siècle suivant les développa. Les empereurs de la maison de Souabe protégèrent les savans, fondèrent de nouvelles universités, et agrandirent celles qui existaient déjà. Leur cour fut le rendez-vous de tous les hommes distingués de leur temps; et Frédéric II sembla ne prendre les armes contre les infidèles que pour

(1) On peut voir dans les *Poeti antichi* d'Allacci combien a été grande l'influence des copistes sur les textes des anciens poètes italiens. Les sonnets de Folgore da san Giminiano, par exemple, qui était né à quelques lieues seulement de Florence, paraissent écrits dans un patois barbare (*Allacci, poeti antichi,* Napoli, 1661, in-8, p. 314). Ceux de Lapo Zanni (ou Gianni), de Florence, ont été encore plus défigurés (*Allacci,* ibid., p. 401).

rapporter d'Orient quelques nouveaux manuscrits (1). Pendant que l'Europe devait au zèle de l'empereur la traduction de plusieurs ouvrages intéressans, pendant qu'il en arrivait une foule d'autres d'Espagne, la prise de Constantinople par les Francs, bien qu'elle causât la perte d'une infinité de manuscrits précieux (2), contribua cependant à faire mieux connaître des ouvrages dont, auparavant, on ne possédait en Occident que des traductions de traduction (3). La philo-

---

(1) On sait que Frédéric II ne prit la croix qu'avec beaucoup de répugnance. Les auteurs orientaux disent qu'il était d'accord avec les Musulmans. Selon Makrisi, il avertit le sultan de l'expédition que préparait contre lui saint Louis; aussi les princes mahométans lui envoyèrent-ils des présens magnifiques. Il reçut d'eux la première girafe que l'on ait vue en Europe depuis les Romains (fait dont Cuvier ne paraît pas avoir eu connaissance), et une tente où les mouvemens des astres étaient représentés à l'aide de ressorts cachés *Reinaud, extraits des historiens arabes*, Paris, 1829, in-8, p. 435).

(2) *Heeren, essai sur l'influence des croisades*, p. 407 et 416.

(3) *Jourdain, essai sur les traductions d'Aristote*, p. 50 et 56. — Au reste, les Grecs du Bas-Empire n'ont eu qu'une influence tout-à-fait insensible sur la renaissance des sciences en Occident. L'impulsion était donnée : Archimède, Euclide, Ptolémée, étaient connus en Europe par les Arabes, long-temps avant que leurs écrits n'arrivassent de Grèce.

sophie d'Aristote, qui alors se propagea rapidement en Europe, fut le signal d'un grand progrès de l'esprit humain. Était-ce pour s'opposer à ce progrès, pour tenir perpétuellement les hommes sous le joug de la scolastique, que l'Église frappait alors le péripatétisme d'anathème, et faisait périr dans les flammes les disciples du grand Stagirite (1)? Quelques siècles plus tard, l'Église déclarait hérétiques ceux qui osaient prononcer le nom d'Académie (2); et lorsque les doctrines d'Aristote ne furent plus un progrès, Giordano Bruno sur un bûcher, Galilée à genoux devant l'inquisition, expiaient à Rome le crime d'avoir osé les combattre.

Avec la philosophie d'Aristote et les sciences des Arabes, s'introduisaient en Europe les grandes découvertes chinoises. Ces découvertes nous ont-elles été données par les Mahométans qui les auraient reçues des Indiens et des Chinois? ou bien,

---

(1) *Duchesne, scriptores historiæ Francorum*, Lut.-Paris., 1736, 5 vol. in-fol., tom. V, p. 51. — *Martene et Durand, thesaurus novus anecdotorum*, Lut.-Paris., 1736, 5 vol. in-fol., tom IV, col. 166.

(2) Paulus tamen hæreticos eos pronunciavit qui nomen Academiæ, vel serio, *vel joco*, deinceps commemorarent. » (*Platina, de vitis pontificum*, S. L., 1664, in-12, p. 666).

comme quelques savans ont cru pouvoir l'avancer, ont-elles été apportées en Europe par les Mongols (1)? On sait que ces peuples, sortant tout-à-coup du néant, asservirent en peu d'années l'Asie, firent trembler l'Europe, et rapprochèrent, par leurs prodigieuses conquêtes, deux systèmes de civilisation qui s'étaient développés séparément aux extrémités opposées de l'ancien continent. Après avoir conçu le projet de faire de la Chine entière un pâturage (2), après avoir menacé l'Occident de le replonger dans la barbarie, ils finirent par favoriser le développement des lumières, en introduisant en Europe l'élé-

---

(1) *Abel Rémusat, mélang. asiat.*, tom. I, p. 408-412. — *Mémoires de l'académie des inscript. et bell.-lett.*, 2e série, tom. VII, p. 415-420. — Quant à la boussole, on verra dans le volume suivant qu'elle était connue en Europe avant l'irruption des Mongols. Marco Polo parle, comme nous l'avons déjà indiqué, du papier-monnaie des Mongols, et il avait vu des gravures chinoises (*Baldelli, viaggi di Marco Polo*, tom. I, p. xx et 89, et tom. II, p. 199 et suiv. — *Ramusio, viaggi*, tom. II, f. 29, 40, 107). L'hypothèse qui fait dériver l'imprimerie de la Chine n'est pas nouvelle : outre les missionnaires, Panciroli l'avait adoptée il y a déjà deux siècles (*Panciroli, raccolta breve*, Venezia, 1612, in-4, p. 390, lib. II, cap. 12), et plus récemment elle a été reproduite par Toaldo (*Toaldo, saggio di studi veneti*, Venezia, 1782, in-8, p. 19 et 20).

(2) *Gaubil, histoire de Gentchiscan*, p. 51 et 58.

ment chinois (1). Les princes arméniens et russes (2), qui allaient prêter hommage au grand-khan à Kara-koroum, les religieux chargés de missions diplomatiques auprès des Mongols (3), revenaient en Europe, épouvantés par ces peuples *sortis du Tartare* (4), qui menaçaient d'enchaîner le monde entier. Plus tard, lorsque la puissance mongole marcha vers son

---

(1) Nous avons déjà indiqué les principales inventions chinoises apportées probablement par les Mongols en Occident. Le *souan-pan*, ou machine arithmétique des Chinois, fut aussi introduit en Europe par les Tartares de Batou. En Pologne et en Russie cette machine est encore d'un usage populaire (*Mémoires de l'académie des inscript. et bell.-lett.*, 2e série, tom. VII, p. 418).

(2) Plan-Carpin raconte que Michel, duc de Russie, étant allé prêter hommage au grand-khan, fut tué par les Mongols à coups de pieds dans le ventre, parce qu'il n'avait pas voulu adorer aussi l'image de Genghiskhan déjà mort (*Voyages autour du monde, en Tartarie et en Chine*, Paris, 1830, in-8, p. 159).

(3) *Mémoires de l'académie des inscript. et bell.-lett.*, 2e série, tom. VI, p. 403 et 460; et tom. VII, p. 351, 412 et suiv.—*Petri de Vineis epistolæ*, Basil., 1566, in-8, p. 201-209.

(4) Saint Louis disait à la reine Blanche, effrayée par l'irruption des Mongols en Allemagne: « S'ils arrivent, ces Tartares, ou nous les ferons rentrer dans le Tartare d'où ils sont sortis, ou bien ils nous enverront nous-mêmes jouir dans le ciel du bonheur promis aux élus. » (*Mémoires de l'académie des inscript. et bell.-lett.*, 2e série, tom. VI, p. 408).

déclin, des ambassadeurs du grand-khan s'efforcèrent de ranimer le zèle des Chrétiens, pour les précipiter de nouveau sur les Mahométans (1). Ces fréquentes relations eurent une influence marquée sur l'Occident, en faisant concourir à sa civilisation les germes qui se trouvaient épars sur toute la surface de l'ancien continent (2). Ce fut alors qu'une famille de mar-

---

(1) *Mémoires de l'académie des inscript. et bell.-lett.*, 2e série, tom. VI, p. 469; et tom. VII, p. 335, 339, 343, 363 et 412.

(2) Non-seulement les Mongols importèrent en Occident les découvertes des Chinois, mais, sous leur domination, la Chine elle-même s'enrichit de nouvelles inventions. Les balistes que fabriquèrent le père et l'oncle de Marco Polo purent seules mettre fin au siège de Siang-Yang (*Baldelli, viaggi di Marco Polo*, tom. I, p. IX et 134; et tom. II, p. 311-313). Cublaï appela des astronomes de l'Occident, et Tchamalouting, fit un cours d'astronomie à la cour (*Gaubil, histoire de Gentchiscan*, p. 136, 153 et 192). Des familles occidentales furent transportées à la Chine pour cultiver la vigne (*Abel Rémusat, nouv. mélang. asiat.*, tom. II, p. 73). Rubruquis trouva chez les Mongols des mineurs allemands et un orfèvre parisien (*Voyages autour du monde, en Tartarie et en Chine*, p. 318, 354, 355, etc.). Genghiskhan ramena de Perse un grand nombre de familles mahométanes : des astronomes et des géomètres quittèrent l'Occident pour s'attacher à la fortune des Mongols. L'astronomie fit alors de notables progrès dans l'Asie centrale, et les Mongols élevèrent des observatoires sur tous les points de

chands vénitiens, après avoir suivi long-temps les Mongols, dans leurs courses presque fabuleuses, vint révéler à l'Europe les merveilles de la Chine, pendant qu'un jeune citoyen de Pise rapportait dans sa patrie l'algèbre, qui était destinée à devenir la base de toutes les sciences modernes. Dans ce même siècle, les Italiens, déployant des forces morales prodigieuses, surent à-la-fois établir la liberté municipale, accomplir les merveilles de la ligue lombarde, faire revivre les arts, se créer de nouveau une langue, une poésie, une patrie, et rapporter des extrémités de la terre des découvertes qui devaient changer la face du monde.

Si l'on veut maintenant résumer les faits exposés dans ce *Discours préliminaire*, on verra

---

leur immense empire. Les instrumens dont ils se servaient méritent d'être connus : il en est un surtout qui doit fixer l'attention des astronomes : c'était « un tube appliqué à des armilles mues par l'eau, pour suivre le cours des astres. » (*Souciet, observ. math.*, tom. II, p. 25, 406, etc. — *Gaubil, histoire de Gentchiscan*, p. 42, 141, 230, 244. — *Magasin encyclopédique*, année 1809, tom. VI, p. 45). — Les sciences firent de nouveaux progrès en Arabie et en Perse du temps des Mongols. Il paraît, par exemple, que du temps d'Ulugh-Beig, les Arabes connaissaient le développement du binome (*Asiatik researches*, tom. XIII, p. 556 ; et tom. II, p. 487).

d'abord, à l'origine des temps historiques, la civilisation orientale venant s'amalgamer en Toscane avec les élémens aborigènes que possédait l'Italie: A l'Étrurie succède la Sicile: là, mœurs, langage, poésie, tout est grec; hors les sciences marquées d'un caractère particulier à l'Italie, l'observation. La physique expérimentale, la mécanique, l'analyse indéterminée, ont pris naissance dans la Grande-Grèce. Rien ne paraissait devoir borner leur développement: mais bientôt le Romain arrive, il saisit la science personnifiée dans Archimède, et l'étouffe. Partout où il domine, la science disparaît: l'Étrurie, l'Espagne, Carthage en font foi. Si plus tard Rome, n'ayant plus d'ennemis à combattre, se laisse envahir par les sciences de la Grèce, ce sont des livres seulement qu'elle recevra : elle les lira et les traduira sans y ajouter une seule découverte. Guerriers, poètes, historiens, elle les a eus, oui ; mais quelle observation astronomique, quel théorème de géométrie devons-nous aux Romains? Chassées d'Occident, les sciences s'étaient réfugiées à Alexandrie. Le christianisme apparaît, s'avance au milieu des tortures, et finit par escalader le trône. Au despotisme et à la corruption des empereurs succèdent le despotisme et la corruption des moines. Le Labarum, qui a remplacé l'aigle romaine, ne sait plus avancer. Au lieu d'assiéger des villes ennemies, on monte à l'assaut des temples païens, dernier refuge de l'antique savoir. A cette époque, la science est ou païenne ou hérétique. La cour des Sassanides sert d'asile aux philosophes d'Alexandrie comme aux savans Nestoriens. Un Barbare essaie vainement d'enseigner la tolérance aux Chrétiens.

Mais si les Romains et les Chrétiens n'ont pas contribué directement aux progrès des sciences ; si même, comprenant l'humanité d'une manière imparfaite, et croyant qu'elle avait pour symbole unique une épée ou une croix, ils ont brisé tout autre symbole et opposé des barrières à l'avancement de l'esprit humain, ils ont néanmoins aidé efficacement à la marche de la civilisation, en fondant l'unité européenne. Cette unité, créée par les Romains, et retrouvée par les Chrétiens sous les ruines où l'avaient enseveli les Barbares, a été la base de tous les progrès des sociétés modernes.

Par la décadence de l'empire romain, l'Occident tombait en dissolution : les Barbares arrivent. C'est un fléau pour les monumens, pour les livres, pour les statues : leur choc brise tout ; mais une race dégénérée profite de l'énergie sauvage des envahisseurs. Convertis à la foi du Christ, les Barbares reçoivent d'abord quelques débris de la civilisation latine ; mais lorsque la féodalité et la suprématie universelle de l'Église s'établissent, l'ignorance déborde de toutes parts. L'Orient est plus heureux. Des sables du désert, Mahomet fait jaillir un peuple de guerriers. Les Arabes reçoivent, par les Nestoriens, les sciences des Grecs ; ils s'emparent du savoir des Hindous, des inventions des Chinois, les fécondent et les transportent en Occident. Trois foyers de lumière s'établissent alors en Europe. L'élément arabe, le scandinave et le latin concourent à-la-fois, et par des moyens divers, à la renaissance des lettres. Les langues modernes et la poésie se développent : bientôt la réaction se manifeste. Les Mores sont chassés d'Italie et menacés en Espagne. Les croisades conduisent à l'affranchissement des communes. La lutte entre le sacerdoce et l'empire favorise la liberté municipale en Italie. Les arts, les lettres, les sciences se relèvent. En vain de nouveaux essaims de Barbares sortent des déserts de la Tartarie. Les Mongols eux-mêmes sont domptés par la civilisation renaissante, qui les charge de colporter de grandes découvertes d'une extrémité à l'autre de l'ancien continent.

Et après toutes ces révolutions, après tant de barbarie, on retrouve encore l'Italie. On la verra désormais, placée à l'avant-garde de la civilisation, diriger, pendant plusieurs siècles, la marche intellectuelle de toute l'Europe.

NOTES ET ADDITIONS.

NOTE I.

(PAGE 16.)

Le système décimal ne nous est pas arrivé avec les chiffres indiens, comme le croit le vulgaire. On le retrouve dans presque (1) tous les anciens systèmes d'arithmétique littérale, dans lesquels les dix premières lettres de l'alphabet exprimaient ordinairement les dix premiers nombres, et où les autres lettres (2) désignaient successivement les dizaines, les centaines, etc. : les nombres intermédiaires se formaient par addition ou par soustraction (3). Ce système décimal n'est autre chose

---

(1) Je dis *presque*, parce qu'il existe des peuples qui ne donnent aux lettres qu'une valeur numérique déterminée par le rang qu'elles occupent dans l'alphabet. Il y a aussi des peuples dans l'Inde qui, tout en connaissant les chiffres que nous avons adoptés, et quoiqu'ils n'aient pas d'alphabet syllabique, se servent, dans quelques cas, d'une numération syllabique, mais ceci tient peut-être à l'ancienne forme de leur alphabet.

(2) Quelques peuples, les Grecs par exemple, ont intercalé d'autres signes dans leur alphabet appliqué à la numération; nous nous bornerons à signaler ce fait, sans en rechercher la cause, pour ne pas être entraînés trop loin.

(3) Les Latins disaient *undeviginti*, *duodeviginti*, *undetriginta*, et, dans leurs chiffres mêmes, ils se servaient de la soustraction (IV, IX, etc.). Ni les Grecs ni les Arabes ne paraissent avoir connu cette composition par soustraction, que l'on retrouve chez les Indiens. En sanscrit,

que le redoublement du système par cinq des Romains, des Grecs, des Wolofs (1), et de la plupart des peuples

---

les noms des nombres dix-neuf, vingt-neuf, trente-neuf, etc., se forment respectivement des noms des nombres vingt, trente, quarante, etc., par soustraction. Dans les langues de notre occident, les noms des nombres sont évidemment d'origine orientale; mais il est assez remarquable que ces noms aient passé en Occident chez les Grecs et les Latins, sans que les chiffres indiens soient arrivés avec eux. Peut-être à cette époque les Hindous n'avaient-ils pas encore le système de numération qu'ils ont donné plus tard aux Arabes.

(1) En wolof, les mots *benne*, *niare*, *niatte*, *nianette*, *dhiouroun*, signifient *un*, *deux*, *trois*, *quatre*, *cinq;* puis les mots *dhioroun benne*, *dhioroun niare*, etc. (cinq et un, cinq et deux, etc.), signifient *six sept*, etc. (Voyez *Dard*, *dictionnaire français-wolof*, Paris, 1824, in-8). On a retrouvé le nombre cinq dans la mythologie des Américains. Les Aztèques admettaient cinq âges du monde, et ils avaient une semaine composée de cinq jours (*Humboldt*, *vues des Cordillères*, tom. I, p. 340, et tom. II, p. 119). Les Scandinaves aussi avaient une semaine de cinq jours, et divisaient comme les Perses le jour en cinq parties (*Edda rhythmica seu antiquior.*, tom. III, p. 1025 et 1042). Anquetil a découvert en zend des traces du système pentenaire. Il est curieux de retrouver à-la-fois en pehlvi et dans les langues de plusieurs peuples de l'Amérique une numération par vingt, à laquelle on pourrait rattacher le *quatre-vingt*, le *quinze-vingt* (*Humboldt*, *vues des Cordillères*, tom. II, p. 230 et suiv. — *Mémoires de l'acad. des inscriptions et belles lettres*, tom. XXXI, p. 403-405. — *Hervas*, *aritmetica delle Nazioni*, Cesena, 1784, in-4, p. 93 et seg.). Cette arithmétique par vingt est prise du nombre des doigts des mains et des pieds, comme le prouvent les noms des nombres compris entre un et vingt dans plusieurs langues américaines (*Humboldt*, *vues des Cordillères*, tom. II, p. 230). Les Aztèques avaient des hiéroglyphes simples pour toutes les puissances du

du Nouveau-Monde. Il a eu très probablement pour origine le nombre des doigts de la main ; et M. de Humboldt a remarqué que non-seulement en Amérique le nombre cinq s'exprimait généralement par le même mot qui signifie *main*, mais qu'on pouvait faire un rapprochement analogue dans la langue persane. (*Humboldt, vues des Cordillères*, t. II, p. 235). Dans le système pentenaire, qui précéda chez les Grecs le système décimal, on écrivait la première lettre du mot qui exprimait l'un des nombres 1, 5, 10, 50, 100; et à l'aide de ces nombres on formait tous les autres (1). Quant aux systèmes de numération par quatre, par trois et par sept, ils se sont conservés encore aujourd'hui (au moins sous une forme composée) dans les usages de la vie commune. Nous trouvons mille exemples du système quaternaire dans des superstitions grossières et dans des mythes dont on a perdu la signification. La division de l'univers en quatre élémens, les quatre âges du monde et les quatre tempéramens de l'homme; les huit jours du monde des Étrus-

---

nombre vingt (*Humboldt, vues des Cordillères*, tom. II, p. 231); ainsi non-seulement leur arithmétique était vigésimale, mais ils savaient que tous les autres nombres pouvaient s'exprimer à l'aide de ces chiffres élémentaires.

(1) *Corsini, notæ Græcorum*, Florent., 1749, in-fol., prolegom., p. XXIII. — *Raccolta d'opuscoli scientifici e filologici* (*del P. Calogerà*), tom. XLVIII, p. 104. — Voyez les manuscrits autographes de Saumaise, qui se conservent à la bibliothèque du roi (*Manuscrits latins*, n° 8709, p. 96, *Autographus Salmasii*).

ques (1) et leur semaine octonaire ; leur division du ciel en seize parties et les quatre rois aborigènes de l'âge d'or; le grand quaternaire des pythagoriciens, et surtout le témoignage positif d'Aristote sur la numération quaternaire des Thraces (2), prouvent, à notre avis, que le nombre quatre a été la base d'un système de numération. Quant au système trinaire, on le retrouve sous sa forme la plus simple dans l'énumération de faits qui ont dû être connus ou inventés très anciennement; comme dans les trois parties de la terre et les trois fils de Noé qui les ont peuplées, dans les trois fils du Scythe Targitaus, et dans la division de l'année chez quelques anciens peuples (3). La triple foudre de Jupiter, le trident de Neptune, Cerbère, Diane triforme,

---

(1) Plutarque (*Opera*, tom. I, p. 456, *Sylla*) parle de huit périodes, et il a été suivi par Niebuhr (*Histoire romaine*, tom. I, p. 195). Suidas (*Lexicon*, tom. III, p. 519, Τυῤῥηνία) indique douze périodes partagées en deux époques de six périodes chacune. Micali, qui adopte cette division, croit qu'elle est d'origine orientale. Il se pourrait que la division quaternaire fût indigène, et que la division par douze fût arrivée d'Orient (*Micali, storia d'Italia*, etc., tom. II, p. 232).

(2) *Aristotelis opera*, tom. IV, p. 140, *Problemat.*, sect. XV, quest. 3. —Censorinus (*De die natali*, p. 116, cap. 19) dit qu'anciennement l'année des Égyptiens était de deux mois et qu'elle fut ensuite de quatre. Les Muyscas en Amérique divisaient le temps en quatre parties. Les Scandinaves aussi avaient une division octonaire (*Edda rhythmica seu antiquior*, tom. III, p. 1042). Voyez sur le *quaternaire* les chapitres v et viii du premier livre de Macrobe *in somnium Scipionis*.

(3) L'année des Arcadiens était, selon Censorinus (*De die natali*,

les Parques, le triangle sacré des Egyptiens, les trois principes d'Ophée et des Pythagoriciens (1). et enfin les trinités qui, depuis la trinité indienne et celle de l'Edda jusqu'aux grands Cabires de Samothrace et des Etrusques (2), se reproduisent dans presque toutes les religions, ne sont peut-être que les restes d'une arithmétique trinaire (3). Les composés du nombre trois se montrent dans les périodes astronomiques des Chaldéens et de plusieurs autres peuples (4), dans les douze grands dieux que les Grecs prirent aux Egyptiens et dans les signes du zodiaque. Les douzes villes étrusques, la loi des douze tables, les douze noms et les douze dieux que Har apprend à Gangler dans l'Edda, et les noms ger-

---

p. 116, cap. 19), Pline (*Hist. nat.*, tom. I, p. 403, lib. VII, cap. 48), et Macrobe (*Opera*, p. 242, *Saturnalium*, lib. I, cap. 12), divisée en trois mois.

(1) *Rees cyclopœdia*, vol. XXXVI, *Trinity*. — *Cancellieri*, *sette cose fatali di Roma*, Roma, 1812, in-12, p. 67–71.

(2) *Creuzer*, *religions de l'antiquité*, tom. II, p. 408 et p. 487.

(3) Les Basques qui, comme on sait, conservent dans leur langue les restes d'une langue très ancienne, ont encore une période de trois jours qu'ils appellent *aste*, en désignant par *aste-lehena* le premier jour de l'*aste*, par *aste-astea* celui du milieu, et par *aste-azquena* le dernier. Les Muyscas en Amérique avaient une semaine de trois jours (*Humboldt*, *vues des Cordillères*, tom. II, p. 227).

(4) Voyez dans Censorinus (*De die natali*, p. 116, cap. 19), et dans Macrobe (*Opera*, p. 242, *Saturnalium*, lib. I, cap. 12) l'indication de quelques peuples dont l'année était composée de six mois.

maniques de onze et de douze (1), paraissent se rattacher au système duodécimal; et ce système par douze se trouve existant encore, malgré les lois qui s'y opposent, dans l'industrie, dans les arts et dans presque toutes les mesures usuelles (2). De nombreux témoignages semblent attester que le nombre sept aussi a été la base d'un système numérique. Outre la semaine qui, formée probablement par les Egyptiens d'après les planètes (3), s'est étendue successivement chez la

---

(1) Outre les mots allemands *eilf* et *zwolf* (*onze* et *douze*), qui ne paraissent pas formés d'*eins*, *zwei* et *zehn* (*un*, *deux* et *dix*) comme *dreizenh* (*treize*), est formé de *drei* (*trois*) et *zehn* (*dix*); outre les mots anglais *eleven* et *twelve*, qui ont la même signification, et qui viennent de la racine germanique, il est bon d'observer que, soit dans les nombres ordinaux, soit dans les nombres cardinaux, il existe dans presque toutes les langues d'Europe une certaine anomalie dans les noms de nombres compris entre dix et vingt, anomalie qui paraîtrait indiquer que la base *dix*, à laquelle tous les autres nombres doivent se rapporter, n'a été introduite que plus tard dans ces nombres. Ainsi en français on dit *onze*, *douze.... seize*, et puis *dix-sept*, *dix-huit*, *dix-neuf*. En italien le même changement s'opère entre *sedici* et *diciassette*; en espagnol entre *quince* et *diez y seis*. Le grec et le latin présentent des anomalies de la même nature. En arabe et en sanscrit cette anomalie ne paraît pas avoir lieu.

(2) Les Bénédictins, auteurs du *Nouveau Traité de Diplomatique* (Paris, 1750, 6 vol. in-4, tom. III, p. 513), indiquent un signe qui, dans quelques anciens manuscrits, représente le nombre *six* et qui sert, en y ajoutant l'unité, à former les nombres suivans. Cette numération, qui se rapporte à une arithmétique dont le six serait la base, se retrouve dans un manuscrit du neuvième siècle des archives capitulaires de Verceil, dont je dois la connaissance à M. Peyron, célèbre philologue turinais.

(3) *Herodoti hist.*, p. 141, lib. II, § 82. — *Dionis Cassii*, *hist. rom.*,

plupart des peuples policés, on pourrait retrouver le nombre sept dans plusieurs des croyances vulgaires qui remontent à la plus haute antiquité : dans les sept choses fatales de Rome (1), dans les sept merveilles du monde, dans les sept sages de la Grèce, dans les sept lettres qui composent le nom de Minerve (2), dans presque toutes les opérations cabalistiques (3), dans les jours et les années climatériques, et enfin jusque dans la généalogie de saint Mathieu, dans l'histoire de Joseph et dans l'Apocalypse. Au reste, sans vouloir pousser trop loin l'hypothèse qui tendrait à placer dans les différens systèmes de numération l'une des origines de la mythologie, l'influence des considérations arithmétiques nous paraît attestée d'une manière positive par la cosmogonie arithmétique et le

---

p. 37 et 38, lib. XXXVII. — En Amérique, la semaine de *sept jours* était inconnue (*Humboldt*, *vues des Cordillères*, tom. I, p. 340).

(1) *Cancellieri, sette cose fatali di Roma*, p. 7-8, 73-78.

(2) On peut voir, sur les propriétés du nombre sept, les chapitres V et VI du premier livre du commentaire de Macrobe *in somnium Scipionis*, et le dixième chapitre du troisième livre des *Noctes atticæ* d'Aulu-Gelle.

(3) « Les Bohémiens... ne connaissent de termes pour désigner les « nombres que jusqu'à sept. Au-delà de ce taux, ils se servent d'équiva- « lens pris dans d'autres langues pour calculer leurs comptes. » (*Pouqueville, voyage de la Grèce,* tom. I, p. 364, Paris, 1826, 6 vol. in-8). — Ne pourrait-on pas déduire de ce fait curieux, que peut-être les Bohémiens (*Zingari*) avaient dans l'Inde, d'où ils paraissent être sortis, une espèce d'arithmétique septénaire ?

grand quaternaire des Pythagoriciens (1), dont probablement ils avaient pris les élémens chez les peuples orientaux. Il faut consulter, à ce sujet, un mémoire de M. de Humboldt, rempli de vues ingénieuses et d'une profonde érudition (2), et tout le chapitre que, dans ses *Vues des cordillières* il a consacré aux calendriers américains.

---

(1) *Montucla*, *hist. des mathém.*, tom. I, p. 124. — *Fabricii*, *bibl. græca.*, tom. I, p. 875.

(2) *Journal des mathématiques pures et appliquées*, *par M. Crelle*, tom. III, p. 205 et suiv.

NOTE II.

(PAGE 28.)

Plusieurs écrivains, parmi lesquels nous citerons Bayer et Villoison, ont cru, d'après un passage de Boëce, que les anciens avaient connu les chiffres et le système de numération des Indiens. Il est probable que les pythagoriciens ont eu des abréviations pour exprimer les nombres composés, comme en eurent plus tard les Romains (*Gruteri*, *corpus inscriptionum*, Amstelod., 1707, 2 vol. in-fol., tom. II, pars 2, *Notæ Tironis ac Senecæ*, fol. 11). Archimède aussi en avait imaginé, et on en rencontre souvent dans les inscriptions. Mais les plus anciens manuscrits de Boëce ne renferment pas les chiffres indiens, qui n'ont été introduits par les copistes qu'après que les Arabes eurent apporté en Occident la nouvelle arithmétique; d'ailleurs Fibonacci assure que l'arithmétique des pythagoriciens n'est pas celle qu'il introduisit en Italie, et qu'il attribue aux Indiens : « Et algorismum atque Pycthagoræ quasi errorem computavi respectu modi Yndorum. » (*Targioni viaggi*, tom. II, p. 59). Quant au système décimal, le point important était la *valeur de position* des chiffres, et il ne paraît pas que les anciens géomètres occidentaux l'aient connue; car autrement comment concevoir qu'Archimède par exemple, ne s'en soit jamais servi, et qu'il ait pu écrire l'Arénaire?

(*Boetii opera*, Basil., 1546 in-fol., p. 1209-1210. — *Beveregii*, *instit. chronol.*, Londin. 1705, in-4, p. 203. — *Bayeri, hist. regni bactriani*, Petropol. 1735, in-4, p. 123 et 127. — *Villoison*, *anecdota græca*, Venet., 1781, 2 vol. in-fol., tom. II, p. 152. — *Raccolta d'opuscoli*, etc., tom. XLVIII, p. 21 et suiv. — *Montucla*, *hist. des math.*, tom. I, p. 123, 377 et suiv. — *Baronii annales*, vol. XIII, p. 66 et 67. — *Andres*, *storia d'ogni letteratura*, Venez., 1783, 16 vol. in-8, tom. X, p. 83 et suiv.). Il faut remarquer ici qu'outre les Hindous, dont nous avons adopté le système arithmétique, les Chinois aussi s'étaient formés une arithmétique décimale avec une valeur de position. Ainsi leurs premiers dix chiffres étant

1	2	3	4	5	6	7	8	9	10
一	二	三	四	五	六	七	八	九	十

ils écrivirent d'abord 二 2 / 十 10 pour 20, 四 4 / 十 10 / 三 3 pour 43,

et ainsi de suite. Mais depuis ils ont laissé de côté le 十 (10), lorsqu'il n'y avait pas à craindre d'équivoque (1), et maintenant ils écrivent presque tou-

---

(1) Pour écrire les nombres 11, 12, 13, 21, 22, 32, 111. 122, etc., qu'en omettant le signe du 10 on n'aurait pas désignés d'une manière

jours 四 4 / 三 3 pour 四 4 / 十 10 / 三 3, 五 5 / 五 5 pour 五 5 / 十 10 / 五 5 et ainsi des autres. Reste à savoir si cette simplification leur est venue des Hindous (1) ou des Européens, ou bien s'ils y sont arrivés d'eux-mêmes. C'est seulement en Chine, et d'après les examens des anciens monumens, que la question peut être résolue convenablement. Voyez dans Hyde (*Syntagma dissertationum*, t. II, p. 409 et suiv. et tabula I) les chiffres dont se servent les marchands chinois.

---

bien déterminée, les Chinois employèrent plus tard des lignes droites; tantôt horizontales, tantôt verticales, suivant qu'ils voulaient représenter des dizaines ou des unités (*Souan-fa-tong-tsong*, liv. I, fig. 3).

(1) Pour indiquer un très grand nombre les Chinois disent *sable du Gange* (*Morrison, dictionary of the chinese language*, Macao, 1815-1822, 3 part, in-4, IIIe part., p. 466); mais je ne crois pas que l'on sache l'époque à laquelle cette expression a commencé à être employée à la Chine.

NOTE III.

(PAGE 36.)

Voici ce que dit à ce sujet Théon d'Alexandrie : « Et afin qu'on ne croie pas que nous les voyons ainsi, parce que nous les voyons alors d'une moindre distance, Ptolémée veut montrer, par un exemple, que c'est un effet non de la distance de la terre au soleil, mais de l'exhalaison très humide qui environne la terre, notre vue étant plongée par là dans un air plus épais, et de la réfraction qu'éprouvent les rayons qui entrent dans l'air et font l'angle à l'œil plus grand, suivant ce que démontre Archimède dans ses livres de catoptrique, ou quand il dit qu'il est en cela comme des objets plongés dans l'eau qui y paraissent d'autant plus gros qu'ils y sont plus profondément enfoncés » (*Téon d'Alexandrie*, *commentaire*, etc., tom. I, p. 28.) — Dans sa météorologie des Grecs et des Romains M. Ideler n'avait pas cité ce passage de Théon et il semblait attribuer à Ptolémée la découverte de la réfraction astronomique (*Ideler meteorologia veterum Græcorum et Romanorum*, p. 183 et seq.). Mais depuis il s'en est servi dans son commentaire sur la météorologie d'Aristote (t. II, p. 95). Comme je n'ai pas encore pu me procurer le second volume de cet ouvrage, qui a dû paraître récemment, je me borne à le citer d'après ce que M. Ideler m'en a écrit. M. Ideler a résumé à cette occasion plusieurs passages d'Olympiodore et d'Apulée où l'on fait mention de la catoptrique d'Archimède. Au reste Archimède s'était occupé aussi d'astronomie : la sphère céleste dans laquelle il avait imité les mouvemens des planètes, excita l'admiration des anciens (*Ciceronis opera*, p. 3681, *de Natura deorum*, lib. II, § 88 — *Cicero, de republica* lib. I, § 14, *Classicorum auctorum series a Majo*, t. I, p. 43. — *Cassiodori opera*, tom. I, p. 20, *Var.*, lib. I, ep. 45. — *Archimedis opera*, p. 365) ; et on montrait naguère encore à Syracuse l'endroit d'où l'on suppose que le célèbre géomètre observait les astres (*Lupi lettere*, Arezzo, 1753, in-8, p. 53). On lui doit une mesure du diamètre du soleil et le calcul, sinon l'observation directe, de quelques solstices pour en déduire la longueur de l'année (*Archimedis opera*, p. 321. — *Ptolémée, composition mathématique*, Paris, 1816, 2 vol. in-4, t. I, p. 153. — *Macrobii opera*, p. 128, *in somn. Scipion.* lib. II, cap. 3).

NOTE IV.

(PAGE 36.)

Lessing a publié une épigramme inédite de l'Anthologie grecque, qui renferme un problème arithmétique proposé par Archimède à Eratosthène (*Lessing, zur geschichte und litteratur.* Braunschw., 1773, 2 vol. in-8, tom. I, p. 421). Quoique très probablement cette pièce ne soit qu'une production de l'école d'Alexandrie, cependant elle me paraît démontrer qu'Archimède s'était occupé d'analyse indéterminée. Autrement, à une époque où les travaux d'Archimède étaient si connus, on n'aurait pas choisi ce géomètre pour lui attribuer des recherches sur un sujet qu'il n'avait jamais traité. M. Ideler, à propos de cette note, m'a indiqué un mémoire de MM. Struve père et fils, sur l'épigramme publiée par Lessing. Je regrette bien de n'avoir pas pu me procurer ce mémoire dans lequel j'aurais certainement puisé des renseignemens utiles. M. Ideler pense que peut-être l'épigramme en question est d'un poète nommé *Archimèle*, et non pas *Archimède*. Au reste on trouve dans le commentaire de Proclus sur la proposition quarante-septième du premier livre d'Euclide, l'indication des recherches faites par les Pythagoriciens sur les *triangles rectangles arithmétiques*. La formule dont ils se servaient pour former une infinité de ces triangles peut s'écrire en algèbre de la manière suivante :

$$a^2+\left(\frac{a^2-1}{2}\right)^2=\left(\frac{a^2+1}{2}\right)^2.$$

Platon déterminait les triangles rectangles, en nombres, à l'aide d'une méthode qui peut être exprimée par l'équation

$$a^2+\left(\frac{a^2}{4}-1\right)^2=\left(\frac{a^2}{4}+1\right)^2.$$

NOTE V.

(PAGE 37.)

Voici un passage, relatif au séjour d'Archimède en Espagne, que j'ai tiré des manuscrits de Léonard de Vinci (1) : « O ritrovato nelle storie delli Spagnioli chome nelle guerre dalloro avute colli ingilesi fu d'Archimede siracusano il quale in quel tempo dimorava in compagnia di Cliderides re de' Cirodastri. Il quale nella pugna marittima ordino che i navili fussino con lunghi albori e sopra le lor gagie collochò una antennetta di lunghezza di 40 piè et 1/3 piè di grossezza. Nell' una stremità era una ancora picciola, nell' altra un contrappeso. All' ancora era appiccato 12 piedi di catena, e dopo essa chatena tanta corda che perveniva dalla catena al nascimento della gaggia, e da esso nascimento n'andava in basso sino al nascimento dell' albore dove era collocato un albore argano fortissimo e li era fermo il nascimento d' essa corda. Ma per tornare all' uffitio d' essa macchina dico che sotto a detta ancora era uno fuoco il quale con gran' strepido gettava in basso e' sua razzi e pioggia di pegola infocata. La quale piovendo sopra la gaggia....... che v' erano abbandonare detta gaggia onde colata. » (*MSS. de Léonard de Vinci*, vol. B, f. 96).

---

(1) Nous rappellerons ici ce que nous avons dit dans l'*Avertissement*; c'est-à-dire que nous donnons toujours la copie exacte des manuscrits que nous publions, sans y faire aucun changement.

NOTE VI.

(PAGE 77.)

Les peuples du Nord n'ont pas contribué à la renaissance des lettres en Italie. Les Italiens sont les héritiers des Latins et des Grecs; et ils doivent beaucoup aux Arabes et aux Provençaux. Quant aux nations germaniques, leur influence littéraire a été presque nulle dans le midi de l'Europe. Quelques érudits, qui ont voulu soutenir le contraire, ont formé, pour appuyer leur opinion, une liste de plusieurs centaines de mots italiens, qui n'ont pas une origine latine, et dont l'étymologie paraît se trouver en allemand : mais, à mes yeux, cet argument n'a pas une grande valeur. Car, même en admettant que toutes ces étymologies fussent parfaitement justes, il faudrait remonter plus haut, et recourir à l'Inde et à la Perse, où l'on trouve les origines de la langue allemande. Ces mots ont pu arriver en Europe avec les colonies orientales; colonies qui, à une époque très reculée, ont servi à modifier presque toutes les langues de l'Occident. Personne n'ignore d'ailleurs que le latin n'était que la langue des conquérans, et qu'il existait anciennement en Italie une multitude de langues et de dialectes, qui ont concouru puissamment à la formation de la langue italienne moderne. Pour démontrer donc la réalité de ces étymologies germaniques, il faudrait prouver que les peuples orientaux n'ont jamais pénétré en Italie, et que les mots dont il s'agit n'existaient pas dans les anciens dialectes italiens. Or, je crois qu'il est impossible d'établir ces deux propositions négatives. Au reste, même en admettant tout cela, je ne sais quelle influence les nations germaniques auraient pu exercer sur les progrès de la littérature dans la péninsule, en donnant aux Italiens un vocabulaire dont les mots les plus significatifs se rapportent à la guerre et au système féodal. Les Allemands qui voyagaient alors n'étaient ni des Niebuhr ni des Humboldt. Il serait malheureusement possible que *schlag* devint un jour un mot italien; mais les érudits de Vienne des siècles futurs auraient grand tort, s'ils voulaient conclure de ce mot, et de quelques autres mots semblables qui pourraient s'introduire dans la langue italienne, que les Autrichiens eussent contribué au dix-neuvième siècle à répandre les lumières en Italie. — Un mot qui, dans presque toutes les langues de l'Europe, a une origine commune, et qui est sorti d'Italie avec l'idée qu'il exprime, est le mot qui indique l'action d'écrire (*scribere*); et il en vaut à lui seul bien d'autres.

Les Grecs, les Arabes, les Provençaux, sont parvenus tour-à-tour à rendre leur langue populaire en Italie. Ce fait est attesté par un grand nombre de monumens divers. Mais on voit Théodoric écrivant ses lettres en latin, et les rois lombards dictant en latin leurs capitulaires; et l'on cherche en vain des traces de l'influence germanique dans les lettres, les sciences ou les arts des Italiens au moyen âge.

NOTE VII.

(PAGE 106.)

Plusieurs orientalistes et philologues distingués ont rejeté le récit de l'incendie de la bibliothèque d'Alexandrie par les Arabes (*Gibbon, the history of the decline*, etc., tom. IX, p. 275.—*Renaudot, historia patriarcharum alexandrinorum*, Paris., 1713, in-4, p. 170.—*Assemanni, discorso inaugurale*, p. 22.—*Sainte-Croix*, dans le *Magasin encyclopédique*, v^e année, tome IV, p. 433). Pendant long-temps, on n'avait que le témoignage d'un seul auteur pour attribuer à Omar le dilemme que tout le monde connaît (*Abul-Pharajii, hist. compend. dynast.*, p. 114) (1). L'autorité d'un évêque chrétien, qui vivait plusieurs siècles après l'évènement, ne paraissait pas assez forte pour balancer le silence d'Eutychius (*Eutychii annales*, Oxonii, 1659, 2 vol. in-4, t. II, p. 316 et 319), ni le témoignage d'Orose (*Orosii historiarum*, Lugd.-Bat., 1767, in-4, p. 421, lib. VI, cap. 15), qui assurait que les chrétiens avaient déjà détruit les livres, et qu'il ne restait de son temps que des armoires vides. D'ailleurs si, comme on le

(1) On sait au reste que le passage relatif à l'incendie de la bibliothèque d'Alexandrie ne se trouve que dans la version arabe, et qu'il n'est pas dans le texte syriaque d'Abul-Farage (*Gregorii Abulpharagii, sive Bar-Hebræi, chronicon syriacum*, Lips., 1789, in-4, p. 107 et 108).

croit, Jean Philoponus a été l'élève d'Ammonius au cinquième siècle, il ne pouvait pas, en 642, demander à Amrou la conservation des bibliothèques d'Alexandrie. Enfin, l'évêque Abul-Farage s'était déjà montré trop disposé à parler d'incendies de livres, dans son récit des manuscrits d'Archimède brûlés par les Romains. La question en était restée là, lorsque M. de Sacy a rajeuni ce problème historique, en entrant dans la lice avec son immense érudition. Il a réuni plusieurs passages d'Abd-allatif, de Makrizi, d'Hadji-Khalfa, de Douletschah, qui paraissent confirmer le récit d'Abul-Farage. Mais, nonobstant notre vénération pour ce patriarche de la philologie orientale, nous nous permettrons de faire remarquer qu'Abd-allatif et Makrizi ont écrit trop long-temps après la prise d'Alexandrie, pour qu'on puisse leur accorder beaucoup de confiance, et que de plus le récit d'Abd-allatif a tout-à-fait l'air d'un conte populaire, surtout lorsqu'on y voit Aristote enseignant la philosophie à Alexandrie, où il n'alla jamais (*Abd-allatif, relation de l'Egypte*, p. 183). D'autre part, l'autorité d'Ibn-Kaldoun, rapportée par Hadji-Khalfa, et le passage de Douletschah (*Abd-allatif, relation de l'Egypte*, p. 242, 243, 528) combattent le récit d'Abul-Farage, puisqu'ils transportent en Perse l'incendie de la bibliothèque et même le dilemme d'Omar. Il est sans doute probable que sous les califes Ommiades, les Arabes, dans leurs premières conquêtes, aient brûlé par fanatisme quelques livres; c'est ce qu'avaient fait et ce que continuèrent à faire, long-temps après, les chrétiens. Mais il y a loin de quelques livres de magie, ou d'un roman, brûlés par un émir fanatique (*Abd-allatif, relation de l'Egypte*, p. 528), à une destruction systématique telle qu'on la suppose communément. On retrouve cette tradition, sous différentes formes, chez beaucoup d'autres peuples, et elle sert toujours à exprimer la haine des vaincus contre des vainqueurs moins policés. Mais si la perte d'un très grand nombre de classiques latins a pu donner quelque poids à l'accusation, lancée par Jean de Salisbury et par d'autres écrivains contre saint Grégoire, d'avoir brûlé les chefs-d'œuvre de la littérature païenne (*Joannis Saresberiensis*, *policraticus*, p. 104 et 557. — *Vossius*, *de historicis latinis*, p. 768), les Arabes, qui ont au contraire préservé la plus grande partie des ouvrages grecs que nous possédons, devraient être absous entièrement de l'accusation portée contre eux. Dans l'histoire de l'école alexandrine, on a l'habitude de s'arrêter à la prise de cette ville par Amrou (*Matter, essai historique sur l'école d'Alexandrie*, Paris, 1820, 2 vol. in-8, tom. II, p. 308 et suiv.); mais il serait très important de faire l'histoire de l'école arabo-alexandrine, qui a eu tant d'influence sur la renaissance des sciences en Occident (*Beniaminis, a Tudela, itinerarium*, p. 121. — *Basnage, histoire des Juifs*, tom. XIII, p. 272).

NOTE VIII.

(PAGES 109 ET 155.)

Parmi les instrumens que les Arabes avaient perfectionnés le plus, on doit citer spécialement les horloges mécaniques, dont plusieurs savans célèbres s'étaient occupés en Orient (*Golius, notæ ad Alfraganum*, p. 2), et qui furent apportées en Europe du temps de Charlemagne. Benjamin de Tudela (*Itinerarium*, p. 55) a décrit la grande horloge de Damas, mais on avait supposé qu'il y avait beaucoup d'exagération dans sa description. Maintenant on possède la description qu'Ebn-Djobeir a donnée de cette horloge : nous la reproduisons ici pour montrer combien les Arabes avaient perfectionné ces instrumens (*Abd-al-latif, relation de l'Egypte*, p. 577 et 578). « Quand on sort de Bab-Djiroun, on voit à droite, dans la muraille de la galerie que l'on a en face de soi, une sorte de salle ronde en forme de grande voûte, dans laquelle il y a deux disques de cuivre percés de petites portes, dont le nombre est égal à celui des heures du jour, et deux poids de cuivre tombent du bec de deux éperviers de cuivre (dans deux tasses) qui sont percées. Vous voyez les deux éperviers étendre leur cou, avec les poids, vers les deux tasses, et jeter les poids avec promptitude : cela se fait d'une manière si merveilleuse, qu'on croirait que c'est de la magie. Quand les poids tombent, on en entend le bruit ; puis ils rentrent par les trous (des tasses) dans l'intérieur du mur et retournent dans la salle. Aussitôt la porte se referme avec une petite tablette de cuivre : cela se continue ainsi jusqu'à ce que, toutes les heures du jour étant passées, toutes les portes soient fermées, et que tout soit revenu à son état primitif. Pour la nuit, c'est un autre mécanisme. Dans l'arcade qui enveloppe les deux disques de cuivre, il y a douze cercles de cuivre percés, et dans chacun de ces cercles est un vitrage. Derrière le vitrage est une lampe que l'eau fait tourner par un mouvement proportionné à la division des heures; quand une heure est finie, la lueur de la lampe illumine le verre, et les rayons se projettent sur le cercle de cuivre, qui paraît éclairé et rouge; ensuite la même chose a lieu pour le cercle suivant, jusqu'à la fin des heures de la nuit. Il y a un homme chargé de diriger cette mécanique et de remettre les poids à leur place. On nomme cette machine l'horloge. Voilà ce que dit Ebn-Djobeir : Dieu seul est parfaitement savant. »

Il nous reste maintenant à discuter un point fort intéressant dans l'histoire de l'astronomie, savoir, si les Orientaux ont connu quelque instrument propre à faire mieux voir les objets éloignés. D'après une tradition musulmane très répandue, il y aurait eu, sur le phare d'Alexandrie, un grand miroir au moyen duquel on aurait vu les vaisseaux sortir des ports de la Grèce. Ce miroir, cité par Hafèz, décrit par Abdallatif (*Relation de l'Egypte*, p. 240), par Masoudi (*Notices des manuscrits de la bibl. du roi*, t. I, p. 25-26), et par Benjamin de Tudela (*Itinerarium*, p. 121), d'une manière assez détaillée, se retrouve dans l'*Adjaïb-Alboldan* de Kazwini, qui existe en manuscrit dans la bibliothèque du roi (*MSS. arabes*, n° 19, p. 89). Plus récemment Schott (*Magia universalis*, Bamb., 1677, in-4, p. 443), Kircher (*Ars magna lucis et umbræ*, Amstelod. 1671, in-fol., p. 790), Montfaucon (*Mémoires de l'académie des inscript. et bell.-lett.*, t. VI, p. 575), et Buffon (*Histoire naturelle, supplément*, édit. orig. in-4, tom. I, p. 478-483) en ont parlé, et d'Herbelot a réuni divers passages relatifs à l'Aïneh-Iskanderi dans sa *Bibliothèque orientale*, à l'article *Menar.* Plus récemment encore, Langlès (dans ses notes au *Voyage de Norden*, Paris, 1795-98, 3 vol. in-4, tom. III, p. 163-166), et M. Reinaud (*Monumens arabes du cabinet du duc de Blacas*, Paris, 1828, 2 vol. in-8, tom. II, p. 118), se sont occupés du même sujet; mais ces écrivains n'ont vu, en général, dans ce talisman, qu'une fable digne des Mille et une Nuits. Maintenant, un document original, que nous avons découvert dans la correspondance de Boulliau, paraît démontrer que plusieurs siècles avant Newton et Zucchi connaissaient une espèce de télescope à réflexion dont ils se servaient pour voir les vaisseaux de loin. Ce document est une lettre inédite de Burattini (auteur de *la Mesure universelle* et mécanicien très habile), écrite en 1672, et adressée par lui à Boulliau. Burattini, répondant à l'astronome français, qui venait de lui annoncer la découverte du télescope à réflexion de Newton, lui dit qu'il existait à Raguse, sur une tour, un instrument du même genre, à l'aide duquel les habitans de cette ville voyaient les vaisseaux à la distance de 25 à 30 milles, et qu'il y avait un gardien (1) de cet instrument, dont on attribuait la construction à Archimède. Ce fait, attesté par plusieurs personnes (entre autres par Gisgoni, premier médecin de l'impératrice Éléonore), à Burattini, et à Paul del Buono, membre de l'Académie del Cimento, prouve, à notre avis, d'une manière incontestable, l'ancienne existence d'instrumens destinés à rapprocher les objets. On sait qu'il y a plusieurs traditions romanesques distinctes sur la vie d'Alexandre : les traditions orientales parlent du miroir, mais les traditions grecques et latines n'en parlent pas. (*Historia Alexandri Magni, MSS. latins de la bibl. du roi*, n° 8501, in-4, cap. 17. —*Julii Valerii, res gestæ Alexandri Magni*, Mediol. 1817, in-8, p. 33 — *Itinerarium Alexandri Magni*, Mediol. 1817, in-8, p. 30. — *Strabo*, *rer. geog.*, p. 1140, lib. XVII). Cela nous paraît démontrer que le miroir d'Alexandre était oriental et de beaucoup postérieur au siècle de ce conquérant. Des recherches qu'un de nos amis a eu la bonté de faire faire à Raguse ne nous ont rien appris sur le sort de ce précieux instrument. Voici la lettre de Burattini, dont l'original se conserve à la bibliothèque du roi (*Correspondance de Boulliau*, tom. XXVI, *supplément français*, n° 987), et que nous reproduisons avec la traduction.

---

(1) Burattini dit même que l'on avait créé un *magistrat* chargé de veiller à la conservation de cet instrument.

Varsavia, li 7 di octobre 1672.

Monsieur, (*sic*)

Dalla gentilezza di V. S. mio signore ho ottenuto non solo il disegno ma ancora la dichiaratione del tubo catoptrico inventato dal Sig. Newton di che gli ne rendo vivissime gratie. L'inventione è bellissima è di gran gloria a quello che l'ha trovata. In Ragusa che anticamente era Epidauro antichissima et famosissima cità dell' Illirio patria d'Esculapio conservavo sino al giorno d'oggi una tale machina (se però l'ultimo terremoto non l'ha ruinata) con la quale vedono in distanza di 25 in 30 miglia italiani il vaselli che transitano nel mare Adriatico con la quale li approsimano tanto che pare aponto che siano nel porto di Ragusi. L'anno 1656, mi trovavo in Vienna, ove da un Raguseo mi fu parlato di questa machina in presenza di Sig. Paolo del Buono conosciuto da V. S., il quale diceva che era fatta come una misura da misurare il

Varsovie, le 7 octobre 1672.

Monsieur,

J'ai reçu le dessin que vous avez eu la bonté de m'envoyer avec l'explication du tube catoptrique inventé par M. Newton, et je vous en remercie infiniment. L'invention est très belle et honore beaucoup son auteur. A Raguse (qui était l'ancienne Épidaure, ville très célèbre d'Illyrie et patrie d'Esculape), on conserve encore, s'il n'a pas péri dans le dernier tremblement de terre, un instrument du même genre, avec lequel on aperçoit les navires dans la mer Adriatique, à la distance de 25 à 30 milles d'Italie, comme s'ils étaient dans le port même de Raguse. Lorsque j'étais à Vienne, en 1656, j'entendis parler de cet instrument par une personne de Raguse : M. Paul del Buono que vous connaissez, Monsieur, était présent à la conversation : d'après ce que l'on grano, ma perchè detto Raguseo non sapeva rendere ragione come era fatta, il Sig. Paolo, et io giudicassimo, che fusse una favola, et io mai più ni pensai. Doi anni sono fu qui in Varsavia il Sig. Dottore Aurelio Gisgoni, primero medico della magestà dell' imperatrice Leonora, che otto o dieci anni continui ha fatto et essercitato la sua professione nella città di Ragusa, il quale discorrendo meco del tremendo terremoto seguito in detta città, mi soggionse poi doppo un lungo discorso queste formali parolle. « Dio sa se fra tante rarità che erano in Ragusa, non si sia persa quella maravigliosa machina, che per traditione havevano che fusse fatta d'Archimede, con la quale vedevano li vaselli in mare in distanza di 25 in 30 miglia, e con tanta esattezza come se fussero nel porto ». Io li demandai come era fatta, et esso mi rispose che era fatta come un tamburo senza un fondo, nella quale si guardava da un lato, e mi soggionse che

m'en disait alors, l'instrument avait la forme d'un boisseau à mesurer le blé; mais comme cette personne-là ne sut pas nous en dire davantage, nous crûmes alors, M. Paul et moi, que c'était un conte, et je n'y songeai plus. Il y a maintenant deux ans, que M. le docteur Aurele Gisgoni, premier médecin de S. M. l'impératrice Éléonore, vint ici à Varsovie : ce médecin avait exercé sa profession à Raguse pendant huit ou dix ans. Un jour qu'il causait avec moi du terrible tremblement de terre arrivé dans cette ville, il ajouta, après une longue conversation, ces propres paroles : « Dieu sait si parmi tant de curiosités qu'il y avait à Raguse « on n'aura pas perdu cet admirable instrument, que la tradition attri- « buait à Archimède, et à l'aide duquel on voyait les navires à la distance « de 25 à 30 milles aussi distinctement que s'ils avaient été dans port. » Je lui demandai comment cet instrument était fait ; il me répondit que sa forme était celle d'un tambour qui n'aurait qu'un seul fond : que l'on per traditione havevano che fu esse stata fatta d'Archimede. A me venne in memoria il discorso fattomi in Vienna dal Raguseo l'anno 56; perchè da una misura da grano et un tamburo senza un fondo non ni è diferenza se non nelli nomi. Vive ancora il Sig^r. Dottore, et è come in passato al servitio della Maestà dell' Imperatrice; ma quello di che io mi maraviglio è, che una machina cosi maravigliosa non sia stata propalata sino al giorno d'oggi; e pure di Ragusa sono usciti mathematici illustri, come in passato è stato Marino Ghettaldo, e molti altri, et à tempi nostri Monsr. Gio-Battâ Hodierna (1), che credo vivi ancora, e dimora in Sicilia nella città di Palermo, e pure niuno di questi in fatto mentione di detta machina per quanto è a mia notitia, e pure Monsr Hodierna ha scritto sopra Archimede, et sopra li Telescopij, et Micros-

y regardait de côté, et que l'on croyait, par tradition, que cet instrument avait été fait par Archimède. Je me souvins de ce que l'on m'avait dit à Vienne en 56, car entre un boisseau à mesurer le blé et un tambour à un seul fond la différence n'est que dans les mots. M. Gisgoni est encore en vie et il est toujours au service de S. M. l'Impératrice. Ce dont je m'étonne beaucoup, c'est que l'on n'ait jamais songé à faire connaître un instrument aussi prodigieux, tandis que Raguse n'a pas manqué d'illustres mathématiciens : il y a eu autrefois Marino Ghettaldo et plusieurs autres géomètres, et de nos jours M. Jean-Baptiste Hodierda qui, à ce que je crois, est encore vivant, et établi à Palerme, en Sicile, Aucun d'eux, que je sache, n'a fait mention d'un tel instrument; cependant M. Hodierna a écrit sur Archimède, et sur les télescopes et

---

(1) Burattini se trompe ici; car Hodierna était de Raguse en Sicile, et non pas de Raguse en Illyrie.

copij. Io non faccio questo racconto per levare la gloria al Sig^{r}. Newton, ma mi maraviglio sommamente come una inventione così maravigliosa sia stata occulta tanti anni, et io credo ancora, che una tale machina fusse quella, che si legge in diversi autori, havevano il Re Tolomei sopra la torre del faro posta sopra il porto d'Alessandria, con la quale vedevano li vaselli in mare, in distanza di cinquanta e sessanta miglia, persa poi nella declinatione dell' Imperio romano, ma mantenuta et occultata nella città di Ragusa, havendomi detto il Sig^{r}. Dottore Gisgoni che era custodita da un tale magistrato sopra una torre.

Questa d'Inghilterra ha la proportione più stretta che non è od era quella di Ragusa, e perchè per prova vediamo che li specchi ustorij fatti di metallo sono tanto migliori, quanto più sono larghi, come per prova si vede di quello fatto da M. Villette in Lione, che sento hora essere nelle mani del Re Christianissimo,

les microscopes. Je ne vous fais pas ce récit pour diminuer la gloire de M. Newton, mais je suis fort étonné qu'une invention si admirable ait pu rester si long-temps inconnue. Quant à moi, je persiste à croire que c'était le même instrument dont il est question dans plusieurs auteurs, et qui était sur le phare d'Alexandrie du temps des Ptolémées qui s'en servaient pour voir les navires à la distance de 50 ou 60 milles. Egaré peut-être à la décadence de l'empire romain, il fut caché et conservé dans la ville de Raguse, où M. le docteur Gisgoni m'a dit qu'il était placé sur une tour, et gardé par un magistrat.

L'instrument fait en Angleterre a *une proportion plus étroite* que celui qui est ou qui était à Raguse, et comme nous savons par expérience que les miroirs ardens métalliques sont d'autant meilleurs qu'ils sont plus grands (comme on vient de le voir par celui qu'a fait M. Villette, à Lyon, et qui est maintenant, à ce que l'on m'a dit, entre les mains de S. M. très cosi io credo, che quanto lo specchio obiectivo riceverà più raggi tanto sarà più eccellente. Ho scritto questo mio pensiero al Sig^{r}. Hevelio che ne fabrica presentemente uno, et esso ancora stima che li più larghi siano li migliori. Pensa di farne d'hyperbolici e de' parabolici, ma io credo che li sferici saranno migliori de' tutti. Fa ancora il signor Hevelio la tromba sonora inventata similmente in Inghilterra, e di questa ancora ne attenderò la riuscita, sapendo io bene che il signor Hevelio la farà esquisitamente.

Consegnai al Sig^{r}. Des Noyers il vetro obiectivo di braccia 35, che sono a punto 70 piedi romani capitolini. Li oculari sono riusciti imperfetti; cioè con tortiglioni, e però ne convengo fare delli altri, come farò subito, che io sia un poco libero dalli affari presenti, havendomi la Maestà Ser^{ma} del Re mio Sig^{re} dato in questi tempi cosi calamitosi la carica commandante di Varsavia, molto a me grave, ma bisogna obedire al Pa-

chrétienne), je crois de même qu'un miroir objectif est d'autant meilleur qu'il reçoit plus de rayons. J'ai communiqué cette idée à M. Hévélius qui est maintenant occupé à en faire un; et il partage mon opinion. Il veut en faire d'hyperboliques et de paraboliques; mais je crois que les sphériques seront toujours les meilleurs. M. Hévélius a encore entrepris de faire la *trompette sonore* qui est aussi une invention anglaise : j'en attends les résultats, car je sais bien que M. Hévélius fera une chose excellente.

J'ai remis à M. Des Noyers l'objectif de 35 brasses, qui équivalent précisément à 70 pieds romains capitolins. Les oculaires n'ont pas bien réussi : il y a des stries; mais dès que j'aurai un peu de temps je les referai. S. M. a voulu me confier dans ces temps si critiques le commandement de Varsovie; ce sont des fonctions qui me pèsent beaucoup, mais il faut obéir au maître. Soyez donc sûr qu'au premier instant de trone. Quando dunque saró un poco più libero non mancaró di servirla ancora delli oculari, benchè di questi se ne trova da per tutto, non essendo difficili da farsi quando si ha buon vetro, ma è una cosa molto desgustevole doppo che si è fatto un lavoro con somma diligenza trovarlo poi tutto difettoso come a me succede molte volte, perchè molte vetri piani paiono belli, ma poi quando sono ridotti alla convessità fanno vebere di loro difetti, che prima tenevano occulti. Havevo li anni passati un bellissimo pezzo di christallo de monte, largo in diametro tre oncie, o siano polsi, e grosso uno; di questo mi venne voluntà di fare une lente convessa da tutte doi le parti, e doppo haver la perfettionata con non poca fatica vi trovai dentro un' infinità de tortiglioni tanto per il lungo, quanto per lo traverso come a punto un graticola, et havendolo applicato ad un obiectivo fatto di vetro comune di Venetia vedevo li oggietti tutti graticolati, e cosi la

liberté que j'aurai, je vous ferai aussi les oculaires. Il est vrai que l'on en trouve partout, parce qu'il est aisé de les faire lorsqu'on a du bon verre; mais c'est un désagrément qui m'arrive bien souvent à moi, de faire un ouvrage avec le plus grand soin, et de le trouver ensuite plein d'imperfections; car il y a plusieurs verres pleins de belle apparence qui, étant travaillés, montrent bien des défauts que l'on n'apercevait pas auparavant. Il y a quelques années que j'avais un superbe morceau de cristal de roche, de trois onces ou pouces de diamètre, et d'un pouce d'épaisseur. Il me prit fantaisie d'en tirer une lentille bi-convexe : après bien de la peine j'avais parfaitement réussi dans mon travail; lorsque j'aperçus dans mon verre une infinité de stries qui se croisaient, comme une grille, dans tous les sens. Ayant adapté ma lentille à un objectif ordinaire de Venise, je voyais tous les objets comme à travers une grille; mon travail fut donc perdu. Il en est de même des verres ordinaires :

mia fatica fu fatta in vano; cosi segue ancora nelli vetri comuni, li quali quando sono piani non mostrano li difetti, ma poi quando sono lavorati convessi li scuoprono tutti, e di questi io ne hò una gran quantità.

Circa poi il discorso da me fatto a V. S. della superficie piana, che mi persuade di dare in luce, li dirò haverlo già scritto in una mia operette della Dioptrica, cinque in sei anni sono, nella quale mostro il modo di fare, tanto le forme piane, quanto le sferiche senza l' aiuto di qual si voglia stromento; dico tanto le piane quanto le concave e convesse, e sassi ancora che per fare una superfitie piana non si puó perfettionare se non se ne fa tre nel medesimo tempo, e tutte perfettissime, e questo basta d' accenare ad un gran mathematico come è V. S. Le sferiche, tanto concave, quanto convesse sono infinitamente più facili a farsi, ma le piane sono assai più difficili, ma però non impossibile a farsi, ma già che siamo entrati in

tant qu'ils sont plans l'on n'y trouve aucune imperfection ; dès qu'ils sont travaillés, ils en sont remplis; et j'en possède un grand nombre de ce genre.

Quant au discours que je vous ai communiqué , Monsieur, relativement à la surface plane, et que vous voulez que j'imprime, je vous dirai qu'il se trouve déjà faire partie d'un petit ouvrage sur la dioptrique, que j'ai écrit il y a cinq ou six ans et où je montre la manière de faire les verres à surface plane ou sphérique sans le secours d'aucun instrument; c'est-à-dire à surface plane, concave ou convexe. Et il est bon de remarquer que, pour bien faire une surface plane, il faut en faire trois en même temps, toutes également parfaites : c'est ce que je me contente d'indiquer en parlant à un grand mathématicien comme vous. Les surfaces sphériques, qu'elles soient concaves ou convexes , réussissent bien plus facilement que les surfaces planes ; il n'est pourtant pas questo discorso delle superfitie mi perdonerà se sarò un poco longo in significarli qualche accidente da me osservato in materia delle superfitie, et è che qual si voglia superfitie fatta con la maggior diligenza del mondo è ad ogni modo sottoposta a guastarsi da se medesima, o per causa d'un calore troppo grande, overo per causa d'un troppo gran freddo. Li vetri ancora quando si lavorano con troppa velocità, riscaldandosi perdono la figura, e sopra questi accidenti potrei componere un grosso libro. Concluderò questa mi lunga lettera con darli notitia d'una machina che fa in Vilna il Sig^{r}, Colonello Fridiani benissimo conosciuto da V. S. che stava meco in Jazdowa quando lei era in Polonia. Questo Signore per la sua peritia nell' Artiglieria, è stato fatto Colonello di questa nel Granducato in Lithuania ove ha buon stipendio et ivi fa la sua dimora. Vicino a Vilna passa un fiume molto rapido e profundo che si chiama Wilia, il quale ha

impossible de bien faire aussi ces dernières. Mais puisque nous parlons de surfaces, vous voudrez bien me pardonner, monsieur, si je vous rends compte avec quelque détail de certaines particularités que j'ai remarquées à ce sujet. Toute surface, quel que soit le soin avec lequel elle a été travaillée, peut se détériorer naturellement, soit à cause d'une grande chaleur, soit à cause d'un froid excessif. Les verres se déforment lorsqu'en les travaillant ils se chauffent. Je pourrais faire un gros livre sur ces choses-là. Je terminerai cette longue lettre en vous faisant connaître une construction dont s'occupe maintenant à Wilna M. le colonel Fridiani que vous connaissez parfaitement : c'est le même qui se trouvait avec moi à Jardowa lorsque vous étiez en Pologne. Il est si habile dans l'artillerie qu'il a été fait colonel de cet arme dans le grand-duché de Lithuanie, où il a un bon traitement, et où il s'est établi. Il y a près de Wilna une rivière d'un courant très rapide et profond : on l'appelle le sponde assai alte, et è largo quattrocento piedi. Sopra questo quasi ogni anno facevano un punte di legno sostentato da grossissimi palli fitti nel letto di detto fiume, ma della Primavera e per l'escrescenza dell' acque, e per la violenza del giaccio, quasi ogn' anno era portato via, e la spesa era di circa cinquanta milla florini annui. Trovandosi esso in Vilna l' anno passato et havendo considerato la larghezza del fiume con altre circostanse, propose al Magistrato di quella città di farne uno con la medesima spesa, e che sarebbe durato cento e più anni; cioè quanto potesse durare il legname. Fu accettato il partito, et havendo fatto condurre materia l'ha fatto fare tutto in un arco, senza niun sostegno nel mezzo, non regendosi che sopra le doi estremità, la qual machina rende maraviglia a tutti quelli che la vedono, cosi per la sur smisurata longhezza, come ancora per essere lastricato di pietra e tutto coperto. È solo un gran danno che non

Wilia. Ses bords sont fort escarpés et elle a quatre cents pieds de largeur. Presque tous les ans on faisait sur cette rivière, un pont en bois sur pilotis; mais au printemps les crues et la débâcle l'emportaient presque toujours, et les frais de cette construction s'élevaient chaque fois à-peu-près à 50,000 florins. M. Fridiani, qui était à Wilna l'année dernière, ayant examiné la largeur de la rivière et d'autres circonstances proposa aux autorités locales de construire un pont qui ne coûterait pas plus que les autres, et qui durerait cent ans et plus: c'est-à-dire aussi long-temps que le bois même durerait. La proposition fut acceptée. Il fit préparer ses matériaux, et il a construit un pont d'une seule arche, qui n'a aucun soutien au milieu, et qui ne s'appuie que sur les deux extrémités. C'est un monument qui fait l'admiration de tout le monde, et par ses énormes dimensions, et parce qu'il est pavé et tout couvert. C'est bien dommage que ce pont ne se trouve pas dans une ville où il y ait sia in qualche città, nella quale siano huomini ingegnosi che possino ammirare l'ingegno dell' inventore. Io non credo che in tutto il mondo ve ne sia un simile d'un sol arco, nè che mai vi sia stato. Io lo consiglio di farne il disegno, e di farlo stampare, acciò tutte le nationi possino godere di una cosi bella e facilissima inventione. Non costarà che venti cinque in trinta mille fiorini, che prima ogn' anno ne spendevano quaranta cinque in cinquanta milla.

Il Sig^{r}. Gran Thesoriere del regno Morstin fa fabbricare quí in Varsavia un bellissimo palazzo, et appresso a questo ha un giardino con piante molto rare, ma non ha acqua. Io per mio passatempo ho fatto un modeletto d'una machina hydraulitica per solevare l'acqua a forza di vento, vinti cinque in trenta braccia, et havendola veduta S. E. mi ha pregato, che gli la facci fare in grande come ho fatto. Questa machina sta chiusa in una torre et è coperta, et si volta sempre per un verso

des hommes capables d'apprécier le talent de l'inventeur. Je ne crois pas qu'il en existe, ou qu'il en ait jamais existé au monde, un semblable. Je ne cesse d'engager M. Fridiani à en faire le dessin et à le publier, afin que l'on puisse profiter partout d'une invention si belle et si simple. Il n'a coûté que vingt-cinq à trente mille florins, tandis qu'auparavant on en dépensait tous les ans quarante-cinq à cinquante mille.

Le grand-trésorier du royaume, M. Morstin, fait bâtir maintenant, ici à Varsovie, un palais magnifique, avec un jardin orné de plantes fort rares, mais qui manque d'eau. Je me suis amusé à faire un petit modèle d'une machine hydraulique pour élever l'eau à une hauteur de vingt-cinq à trente brasses à l'aide du vent. Son Excellence ayant vu ce modèle m'a prié de le faire exécuter en grand. C'est une machine couverte, enfermée dans une tour, et qui tourne toujours du même côté, quelle que soit la direction du vent : car la girouette est le régulateur de sia il vento o da settentrione, o da mezzo giorno, o da levante overo da ponente, perchè la girandola o sia banderolla è quella che regola tutta la machina. L'acqua non viene condotta alla sommità della torre con le Pompe ma con secchielli, perchè quelle facilmente si guastano, e questi durano molti anni, e se qualche d'uno si guasta, li altri no mancano di fare l'offitio loro. Con questa machina con pochissimo vento si conduce di sopra nel recetacolo nel tempo di 24 hore quattro in cinque milla botte d'acqua, e la superflua cade nel pozzo. Non occorre che niuno vi assisti, perchè da se fa tutte l'operationi necessarie e farsi, la qual cosa sopra tutte l'altre viene stimata. Prego la bontà di V. S. di perdonarmi, se la trattengo in cose di cosi lieve materia, ma la sua humanità me ne da l'ardire.

Finisco con pregarli de Dio il colmo d'ogni maggiore felicità, e me confermo.

Di V. S. mio Sig^{re}. Dev^{mo} et Obb^{mo} Serv^{re}.

Tito Livio Burattini.

la machine. Il n'y a pas de pompes du tout : l'eau est élevée par des seaux, car les pompes se dérangent facilement, et les seaux durent plusieurs années; et s'il y en a parfois qui se dérangent, les autres ne laissent pas de produire leur action. Il suffit d'un vent très modéré pour élever, au sommet de la tour, quatre ou cinq mille tonneaux d'eau en 24 heures : l'eau qu'il y a de trop tombe dans le puits. Cette machine ne demande l'assistance de personne, car elle fait elle-même toutes les opérations nécessaires; ce qui la fait estimer beaucoup. Je vous prie, monsieur, de m'excuser si je vous ai entretenu de ces petites choses; mais c'est votre bonté qui m'y a engagé.

Je finis en priant Dieu de vous accorder toutes les félicités possibles, et je suis, Monsieur, Votre très dévoué et très obligé serviteur,

Tite-Live Burattini.

Nous ajouterons ici un fait qui, peut-être, pourrait faire croire que les Chinois aussi ont connu anciennement quelque moyen pour voir de loin. Dans la grande Encyclopédie Japonaise(*Wa-kan-san-saï-tsou-ye*, liv. 1er, f. 16 recto), on voit la figure de Jupiter accompagné de deux petits corps, de la manière suivante.

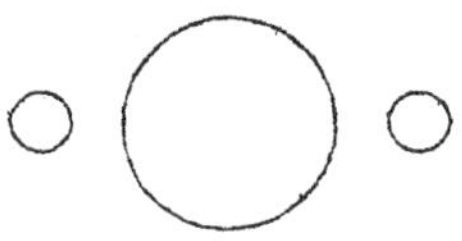

Ce fait extrêmement curieux (et dont je ne crois pas qu'il ait été fait mention nulle part) prouverait-il que les Chinois aussi ont eu autrefois des espèces de télescopes(1)? ou bien ce peuple aurait-il reçu cette notion des Européens? Mais dans l'une et dans l'autre hypothèse, comment n'aurait-on connu à la Chine que deux des quatre satellites de Jupiter? Peut-être est-il possible, dans les régions tropicales d'apercevoir quelquefois à la vue simple les satellites de Jupiter. Au reste on peut voir par le texte chinois qui accompagne la figure, et que nous reproduisons ici avec une traduction littérale, que rien n'indique l'origine européenne des deux satellites représentés dans l'Encyclopédie Japonaise. La partie astronomique de cette encyclopédie (où l'on voit le lapin qui pile du riz dans la lune, les neuf routes que suit cet astre, et les neuf cieux au milieu desquels est située la terre) ne donne aucun indice d'influence européenne. L'édition de l'Encyclopédie

(1) Il est à remarquer, à ce sujet, qu'Abulféda, parlant du miroir d'Alexandrie, dit qu'il était fait de métal chinois (*Abulfedæ, descriptio Aegypti*, Goett. 1776, in-4, p. 7 du texe arabe.)

Japonaise, que nous citons, est postérieure à l'année 1713 de l'ère chrétienne. Dans une édition de la même encyclopédie, qui paraît avoir été publiée à la Chine en 1609, nous n'avons rien trouvé sur les satellites de Jupiter (voyez *San thsai thou hoeï*, liv. I). Toute la partie astronomique paraît avoir été entièrement refondue dans l'édition japonaise. Voici le passage original sur les satellites de Jupiter qui se trouve dans l'Encyclopédie Japonaise (1).

而	et	旁	à côté
如	comme	有	être
附	dépendans	二	deux
耳	seulement	小	petits
		星	astres

C'est-à-dire

« Il y a près (de Jupiter) deux petits astres qui sont « comme dépendans de la planète. »

(1) Ce n'est qu'au moment de mettre sous presse cette feuille que j'ai appris qu'un habile graveur, M. Marcellin Legrand, avait entrepris la gravure sur poinçons d'acier et la fonte en types mobiles d'un corps complet de caractère chinois. Les caractères chinois qui se trouvent dans cette page font partie de ceux que M. Legrand a déjà gravés. Si j'eusse appris plus tôt l'existence de ce caractère, j'en aurais profité pour reproduire dans cet ouvrage un plus grand nombre de passages originaux, extraits des auteurs chinois, que j'avais dû omettre arrêté par les lenteurs et les difficultés sans nombre que je rencontrais ailleurs.

NOTE IX.

(PAGES 114 ET 155.)

Le manuscrit n° 102 du *Supplément latin* de la bibliothèque du roi (intitulé *Peiresc, diverses langues*, M 162) appartenait à la grande collection de Peiresc, dont une partie se conserve encore à Carpentras, et dont on supposait que le reste avait été perdu. Nous avons retrouvé presque tous les volumes de cette collection, qui sont à présent dispersés dans différentes bibliothèques. Lorsque nous parlerons de Peiresc, de l'influence qu'il a exercée au commencement du dix-septième siècle, et de ses efforts généreux pour arracher Galilée à l'inquisition, nous donnerons une notice sur ses manuscrits. Maintenant nous avons pensé qu'il était utile de faire connaître le catalogue suivant, extrait du volume déjà cité, à cause des faits curieux qu'il renferme relativement aux traductions de livres scientifiques. Ces diverses traductions nous montrent la route qu'ont suivie les sciences et les lettres pour arriver jusqu'à nous. Outre les ouvrages d'Aristote traduits en chaldéen, en syriaque, en arabe, en persan et en hébreu; outre les traductions d'Hippocrate, de Ptolémée, etc., il faut remarquer l'Homère en persan, et les *Dogmata philosophorum indorum* traduits dans la même langue. On verra par ce catalogue combien d'ouvrages importans auraient été publiés par l'imprimerie orientale des Médicis à Rome, si des circonstances malheureuses n'avaient pas arrêté les travaux de ce bel établissement.

Bibliothecæ arabicæ manuscripta Scaligeri Mediceæ Romæ.

Illustrissimi Josephi Scaligeri, libri arabici MSS.

Novum testamentum integrum scriptum in deserto Thebaidis, egregio charactere, in magno 4° oblongo.

Lectiones in Genesim, charactere africano, in-folio.

More hannaboc in Rabum, charactere judaico, folio parvo.

Nomocanon seu praxis legalis, charactere africano, in magno 4° oblongo.

Quattuor Evangelia descripta in monte Libano luculentissimo charactere, quæ sunt paraphrastæ alius ab illo superiore testamenti integri, in-4° oblongo.

Rursus quattuor Evangelia alius paraphrastæ a superioribus, vetustissimus liber in-4°.

Dictionarium arabicum crassum, luculentissimo charactere cum explicatione turcica, in-8° magno aut folio parvo.

Astrologia Abdallæ de sphæra, cum egregio et locupletissimo commentario, charactere africano, in-4°.

Targum pentateuchi anonymon, charactere judaico, in parvo 4°.

Lectionarium græco-arabicum, in-4.

Evangelia secundum Lucam et Johannem cum apicibus vocalibus, est alius paraphrastæ ab omnibus superioribus.

Chronicum samaritanum ab excessu Mosis seu ducatu Josuæ ad tempora Antoninorum.

Apocalipsis manu Ignatii Patriarchæ descripta : est alius paraphrastæ ab eo qui totum novum testamentum convertit.

Alcoranus elegantissimo charactere, in-8° parvo.

Alcoranus turcico charactere.

Psalterium.

Liturgiæ tres Ignatii, Cyrilli, Gregorii, cum interprætatione, Ægyptiaca e regione.

Libellus Samaritanus in quo breve chronicon ab Adam ad annum Christi 1584. Item typus anni samaritani communiter anno 1584.

Commentarius in quattuor Evangelia ex Chrisostomo excerptus.

Duæ epistolæ longissimæ, instar duorum librorum, Ignatii Patriarchæ ad Jos. Scaligerum.

Multi libri ac taeniæ precum Mahomedicarum.

Kalendarium Elkupti.

Thesaurus arabicus complectens plusquam xxiij millia vocum a Josepho Scaligero digestus.

Libri hebræi et alii scripti.

Lexicon persico turcicum, luculentissimum volumen, in-4°.

Calendarium syriacum Ecclesiæ Antiochenæ.

Apocalypsis syriaca.

Psalterium æthiopicum cum precibus, id est breviarum Abyssinum.

Ingens volumen commentariorum D. R. Salomonis in Biblia, ubi multa sunt quæ aliter vulgo edita.

Baal Aruch integrum, ante ducentos annos scriptum ; nam vulgo editum est castratum, una cum egregio dictionario hebraico anonimo , ingens et crassum volumen.

Duo ingentia volumina talmud Hierusalem ante CC annos scripta.

Rabi Mose de Caio di Riete , discorsi di philosophia ; liber italicus totus charactere judaico.

Meditationes excellentissimi Kalonymi filii Kalonymi, scribebat anno judaico 5083 , Christi 1323.

Epistola longissima magistri Bonet Benioris Avenionensis ad amicum, de abjurando judaismo apologetica pro cristianissimo adversus Judæos : scribebat Papa Avenione sedente.

Rabbi Levi egregii philosophi de metheoris, in-4° oblongo.

Liber medicinæ anonymi, in-4°.

Commentarius brevis Aben Ezræ in Danielem, qui nihil habet commune cum eo qui editus est.

Excerpta ex rituali de funerationibus et exequiis.

Liber Aminæ, aliter liber ponderis.

Secreta nominum mekaba R. Ismaëlis.

Visio rotarum. Ita vocatur sphæra Johannis de Sacrobosco conversa in hebraismum a R. Salomone f. R. Abraham Abigedu Bononiense , ante annos CC.

Aben Ezra initium sapientiæ de astrologia judiciaria. Ejusdem liber numinum. Liber astrologicus.

Ejusdem de mundo, alius liber astrologicus.

Albumazar de electionibus.

Centiloquium Ptolemæi cum commentario Abugafar

arabis, non autem, Haly, ut est excussum, quæ editio in multis differt ab hebraico...

Categoriæ Aristotelis cum egregio commentario Rabbi Levi ben Geson.

Lectionarium rutenicum sine moscoviticum.

Libri imprimendi in lingua arabica,

Romæ in typographia Serenissimi Magni Ducis Hetruriæ cui præest Jo. Baptista Raymundus.

Grammatica arabica et latina collecta ex variis auctoribus.

Liber secretorum artis grammaticæ Abilfati ottimani filii Eranni.

Liber grammaticalis absque nomine auctoris.

Liber de qualitate nominis declinati omnibus modis.

Expositio super librum Caphiæ, qui est de grammatica.

Liber de verbo cum expositione sua, quæ est Saadini.

Liber de grammatica Mahmed filii Sadec peregrini.

Liber Senis filii Alphasani filii Ahmed, filii Basiad, de grammatica.

Liber Abu Mahmed Alcasan filii Abi, filii Mahmed, filii Alharini Bafrani de grammatica.

Liber vocatus salimentum arabicum.

Liber Abu Mensur de doctrina linguæ arabicæ.

Liber paradigmatum verborum arabicorum, cum expositione turcica.

Lexicon arabicum per classes verborum ordinatum cum expositione persica.

Lexicon arabicum secundum materias ordinatum, cum expositione latina.

Lexicon arabicum magnum vocatum ramus (1).

Historiæ.

Liber historiarum. Liber de imperio translato ad diversas nationes.

Logicæ.

Liber logicæ cum versione syriaca.
Liber logicæ dictus Sciamsia.

Scientiæ naturalis.

Liber de lapidibus pretiosis, doctissimi Ahmed filii Joseph Tiphasii Ausii.
Liber de fodinis metallorum.
Liber de utilitate membrorum animalium.
Liber de proprietatibus hominis.
Liber de vita animalium.

Geometriæ.

Euclidis elementorum geometricorum libri 15, ex traditione Thebit.
Ejusdem liber datorum.
Libri tres Theodosii, de sphæra.
Liber Menelai, de figuris sphæricis.
Apollonii Pergei libri 8, de Conis.
Ejusdem liber de sectionibus.
Archimedis libri duo de sphæra et cylindro, traditione Thebit.

---

(1) Il est évident qu'il faut lire ici *Kamous*, mais nous n'avons rien voulu changer au manuscrit.

Ejusdem de fractione circuli.

Ejusdem liber lemmatum, ex Thebit traditione.

Commentaria Eutochii Ascalonitatæ in libros Archimedis de sphæra et cylindro.

Arithmeticæ.

Tractatus de scientia numerorum et arte numerandi Iudæorum, auctore Ismele.

Liber algebræ, absque nomine auctoris.

Liber Alvali filii Alkateni, de computo.

Liber de scientia computationis absque nomine auctoris.

Sibee Mahamed filii Aladi, filii Tahari, filii Haladdini Abhagiand de scientia æquationis.

Astronomicæ.

Commentaria sapientissimi Muhamed filii Masud, super librum Tapphatis Sciahiah de astronomia.

Liber matematicalis Thoaricis de pertinentibus ad cœlum.

Liber Autolici de sphæra quæ movetur, ex traditione Thebit.

Theodosii de habitationibus, liber.

Ejusdem de diebus et noctibus, liber.

Phænomena Euclidis.

Aristarchi liber de duobus corporibus luminosis.

Liber de ascentione ex traditione Costa filii Lucæ Baalbachij.

Liber Sciamsiddin el grammarii de corporibus et motibus cœlestibus.

Almagestum Cl. Ptolemei ex traditione Mohamedis filii Mohamedis, filii Alhasani Tuscini.

Liber de astrolabio absque nomine.

Liber insignis Cothid-dini sciarazeni, de astronomia.

Liber ejusdem de cognitione orbium et secretorum stellarum.

Liber Mascendini Tusini, qui vocatur decem capitula de scientia astrolabii.

Perspectivæ.

Perspectiva Euclidis.

Perspectiva Alpharabii.

Metaphysicæ.

Liber Domini Sciariphi de divinitate et essentia Dei et simplicitate, et trinitate ejus, et de nominibus ejus.

Medicinæ.

Commentaria Senis Aladdini filii Atharam Corasmi, medici peritissimi, super libros canonum medicinæ Avicennæ.

Commentaria per interrogationes et responsiones super librum canonum medicinæ Avicennæ, Floriani filii Isaac.

Liber vocatus sufficientia de conferentiis medicamentorum simplicium et nocumentis eorumdem secondum membra, excellentis Abdalla filii Ahmed filii Mohamed Malachini, qui vocatur Ahenelgiatal.

Tractatus Naphus filii Anfed sapientissimi medici de divisione membrorum ex Hippocrate.

Liber maahava Carmanii, de caussis et signis medicinæ.

Liber medicinæ sapientis Ali.

Liber Said filii Abelaziz, in commentaria Galeni.

Commentaria in librum Ebri Naphis vocata solutiones difficultatum ex libro canonum, ex libro Camel, et ex Alhaino, et ex compositione Nangibbidini Samarcadini.

Liber de præparandis medicinis ab aromatariis, ex libro canonum Avicennæ, ex libro horror Mosclach, ex libro Minhaot Docan, ex libro Rasii, et ex libro Acanii Samarkadini.

Omnia Hippocratis opera.

Theologiæ.

Acta apostolorum.

Epistolæ Pauli omnes.

Commentarius in epistolas Pauli, Joannis Chrisostomi.

Apocalypsis Joannis.

Pentateuchon Moysis.

Sermones Joannis Chrisostomi in festivitates sanctorum per totum annum.

Argumenta in 14 epistolas Pauli, incerto aucthore:

Disputatio habita inter christianum quandam et mahumedianum.

Libri imprimendi in lingua persica.

Grammatica persica latina, collecta ex pluribus authoribus.

Grammatica persica cum expositione arabica.

Grammatica persica, cum expositione turcica.

Danistan liber, qui est lexicon parvum vocum persicarum, cum expositione turcica.

Lexicon magnum persicum, cum expositione turcica et latina.

Lexicon persicum juxta ordinem Camus arabici lexici.

Quattuor evangelia cum expositione latina.

Arithmetica incerto aucthore.

Almagestum Claudii Ptolemei.

Liber de circuli quadrante.

Libri imprimendi in lingua syriaca.

Basilii opera theologica.

Dyonisii opera.

Mariæ Jacobi Seagi opera theologica.

Petrus Antiochenus et Cyrillus Alexandrinus contra Arium et Ennomium.

Theologiæ naturalis tractatus omnes juxta ordinem Aristotelis.

Logicæ tractatus omnes eodem modo.

Metaphysicæ tractatus omnes eodem modo.

Quattuor concilia magna.

Cerimoniale Basilii.

Anton Ritus de musica.

Norat Cocii f. sex dies Basilii.

Ignatius de titulis epistolarum ad diversas personas.

Chronica patriarcharum Eusebii Cæsariensis.

Baptisterium Dionisii.

Abul Pharag Ben Ebri poeta.

Joannes Ben Madoni poeta.

Abul Pharag liber de astronomia.

Libri imprimendi in lingua ægiptiaca.

Rudimenta grammaticæ cum expositione arabica et latina.

Lexicon vocum ecclesiasticarum cum expositione arabica et latina.

Aliud lexicon vocum ecclesiasticarum cum expositione arabica, græca et latina.

Quattuor evangelistæ.

Acta apostolorum.

Epistolæ Pauli et aliorum.

Apocalipsis.

Vetus testamentum.

Pentateuchum Moysis ægiptiacè cum interprætatione arabica.

Quattuor evangelia ægiptiaca cum interprætatione arabica.

Epistolæ Pauli et aliorum cum interprætatione arabica.

Acta apostolorum cum eadem interprætatione arabica.

Apocalipsis ægiptiaca cum eadem interprætatione arabica.

Biblia sacra tota hisce linguis :

Latina Vulgata.

Græca cum interprætatione latina, propria e regione.

Hebraica cum interprætatione latina.

Chaldaica targum cum interprætatione latina e regione.

Syriaca cum interprætatione latina ne regione.

Arabica cum interprætatione latina.

Persica cum inteprætatione latina.

Ægiptiaca et latina.

Ætiopica et latina.

Armena et latina.

Cum apparatu grammaticarum et lexicorum omnium prædictarum linguarum.

In lingua syriaca.

Grammatica magna cum interprætatione latina.

Grammatica metro conscripta cum interprætatione latina.

Grammatica alia parva cum expositione latina.

Grammatica alia cum expositione arabica et latina.

Lexicon aliud per materiis dispositum cum expositione arabica et latina.

Dioscorides cum commentariis et sine commentariis.

Fabularum liber.

Lexicon parvum persicum cum turcica interprætatione.

Lexicum parvum arabicum cum turcica interprætatione.

Poeta persicus quidam.

Alia quinque lexica hujusmodi.

Chronicum magnum persicum ab exordio mundi.

Alia multa opuscula et præsertim poetæ in variis linguis extant qui brevitatis causa omittuntur.

Libri syro-chaldœi manu-scripti.

Vetus estamentum in syro-chaldæo.

Novum testamentum.

Basilii opera theologica.
Gregorii Avantii opera theologica.
Gregorii ben Elebri poeta.
Aristotelis opera omnia.
Ceremoniale Basilii.
Dionisii opera theologica.
D. Ephrem opera omnia.
Mariæ Jacobi opera omnia.
Canones omnium synodorum.
Autor ritus de musica.
Tagias Tagiato Sekis Kaslain continet logica et metaphysica.
Novas Cocii sex dies Basilii.
Ignatius de titulis personarum secundum diversas personas.
Chronica patriarcharum Eusebii Cæsariensis.
Orationes diurnales per totum annum.
Orationes dierum festivitarum.
Missale.
Baptisterium Dyonisii.
Abulpharag ben Ebri poeta.

Libri arabici manu-scripti.

Costa ben Luca poeta.
Cadi Abul Asan Anefri de titulis personarum secundum qualitates et gradus personarum.
Chronica pharofodio ... Andronici.
Chronica Michaelis patriarchæ Antiochiæ.
Canones omnium synodorum.
Josephus, qui ante conversionem dicebatur Cayphas, de vita Christi.

16.

Quattuor Evangelia : Apocalypsis : Vetus Testamentum.

Artaxerxis regis de admirabilibus civitatum.

Aristotelis opera omnia.

Achaid hoc est matematica cum expositione Averois.

Avicennæ metaphisica.

Prochiridion Rasi super metaphysica Saleti Altendi.

Andronogi metaphysica.

Abdal Abulphyarag metaphysica.

Porphyrii scensia hoc est logica.

Alpharabii commentaria super logicam Porphyrii.

Hosen Sphaahanii de animalibus.

Phoron Chaldæus de animalibus.

Ailei de gemmis.

Adselam Egili de gemmis.

Geber de alchymia.

Rases de alchymia.

Avicennæ opera medicinalia.

Hippocratis ..... de metahaba.

Hippocratis aphorismi.

Hippocratis prognostica.

Maser Gemia Bosri medicina.

Saleh Benabel Indi medicina.

Abusal meseni magistri Avicennæ medicina.

Crammi medicina.

Magiddini Semarcandi medicina.

Aben Beclam expositio in medicinarum Crammi.

Ali ben Abas medicina.

Expositio multorum doctorum super medicinam Ali ben Abbas romani.

Patriarchæ Alexandrini medicina.

Abul Parcal Angli medicina.
Saed ben Thoma medicina.
Casbinus de simplicibus.
Razes de ære mutando.
Costa ben Luca de Venenis.
Euclides geometricorum elementorum libri sex.
Ejusdem geometricorum elementorum libri quatuordecim ex R. Casiridin (*Sic*) Tusi.
Apollonii Pergæi de Conis liber.
Theodosius de sphæris.
Archimedis opera geometrica in compendium redacta per Albettam.
Allen Naptah Anglicus de aritmetica.
Autolicus de sphæra quæ movetur.
Elphed Caca correctiones in almagestum Ptolemæi.
Elsceraze super almagestum Ptolemæi.
Alborpharag super astronomiam Alchindi.
Agatadinan, id est Hermetis astronomia.
Mosis Bacchi pha astronomica.
Astronomia elaborata a compluribus doctoribus.
Ptolemæi liber Astrologicus dictus fractus.
Nicolai Babilonici astrologia.
Hermetis astrologia.
Ennomicus de præstigiis.
Theonis Alexandrini astronomicæ tabulæ.
Mohame Hoarzinai correctiones in tabulas.
Nembrot tabulæ arabicæ.
Ptolomæus de astrolobio.
Theonis instrumentum astronomicum.
Dorothæus de quadratis Almicantaræ.
Habesc Shases de quadrante.

Alphraganus de finibus rectis.
Semre Sehoth de finibus.
Andronici perspectiva.
Cheot Alheus musica.

Libri persici manu-scripti.

Gulstan poetæ Sagdedin.
Liber de superficiebus.
Theon de astrolabio.
Aristarchi astrologia.
Razes de modo comedendi fructus.
Razes de aqua hordeacea.
Telecsimos de sphæra.
Cl. Ptolemæi almagestum.
Alchindi astronomica.
Theodosii astronomica.
Mehedin astrologia.
Mandata regis Mamon.
Giamasab astrologia.
Zoroastis astrologia.
Enoch de domibus stellarum.
Procli tabulæ.
Theoria Alexandrini.
Ulog beg Catai tabulæ.
Timocares de astrolabio.
Cleopatria de astrolabio.
El Scerasi de quadrante.
Jo. filius Masima de finibus.
Avicennæ perspectia.
Abbas Abulpharag perspectiva.

Congliscam regis Cataij geographia.
Costa ben Luca.
Homerus.
Cleopatra de astrolabio.
Dogmata philosophorum Indorum.
Quattuor evangelia.
Hosiani poeta.

NOTE X.

(PAGE 116)

On a assuré récemment (*Journal Asiatique*, Mai 1836, p. 436) que les Arabes avaient connu la *géométrie de position;* mais c'est une erreur. L'ouvrage de Hassan ben Haithem (ou pour mieux dire de *Hassan ben Hassan ben Haithem*, car l'auteur de l'article inséré dans le *Journal Asiatique* n'a pas bien lu le nom de cet écrivain arabe, quoique ce nom se trouvât même imprimé dans le *Catalogus codicum manuscript. bibliothecæ regiæ*, Paris., 1739-44, 4 vol. in-fol., tom. I, p. 218-219, *MSS. arab.*, n° 1104) sur les connues géométriques, cité comme exemple des recherches faites par les Arabes dans cette branche des mathématiques, ne contient pas un seul mot sur ce que les géomètres appellent *géométrie de position*. En effet, déterminer d'après de certaines conditions, comme le fait Hassan ben Hassan, les propriétés et la position d'une courbe, c'est chercher un lieu géométrique, et non pas faire de la géométrie de position, telle que d'Alembert et Carnot l'ont entendue. D'ailleurs, le mot *waza* (position) n'appartient pas exclusivement à Hassan ben Hassan; il se trouve employé par d'autres géomètres arabes, et n'a aucune signification spéciale. Les Grecs aussi s'étaient servis du mot *position* en géométrie : l'expression *donné en grandeur et en position*, ou simplement *donné de position*, se trouve très fréquemment dans Pappus (*Pappi Alexandrini math. collect.* Pis., 1588, in-fol., lib. IV, th. 8, prop. 8; lib. IV, pr. 8, prop. 31; lib. IV, th. 25, prop. 42; lib. IV, th. 26, prop. 43; lib. VII, prop. 5, prop. 85; lib. VII, p. 7, prop. 105, etc., etc.) à qui cependant personne n'a jamais songé à attribuer la découverte de la géométrie de position. Ces mots : *donné de position*, *donné de grandeur et de position*, ne servaient chez les Grecs qu'à éviter les circonlocutions et à abréger les démonstrations. Les Arabes s'en sont servis exactement dans le même but.

NOTE XI.

(PAGE 118)

Les Arabes ont traduit les ouvrages d'Aristote de Théophraste et de Dioscoride : peut-être aussi ont-ils connu le grand ouvrage de Pline (*Abul-Pharajii, hist. compend. dynast.*, p. 61. — *De Sacy, chrestom. arabe*, tom. III, p. 483.—*Abd-allatif, relation de l'Egypte*, p. 496.—*Middeldorphii commentatio*, etc., p. 68). Mais outre ce qu'ils avaient appris des Grecs sur l'histoire naturelle, ils nous ont laissé un grand nombre d'observations curieuses qui leur sont propres. Ainsi Abd-allatif, par exemple, parle de la tumeur qui se trouve sous le ventre du crocodile, et dont Sonnini a depuis constaté l'existence (*Abd-allatif, relation de l'Egypte*, p. 141), et il assure que l'action du silure électrique du Nil se transmet même par le contact médiat (*Abd-allatif, relation de l'Egypte*, p. 167). L'Adjaïb almakhloukat de Kazwini (dont Chézy a donné un extrait très détaillé dans le troisième volume de la *Chrestomatie arabe* de M. de Sacy) contient plusieurs faits intéressans : nous en citerons quelques-uns. D'abord tous les êtres y sont disposés dans un ordre progressif depuis les minéraux jusqu'aux anges. C'est ce que l'auteur appelle *chaîne des êtres* (*De Sacy, chrestom. arabe*, tom. III, p. 390).

Selon Kazwini, la chaleur intérieure de la terre est le principe qui produit le développement des plantes et des animaux (ibid., p. 389), et cette chaleur, combinée avec le soufre et le mercure, forme les métaux (ibid., p. 391). On trouve dans cet ouvrage un apologue sur le passage successif de l'Océan sur la terre (ibid., p. 419.—*Annales des sciences naturelles*, tom. XXV, p. 380), le sexe des palmiers (*de Sacy, chrestom. arabe*, tom. III, p. 396) et leur fécondation artificielle (ibid. p. 481); la conservation des fleurs pendant l'hiver (ibid., p. 484) et les diverses couleurs qu'on peut faire prendre aux pétales en arrosant les plantes avec des solutions de différentes substances (ibid., p. 484); la remarque (un peu trop généralisée cependant) que les plantes herbacées et les animaux sans os meurent en hiver (ibid., p. 397), et ce fait curieux que les oiseaux qui boivent sans s'interrompre, comme les pigeons, donnent la becquée aux petits, tandis que les poules et les oiseaux qui boivent à plusieurs reprises, ne la donnent pas (ibid., p. 412). On trouve aussi chez les Arabes l'usage de l'aconit en médecine contre les maladies cutanées (ibid., p. 398), et même quelques idées sur le lithotritie (*Civiale, lettre à M. de Kern*, Paris, 1827, in-8, p. 13). Ils connaissaient l'attraction qu'exerce l'ambre (appelée en persan كاهربا, de كاه paille, et de ربا, voler, d'où l'on a fait *carabé*) sur les petits corps (*de Sacy, chrestom. arabe*, tom. III, p. 468), et la chute des aérolithes (ibid., p. 437-441, —*Abulfedæ, annales muslem.* tom. III, p. 55 et 95.—*Abul-Pharajii, hist. compend. dynast.*, p. 95.—*Elmacin, hist. saracen.*, p. 151.—*Annales des sciences na-*

turelles, tom. XXV, p. 379, et tom. XXVI, p. 365-367). On peut voir dans le *Synopsis sapientiæ Arabum*, publié par Abraham Ecchellensis en 1641, un exposé succinct des connaissances scientifiques et philosophiques des Arabes.

NOTE XII.

(PAGE 122)

Afin qu'on puisse comparer le texte de Mohammed ben Musa que M. Rosen a publié, avec les anciennes traductions latines qui se trouvent parmi les manuscrits de la bibliothèque du roi (*Supplément latin*, n° 49, f. 110. — *MSS. latins*, n° 7377 A. — *Résidu Saint-Germain, recueil de physique, astronomie et géométrie*, paq. 11, n 7, in-fol.), nous publions ici la partie de l'ouvrage du géomètre arabe qui est contenue dans ces manuscrits.

Liber Maumeti filii Moysi alchoarismi de algebra et almuchabala incipit.

Hic post laudem dei et ipsius exaltationem inquit : postquam illud quod ad computationem est necessarium consideravi, repperi totum illud numerum fore. Omnemque numerum ab uno compositum esse inveni. Unus itaque inter omnes consistit numerum. Et inveni omne quod ex numeris verbis exprimitur esse quod unus usque ad decem pertransit. Decem quoque ab uno progreditur, qui postea duplicatus et triplicatus et cetera quemadmodum fit de uno, fiunt ex eo viginti et trigenta et ceteri usque quo compleatur centum. Deinde duplicatur centum et triplicatur quemadmodum ex decem, et fiunt ex eo ducenta et trecenta, et sic usque ad mille. Post hoc similiter reiteratur mille apud unumquemque articulum usque ad id quod comprehendi potest de numeris ultime : deinde repperi numeros qui sunt necessarii in computatione algebre et almuchabale secundum tres modos fore. Qui sunt radicum et census, et numeri simplicis non relati ad radicem nec ad censum. Radix vero que est unus eorum, est quicquid in se multiplicatur ab uno, et quod est super ipsum ex numeris, et quod est preter eum ex fractionibus. Census autem est quicquid aggregatur ex radice in se multiplicata. Sic numerus simplex est quicquid ex numeris verbis exprimitur absque proportione ejus ad radicem et ad censum. Ex his igitur tribus modis, sunt qui se ad invicem equantur. Quod est sicut si dicas : census equatur radicibus, et census equatur numero, et radices equantur numero. Census autem qui radicibus equatur est ac si dicas : census equatur quinque radicibus. Radix ergo census est quinque. Et census est viginti quinque. Ipse namque quinque suis radicibus equalis existit. Et sicut si dicas : tercia census equatur quattuor radicibus. Totus igitur census est duodecim radices qui est centum quadraginta quattuor. Et sicut si dicas, quinque census equantur decem radicibus. Unus igitur census duabus equatur radicibus. Ergo radix census est duo, et census est quattuor : similiter quoque quod fuerit majus censu aut minus ad unum reducetur censum. Et eodem modo fit ex eo quod ipsi equatur ex radicibus. Census autem qui numero equatur, est sicut cum dicitur : census equatur novem.

Ipse igitur est census et radix ejus est tres. Et sicut si dicas : quinque census equantur octoginta. Unus igitur census est quinta octoginta qui est sedecim. Et sicut si dicas : medietas census equatur decem octo. Ergo census equatur triginta sex et similiter omnis census augmentatus et diminutus ad unum reducitur censum. Et eodem modo fit de eo, quod ei equatur ex numeris. Radices vero que numeris equantur sunt sicut si dicas, radix equatur tribus , radix est tres. Et census qui est ex ea est novem. Et sicut si dicas quattuor radices equantur viginti. Una igitur radix equatur quinque : et similiter si dicas , medietas radicis equatur decem. Ergo radix est viginti. Et census qui est ex ea est quadraginta, hos preterea tres modos qui sunt radices et census et numerus inveni componi. Et sicut ex eis tria genera composita. Que sunt hec : census namque et radices equantur numero , et census et numerus equantur radicibus, et radices et numerus equantur censui. Census autem et radices que numero equantur sunt sicut si dicas : census et decem radices equantur triginta novem dragmis, cujus hec est significatio, ex quo censu cui additur equale decem radicum ejus aggregatur totum quod est trigenta novem. Cujus regula est ut medies radices que in hac questione sunt quinque. Multiplica igitur eas in se et fiunt ex eis viginti quinque : quos triginta novem adde , et erunt sexaginta quattuor. Cujus radicem accipias que est octo. Deinde minue ex ea medietatem radicum que est quinque. Remanet igitur tres qui est radix census. Et census est novem. Et si duo census aut tres aut plures aut pauciores nominentur, similiter reduc eos ad censum unum. Et quod ex radicibus aut numeris et cum eis reduc ad similitudinem ejus ad quod reduxisti censum. Quod est ut dicas: duo census et decem radices equantur quadraginta octo. Cujus est significatio quod cum quibuslibet duobus censibus additur equale decem radicum unius eorum, aggregantur inter quadraginta octo. Oportet itaque ut duo census ad unum reducantur censum. Novimus autem jam quod unus census duorum censuum est medietas. Reduc itaque quicquid est in questione ad medietatem sui. Et est sicut si dicatur census et quinque radices equales sunt viginti quattuor. Cujus est intentio quod cum cuilibet censui quinque ipsius radices adduntur, aggregantur in viginti quattuor. Media igitur radices et sunt duo et semis. Multiplica ergo eas in se et fient sex et quarta, adde his viginti quattuor et erunt trigenta et quarta. Cujus accipias radicem que est quinque et semis, ex qua minue radicum medietatem que est duo et semis. Remanet ergo tres qui est radix census et census est novem. Et si dicatur medietas census et quinque radices equantur viginti octo. Cujus quidem intentio est quod cum cujuslibet census medietati additur equale quinque radicibus ipsius, perveniunt inde viginti octo. Tu autem vis ut rem tuam reintegres donec ex ea unus perveniat census. Quod est ut ipsam duplices. Duplica ergo ipsam et duplica quod est cum ea ex eo quod equatur ei. Erit itaque, quod census et decem radices equantur quinquaginta sex. Media ergo radices, et erunt quinque, et multiplica eas in se et pervenient viginti quinque. Adde autem eas quinquaginta sex et fient octoginta unum.

Cujus accipias radicem que est novem, et minuas ex ea mediatem radicum que est quinque, et remanent quattuor qui est radix census quem voluisti. Et census est sedecim cujus medietas est octo. Et similiter facias de unoquoque censuum, et de eo quod equat ipsum ex radicibus et numeris. Census vero et numerus qui radicibus equantur, sunt sicut si dicas: census et viginti una dragma equantur decem radicibus, cujus significatio est quod cum cuilibet censui addideris viginti unum, erit quod aggregabitur equale decem radicibus illius census. Cujus regula est ut medies radices; et erunt quinque. Quas in se multiplica et perveniet viginti quinque: ex eo itaque minue viginti unum quem cum censu nominasti et remanebit quattuor, cujus accipies radicem, que est duo, quem ex radicum medietate, que est quinque, minue. Remanebit ergo tres qui est radix census quem voluisti, et census est novem. Quod si volueris addes ipsam medietati radicun et erit septem qui est radix census, et census est quadragenta novem. Cum ergo questio evenerit tibi deducens te ad hoc capitulum, ipsius veritatem cum additione experire. Quod si non fuerit, tunc procul dubio erit cum diminutione. Et hoc quidem unum trium capitulorum in quibus radicum mediatio est necessaria progreditur cum additione et diminutione. Scias autem quod cum medias radices in hoc capitulo et multiplicas eas in se, et fit illud quod aggregatur minus dragmis que sunt cum censu, tunc questio est impossibilis. Quod si fuerit eisdem dragmis equalis, tunc radix census est equalis medietati radicum absque augmento et diminutione. Et omne quod tibi eveniet ex duobus censibus aut pluribus aut paucioribus uno censu, reduc ipsum ad censum unum sicut est illud quod in primo ostendimus capitulo. Radices vero et numerus que censui equuantur, sunt sicut si dicas : tres radices et quattuor ex numeris eqantur censui uni. Cujus regula est ut medies radices que erant unus et semis. Multiplica ergo ipsas in se, et pervenient ex eis duo et quarta. Ipsum itaque quattuor dragmis adde et fiunt sex et quarta. Cujus radicem que est duo et semis assume : quam medietati radicum que est unus et semis adde; et erit quattuor qui est radix census. Et census est sedecim. Omne autem quod fuerit majus censu uno aut minus reduc ad censum unum. Hii ergo sunt sex modi, quos in hujus nostri libri principio nominavimus. Et nos quidem jam explanavimus eos et diximus quod eorum tres modi sunt in quibus radices non mediantur; quorum regulas et necessitates in precedentibus ostendimus. Illud vero quod ex mediatione radicum in tribus aliis capitulis est necessarium cum capitulis verificatis posuimus. Deinceps vero unicuique capitulo formam faciemus, per quam pervenitur ad causam mediationis. Causa autem est ut hic census et decem radices equantur triginta novem dragmis. Fit ergo illi superficies quadrata ignotorum laterum que est census quem et cujus radices scire volumus : que sit superficies *a. b.* unumquodque autem laterum ipsius est radix ejus. Et unumquodque latus ejus cum in aliquo numerorum multiplicatur, tunc numerus qui inde aggregatur est numerus radicum quarum queque est sicut radix illius superficiei. Postquam igitur dictum est quod cum censu sunt decem radices, accipiam quartam decem, que est duo et semis. Et faciam unicuique quarte cum uno laterum superficiei superficies: fuerint ergo cum superficie prima que est superficies *a. b.* quattuor superficies equales cujusque quarum longitudo est equalis radici *a. b.* et latitudo est duo et semis. Que sunt superficies *g. h. t. k.* Radici igitur superficiei equalium laterum est ignotorum, deest quod ex angulis quattuor est diminutum. Scilicet unicuique angulorum deest multiplicatio duorum et semis in duo et semis. Quod igitur ex numeris necessarium est adhuc ut superficiei quadratura compleatur, est multiplicatio duorum et semis in se quattuor. Et aggregatur ex summa illius totius viginti quinque. Jam autem scivimus quod prima superficies que est superficies census, et quattuor superficies que ipsam circumdant, que sunt decem radices, sunt ex numeris triginta novem. Cum ergo addiderimus ei viginti quinque, qui sunt ex quattuor quadratis qui sunt super angulos superficiei *a. b.* complebitur quadratura majoris superficiei que est superficies *d. e.* Nos autem jam novimus quod totum illud est sexaginta quattuor. Unum igitur laterum ejus est ipsius radix que est octo. Minuas itaque quod est equale quarte decem bis ab extremitatibus duabus lateris superficiei majoris que est superficies *d. e.* Et remanebit latus ejus tres: qui est equalis lateri superficiei prime que est *a. b.* et est radix illius census. Nos autem mediamus radices decem; et multiplicamus eas in se; et addimus eas numero qui est triginta novem; nisi ut compleatur nobis figure majoris quadratura cum eo quod deest quattuor angulis. Cum eo cujusque numeri quarta in se multiplicatur; et de-

17.

inceps quod inde pervenit in quattuor, erit quod perveniet multiplicationi medietati ejus in se equale. Sufficit igitur nobis multiplicatio medietatis radicum in se, loco multiplicandi quartam in se quattuor.

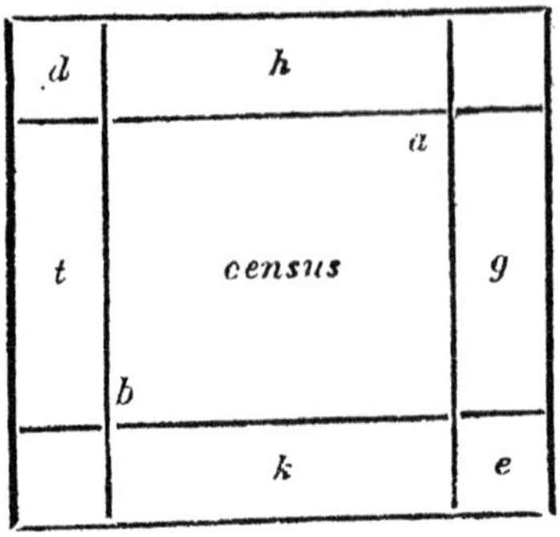

Est ejus preterea forma altera ad hoc idem perducens: que est superficies *a. b.* que est census. Volumus autem ut addamus ei equale decem radicibus ejus. Mediabimus igitur decem et erunt quinque. Et faciemus eas duas superficies super duas partes *a. b.* que sint due superficies *g.* et *d.* quarum cujusque longitudo sit equalis lateri superficiei *a. b.*, et latitudo ejus sit quinque, qui est medietas decem. Remanebit ergo nobis super superficiem *a. b.* quadratura quod fit ex quinque in quinque, qui est medietas decem radicum quas addidimus super duas partes superficiei prime. Scimus autem quod superficies prima est census et quod due superficies que sunt super duas ipsius partes, sunt decem radices ejus. Et hoc totum est triginta novem. Adhuc igitur ut majoris superficiei quadratura compleatur erit totum illud quod aggregatur sexaginta quattuor. Accipe ergo radicem ejus que est quattuor, unum laterum superficiei majoris quod est octo. Cum ergo minuerimus ex ea equale ei quod super ipsam addidimus quod est quinque, remanebit tres qui est latus superficiei *a. b.* que est census. Ipse namque est radix ejus, et census est novem. Census autem et viginti unum equantur decem radicibus.

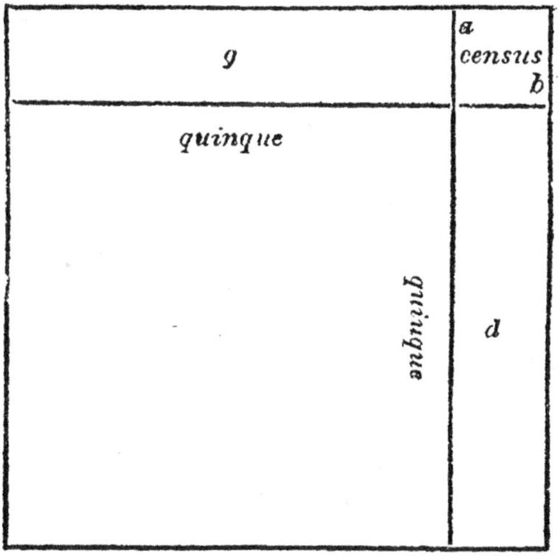

Ponam itaque censum superficiem quadratam ignotorum laterum que sit superficies *a. b*, deinde adjungam ei superficiem equidistantium laterum cujus latitudo sit equalis uni lateri superficiei *a. b.* quod sit latus *g. d.* et superficies sit *g. a.* et ponam ipsam esse viginti unum; ergo longitudo duarum superficierum simul latus *e. d.* Nos autem jam novimus quod longitudo ejus est decem ex numeris. Omnis namque superficiei quadrate equalium laterum et angulorum, si unum latus multiplicatur in unum, est radix illius superficiei, et si in duo est due radices ejus. Postquam igitur jam dictum est quod census et viginti una dragma equantur decem radicibus, et scimus quod longitudo lateris *e. d.* est decem, quoniam latus *b. e.* est radix census, ergo dividam latus *e. d.* in duo media super punctum *h.*, et erigam super ipsum lineam *h. t.* Manifestum est itaque quod *h. d.* est equalis *h. e.* sic jam fuit nobis manifestum quod linea *h. t.* est equalis *b. e;* addam itaque linee *h. t.* quod sit equale superfluo *d. h.* super *h. t.* ut quadretur superficies quod sit linea *h. k.* Fit ergo *t. k.* equalis *t. g.* quoniam *d.h.* fuit equalis *t. g.* et pervenit superficies quadrata que est superficies *l. t.* Et ipsa est quod aggregatur ex multiplicatione medietatis radicum in se, que est quinque in quinque. Et illud est viginti quinque. Superficies vero *a. g.* fuit jam viginti unum qui jam fuit adjunctum ad censum. Post hoc faciamus super *h. k.* superficiem quadratam equalium laterum et angulorum, que sit superficies *m. h.* Et jam scivimus quod *h. t.* est equalis *e. b:* sic *e. b.* est equalis *a. e.* Ergo *h. t.* est equalis *a. e.* Sic *t. k.* jam fuit equalis *h. e.* Ergo *h. a.* reliqua est equalis reliqu· *h. k.* Sic. *h. k.* est equalis *m. n.* ergo *m. n.* est equalis *h. a.* Sic. *k. a.* fuit equalis *k. l.* et *h. k.* est equalis *m. k.* Ergo *m. l.* reliqua est equalis *h. t.* relique. Ergo superficies *l. n.* est equalis superficiei *t. a.* Jam autem novimus quod superficies *l. t.* est viginti quinque. Nobis itaque patet quod superficies *g. h.* addita sibi superficie *l. n.* est equalis superficiei *g. a.* que est viginti unum. Postquam ergo minuerimus ex superficiei *l. t.* superficiem *g. h.* et superficiem *n. l.* que est viginti unum, remanebit nobis superficies parva que est superficies *n. k.* Et ipsa est superfluum quod est inter viginti unum et viginti quinque. Et ipsa est quattuor, cujus radix est *h.k.* Sic ipsa est equalis *h. a.* et illud est duo. Sic *h. e.* est medietas radicum que est quinque. Cum ergo minuerimus ex ea *h. a.* que est duo remanebit tres qui est linea *a. e.* que est radix census. Et census est novem. Et illud est quod demonstrare voluimus.

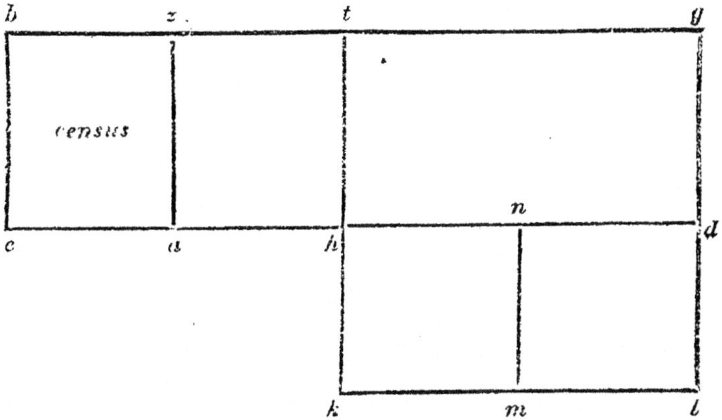

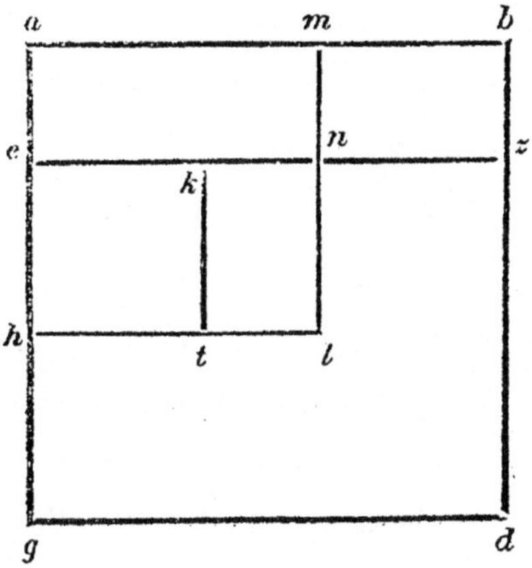

Dictum est autem tres radices et quattuor dragme equantur censui. Ponam ergo censum superficiem quadratam ignotorum laterum scilicet equalium, et equalium angulorum que sit superficies *a. d.* Tota igitur hec superficies congregat tres radices et quattuor quos tibi nominavi. Omnis autem quadrate superficie unum latus in unum multiplicatum est radix ejus. Ex superficie igitur *a. d.* secabo superficiem *c. d.* et ponam unum latus ejus quod est *e. g.* tres, qui est numerus radicum. Ipsum vero est equale *z. d.* Nobis itaque patet quod superficies *e. b.* est quattuor qui radicibus est additus. Dividam ergo latus *e. g.* quod est tres radices in duo media super punctum *h.* Deinde faciam ex eo superficiem quadratam que sit superficies *e. t.* Et ipsa est quod fit ex multiplicatione medietatis radicum; que est unum et semis in se, et est duo et quarta. Post hoc addam linee *h. t.* quod fit equale *a. e.* que sit linea *t. l.* Fit ergo linea *h. l.* equalis *a. h.* et pervenit superficies quadrata que est superficies *h. m.* Jam autem manifestum fuit nobis quod linea *a. g.* est equalis *e. z.* et *a. h.* est equalis *e. n.* Remanet ergo *g. h.* equalis *n. z.* Sic *g. h.* est equalis *k. t.* Ergo *k. t.* est equalis *n. z.* Sic *m. n.* est equalis *t. l.* Superficies igitur *m. z.* fit equalis superficiei *k. l.* Jam autem scivimus quod superficies *a. z.* est quattuor qui est additus tribus radicibus. Fiunt ergo superficies *a. n.* et superficies *k. l.* simul equal superficiei *a. z.* que est quattuor. Manifestum est igitur quod superficies *h. m.* est medietas radicum que est unum et semis in se, quod est duo et quarta, et quattuor additi qui sunt superficies *a. n.* et superficies *k. l.* Quod vero ex eo aggregatur est sex et quarta, cujus radix est duo et semis, que est latus *h. a.* Jam autem remansit nobis ex latere quadrati primi quod est superficies *a. d.* que est totus census, medietas radicum que est unum et semis, et est linea *g. h.* Cum addiderimus super lineam *a. h.* que est radix superficiei *h. m.* quod est duo et semis lineam *h. g.* que est medietas radicum trium que est unum et semis, pervenit illud totum quattuor, quod est linea *a. g.* Et ipsa est radix census qui est superficies *a. d.* Et ipse est sedecim. Et illud est quod demonstrare voluimus. Inveni autem omne quod fit ex computatione in algebra et almuchabala impossibile esse quin perveniat ad unum sex capitulorum que retuli tibi in principio hujus libri.

Capitulum multiplicationis.

Nunc quidem refferam tibi qualiter res multiplicentur que sunt radices alie sunt in alias cum fuerint singulares, et cum numerus fuerit cum eis, aut fuerit exceptus ex eis numerus, aut ipse fuerint excepte ex numero, et qualiter alie aliis aggregentur, et qualiter alie ex aliis minuantur. Scias itaque impossibile esse quin unus omnium duorum numerorum quorum unus in alterum multiplicatur, duplicetur secundum quantitatem unitatum que est in altero. Si ergo fuerit articulus, et cum eo fuerint unitates, aut fuerint unitates excepte ex eo, impossibile erit quin ejus multiplicatio quattuor fiat. Videlicet articuli in articulum et unitatum in unitates, et unitatum in articulum, et articuli in unitates. Quod si omnes unitates que sunt cum articulo fuerint addite aut diminute omnes, tunc quarta multiplicatio erit addita. Sin autem une earum fuerint addite et alie diminute, tunc quarta multiplicatio minuetur. Quod est sicut decem et unum in decem et duo. Ex multiplicatione ergo decem in decem fiunt centum. Et ex multiplicatione unius in decem fiunt decem addita. Et ex multiplicatione duorum in decem fiunt viginti addita. Et ex multiplicatione duorum in unum fiunt duo addita. Totum ergo illud est centum et triginta duo. Et cum fuerint decem uno diminuto in decem uno diminuto multiplicabis decem in decem et fient centum, et unum diminutum in decem et fient decem diminuta. Et unum diminutum iterum in decem, et fient decem diminuta. Unum quoque diminutum multiplicabis in unum diminutum, et fiet unum additum. Erit ergo totum illud octoginta unum. Quod si fuerint decem et duo in decem uno diminuto, multiplicabis decem in decem et fient centum, et unum diminutum in decem et erunt decem diminuta. Et duo addita in decem et erunt viginti addita, quod erit centum et decem. Et duo addita in unum diminutum, et eruntduo diminuta. Totum ergo illud erit centum et octo. Hoc autem non ostendi tibi, nisi ut per ipsum perducaris ad multiplicationem rerum aliarum scilicet in alias, quin cum eis fuerit numerus aut cum ipse excipiuntur ex numero, aut cum numerus excipitur ex eis. Cumque tibi dictum fuerit, decem dragme re diminuta, est enim rei significatio radix multiplicate in decem, multiplicabis decem in decem et fient centum, et rem diminutam in decem, et erunt decem res diminute, dico ergo quod sunt centum, decem rebus diminutis. Si autem dixerit aliquis, decem et res in decem, multiplica decem in decem et erunt centum, et rem addite in decem, et erunt decem res addite. Erit ergo totum centum et decem res. Quod si dixerit, decem et res in decem et rem : dic decem in decem faciunt centum. Et res addita in decem facit decem res additas, et res addita in rem additam, facit censum additum. Erit ergo totum centum et viginti res et census additus. Quod si quis dixerit decem re diminuta in decem re diminuta, dices decem in decem fiunt centum. Et res diminuta in rem diminutam fit census additus. Est ergo illud centum et census additus diminutis viginti rebus. Et similiter si dixerit dragma minus sexta in dragmam minus sexta, erit illud quinque sexte multiplicate in se, quod est viginti quinque partes triginta sex partium unius dragme. Regula vero ejus est ut multiplices dragmam in dragmam, et erit dragma, et sextam dragme diminutam in dragmam, et erit sexta dragme diminuta : et sextam diminutam in dragmam, res erit sexta diminuta. Fit ergo illud tertia dragme diminuta, et sextam diminutam in sextam diminutam, et erit sexta sexte addita. Totum ergo illud erit due tertie et sexta sexte. Si vero aliquis dixerit, decem, re diminuta, in decem et rem : dices decem in decem centum fiunt, et res diminuta in decem fit decem res diminute, et res in decem fit decem res addite. Et res diminuta in rem fit census diminutus. Est ergo illud centum dragme, censu diminuto. Si autem dixerit, decem re diminuta in rem, dices decem in rem, fiunt decem res. Et res diminuta in rem, fit census diminutus. Sunt ergo decem res, censu diminuto. Et si dixerit decem et res in rem decem diminutis, dices. Res in decem fit decem res, et res in rem fit census, et decem diminuta in decem, fiunt centum dragme diminute. Dico igitur quod est census centum diminutis, postquam cum eo oppositum fuerit. Quod ideo est quem projiciemus decem res diminutas cum decem rebus additis, et remanebit census centum dragmis diminutis. Si autem dixerit quis, decem dragme et medietas rei in medietatem dragme quinque rebus diminutis, dices : medietas dragme in decem dragmas facit dragmas quinque : et medietas dragme in medietatem rei facit quartam rei addite, et quinque res diminute in decem dragmas, fiunt quinquaginta res diminute. Et quinque res diminute in medietatem rei fiunt duo census et semis diminuti. Est ergo illud quinque dragme diminutis duobus censibus et semis, et diminutis quadraginta novem radicibus et tribus quartis radicis. Quod si aliquis dixerit, tibi decem et res in rem diminutis decem et est quasi dicat : res et decem in rem decem diminutis, dic ergo res in rem facit censum, et decem in rem fiunt decem res addite, et decem diminuta in rem fiunt decem res diminute, pretermittantur itaque, addita cum diminutis, et remanebit census. Et decem diminuta in decem fiunt centum diminu ex censu. Totum ergo illud est census diminutis centum dragmis. Et omne quod est ex multiplicatione additi et diminuti, sunt res diminute in additam rem, in postrema multiplicatione semper mi nuitur.

Capitulum aggregationis et diminutionis.

Radix ducentotum diminutis decem adjuncta ad viginti diminuta radice ducentorum est decem equaliter. Et radix ducentorum exceptis decem diminuta ex viginti excepta radice ducentorum, est triginta diminutis duobus radicibus ducentorum. Et due radices ducentorum sunt radix octingintorum : sic centum et census diminutis viginti radicibus, ad quem adjuncta sunt quinquaginta et decem radices diminutis duobus censibus, sunt centum et quinquaginta diminutis censu et decem radicibus. Ego vero illius causam in forma ostendam, si Deus voluerit. Scias itaque quod cum quamlibet census radicem notam sive surdam duplicare volueris, cujus duplicationis significatio est ut multiplices eam in duo, oportet ut multiplices duo in duo, et deinde quod inde pervenerit, in censum. Radix igitur ejus quod aggregatur est duplum radicis illius census. Et cum volueris triplum ejus, multiplicabis tres in tres, et postea quod inde pervenerit in censum. Erit ergo radix ejus quod aggregatur triplum radicis census primi. Et similiter quod additur ex duplicationibus, aut minuitur erit secundum hoc exemplum. Scias ergo ipsum quod si radicis census medietatem accipere volueris, oportet ut multiplices medietatem in medietatem, deinde quod pervenerit in censum. Erit ergo radix ejus quod aggregatur medietas radicis census. Et similiter si volueris tertiam aut quartam ejus aut minus aut plus, usquequo possibile est consequi, secundum diminutionem et duplicationem, verbi gratia : si enim volueris ut duplices radicem novem, multiplica duo in duo, postea in novem, est aggrega triginta sex, cujus radix est sex, qui est duplum radicis novem. Quod si ipsam volueris triplicare, multiplica tres in tres, postea in novem, et erunt octoginta unum, cujus radix est novem, qui est radix novem triplicata. Sin autem radicis novem medietatem accipere volueris, multiplicabis medietatem in medietatem et perveniet quarta, quam postea multiplicabis in novem, et erunt duo et quarta, cujus radix est unus et semis, qui est medietas radicis novem. Et similiter quod additur aut minuitur ex noto et surdo erit, et hic est ejus modus. Quod si volueris dividere radicem novem per radicem quattuor, divides novem, per quattuor, et duo et quarta, cujus radix est id quod pervenit uni. Quod est unus est semis. Quod si radicem quattuor per radicem novem volueris dividere, divide quattuor per novem et erunt quattuor none, cujus radix est id quod pervenit uni, que est due tertie unius. Sin vero duas radices novem per radicem quattuor dividere volueris, et absque hoc aliorum censuum, dupla ergo radicem novem secundum quod te feci noscere in operatione multiplicium, et quod aggregatur deinde per quattuor aut per quod volueris. Et quod ex censibus fuerit minus aut majus, secundum hoc exemplum operaberis per ipsum, si Deus voluerit. Quod si radicem novem in radicem quattuor multiplicare volueris, multiplica novem in quattuor, et erunt triginta sex. Accipe igitur radicem ejus que est sex, ipse namque est radix novem in radicem quattuor. Et similiter si velles multiplicare radicem quinque in radicem decem, multiplica quinque in decem, et acciperes radicem ejus, et quod inde aggregaretur esset radix quinque in radicem decem. Quod si volueris multiplicare radicem tertie in radicem medietatis, multiplica tertiam in medietatem, et erit sexta. Radix ergo sexte est radix tertie in medietatem. Sin autem duas radices novem in tres radices quattuor multiplicare volueris, perducas duas radices novem secundum quod tibi retuli, donec scias cujus census sit. Et similiter facias de tribus radicibus quattuor, donec scias cujus census sit. Deinde multiplica unum duorum censuum in alterum et accipe radicem ejus quod aggregatur. Ipsa namque est due radices novem in tres radices quattuor. Et similiter de eo quod ex radicibus additur aut minuitur secundum hoc exemplum facias. Cause autem radicis ducentorum diminutis decem, adjuncte ad viginti diminuta radice ducentorum, forma est linea *a. b.* Ipsa namque est radix ducentorum. Ab *a.* ergo ad punctum *g.* est decem, et residuum radicis incentorum est residuum linee *a. b.* quod est linea *g. b.* Deinde protrahas a puncto *b.* ad punctum *d.* lineam que sit linea vigenti. Ipsa namque est dupla linee *a. g.* que est decem. A puncto *b.* usque ad punctum *e.* quod sit equale linee *a. b.* que est radix ducentorum. Et residuum de vigenti sit a puncto *e.* usque ad punctum *d.* Et quia volumus aggregare quod remanet ex radice ducentorum post projectionem decem, quod est linea *g. b.* ad lineam *e. d.* que est vigenti diminuta radice ducentorum, et jam fuit nobis manifestum quod linea *a. b.* que est radix ducentorum est equalis linee *b. e.*; et quod linea *a. g.* que est decem est equalis linee *b. z.* et residuum linee *a. b.* que est linea *g. b.* est equale residuo linee *b. e.* quod est *z. e.* et addidimus super lineam *e. d.* lineam *z. e.* ergo manifestum est nobis quod jam minuitur ex linea *b. d.* que est viginti, equale linee *g. a.* qui est decem que est linea *b. z.* et remanet nobis linea *z. d.* que est decem. Et illud est quod demonstrare voluimus.

Causa vero radicis ducentorum exceptis decem diminute ex viginti excepta radice ducentorum, est alia cujus forma est linea *a. b.* que est radix ducentorum. Sic ab *a.* usque ad punctum *g.* sit decem, qui est notus. Protraham autem a puncto *b* lineam usque ad punctum *d.* quam ponam viginti, et ponam ut quod est *a. b.* usque ad punctum e. sit equale radici ducentorum, que est equalis linee *a. b.* Nobis vero jam

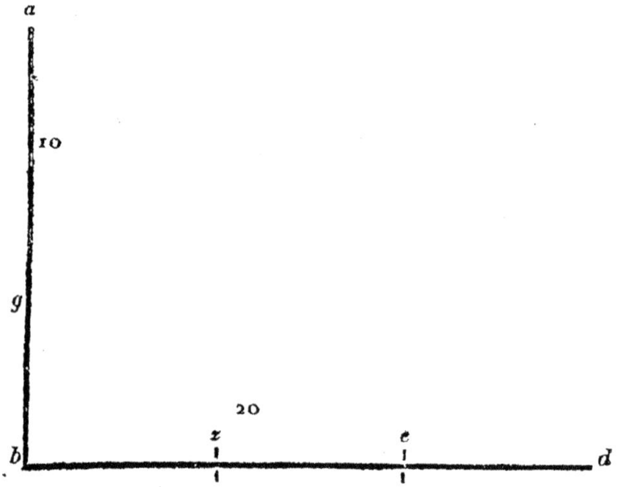

fuit manifestum quod linea *g. b.* est id quod remanet ex radice ducentorum post projectionem decem, et linea *e. d.* est id quod remanet ex viginti post rejectionem radicis ducentorum. Volumus itaque ut linea *g. b.* minuatur ex linea *e. d.* protraham ergo à puncto *d. b.* lineam ad punctum *z.* que sit equalis linee *a. g.* que est decem, fit ergo linea *z. d.* equalis linee *z. b.* et linee *b. d.* Sic jam fuit nobis manifestum totum illud fore triginta. Secabo itaque ex linea *e. d.* quod sit equale linee *g. b.* quod est linea *h. e.* Patet igitur nobis quod linea *h. d.* est id quod remanet ex tota linea *z. d.* que est triginta. Ostensum vero est quod linea *b. e.* est radix ducentorum et linea *z. b.* et *b. g.* est radix ducentorum. Et quia linea *e. h.* est equalis linee *g. b.* ergo manifestum est quod illud quod minuitur ex linea *z. d.* quod est triginta et due

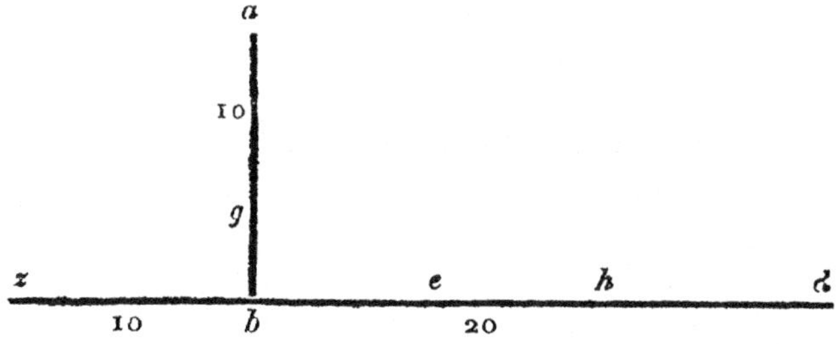

radices ducentorum. Et due radices ducentorum sunt radix octingintorum. Et illud est quod demonstrare voluimus.

Centum ergo atque census exceptis viginti radicibus, quibus conjunguntur quinquaginta et decem radices exceptis duobus censibus non convenienti subjicitur forma , tribus generibus divisis, scilicet censibus radicibus et numero, neque cum eis quod eis equetur ut formentur. Nos tamen fecimus eis formam suam non sensibilem. Eorum vero necessitas verbis manifesta est, quod est quod jam scivimus quod apud te sunt centum et census exceptis viginti radicibus. Postquam ergo addidisti eis quinquaginta et decem radices facta sunt centum et quinquaginta et census exceptis decem radicibus; hac namque decem radices addite restaurant viginti radicum diminutarum decem radices. Remanent ergo centum et quinquaginta et census, exceptis decem radicibus. Sic cum centum fuit jam census. Postquam ergo minueris duos census exceptos de quinquaginta, preteribit census cum censu, et remanebit tibi census, fiet ergo centum et quinquaginta excepto censu, et excepto decem radicibus. Et illud est quod demonstrare voluimus.

Capitulum questionum.

Jam processerunt antea capitula numerationis et eorum modos sex questiones quas posui exempla sex capitulis precedentibus in principio hujus libri de quibus tibi dixi, quoniam impossibile est quin computatio algebre et almuchabale eveniat tibi ad aliquod capitulum eorum. Postea secutus sum illud ex questionibus cum eo quod intellectui propinquius fuit, per quod difficultas alleviabitur, et significatio facilior fiet si Deus voluerit.

Questio earum prima est : sicut si diceres, divide decem in duas partes, et multiplica unam duarum partium in alteram, deinde multiplica unam earum in se et sit multiplicatio ejus in se equalis, multiplicationi uni duarum sectionum in alteram quattuor.

Ejus vero regula est ut ponas unam duarum sectionum rem, et alteram sectionem ponas decem excepta re. Multiplica igitur rem in decem excepta re, et erunt decem res excepto censu. Deinde multiplicabis totum in quattuor quem dixisti. Erit ergo quod perveniet quadruplum multiplicationis unius duarum sectionum in alteram, erunt itaque quadraginta res, exceptis quattuor censibus. Postea multiplica rem in rem que est una duarum sectionum in se, et erit census qui est equalis quadraginta rebus exceptis quattuor censibus; deinde restaurabis quadraginta per quattuor census. Post hoc addes census censui, et erit quod quadraginta res erunt equales quinque censibus. Ergo unus census erit octo radices qui est sexaginta quattuor. Radix ergo sexaginta quattuor est una duarum sectionum multiplicata in se, et residuum ex decem est duo, qui est sectio altera. Jam ergo produxi hanc questionem ad unum sex capitulorum, quod est quod census equatur radicibus.

Questio secunda : divide decem in duas partes et multiplica decem in se, et sit quod aggregatur ex multiplicatione decem in se equale uni duarum sectionum multiplicate in se bis, et septem nonis vicis unius. Computationis vero hec regula est ut ponas unam duarum sectionum rem. Multiplica ergo eam in se, et fiet census, deinde in duo et septem nonas. Erunt ergo duo census et septem none census unius, deinde multiplica decem in se, et erunt centum. Est ergo ut centum sit equale duobus censibus, et septem nonis census unius. Reduc ergo totum illud ad censum unicum, qui est novem partes viginti quinque, quod est

18.

quinta et quattuor quintas quinte unius. Accipe ergo quintas centum et quattuor quintas quinte ipsius, que sunt triginta sex. Et ipse equantur censui, cujus radix est sex, qui est una duarum sectionum. Jam ergo produximus hanc questionem ad unum sex capitulorum. Quod est quod census equatur numero.

Questio tertia : divide decem in duas sectiones et divide unam duarum partium per alteram et pervenient quattuor. Cujus regula est ut ponas unam duarum sectionum rem, et alteram decem excepta re. Deinde dividas decem excepta re per rem ut perveniant quattuor. Jam autem scivisti quod cum multiplicaveris quod pervenit ex divisione in idem per quod divisum fuit, redibit census tuus quem divisisti. Sic perveniens ex divisione in hac questione, fuit quattuor, et id per quod divisum fuit, fuit res. Multiplica igitur quattuor in rem, et erunt quattuor res. Ergo quattuor res equantur censui quem divisisti, qui est decem excepta re. Restaura itaque decem per rem, et adde ipsam quattuor. Erit ergo quod decem equatur quinque rebus. Ergo res est duo. Jam ergo produxi hanc questionem ad unum sex capitulorum, qnod est quod radices equantur numero.

Questio quarta : multiplica tertiam census et dragmam in quartam ejus et dragmam, et sit quod pervenit viginti. Cujus regula est ut tu multiplices tertiam in quartam, et erit quod perveniet medietas sexte census et dragmam in dragmam, et erit dragma addita, et tertiam rei in dragmam, et erit tertia radicis, et quartam rei in dragmam, et erit quarta radicis. Erit ergo illud medietas sexte census et tertia rei, et quarta rei, et dragma que equatur viginti dragmis. Projice ergo dragmam unam ex viginti dragmis et remanebunt decem et novem dragme, que equantur medietati sexte census et tertie et quarte radices. Reintegra ergo censum tuum. Ejus vero reintegratio est ut multiplices totum quod habes in duodecim, et pervenient tibi census et septem radices, que erunt equales ducentis et viginti octo. Media ergo radices et multiplica eas in se, que erunt duodecim et quarta et adde eas ducentis et viginti octo. Erit ergo illud ducenta et quadraginta et quarta. Deinde accipe radicem ejus que est quindecim et semis, ex qua minue medietatem radicum que est tres et semis. Remanet ergo duodecim qui est census. Jam ergo produximus hanc questionem ad unum sex capitulorum, quod est quod census et radices equantur numero.

Questio quinta : divide decem in duas partes, et multiplica unamquamque earum in se et aggrega eas, et perveniat in quinquaginta octo. Cujus regula est ut multiplices decem excepta re in se, et pervenient centum et census exceptis viginti rebus. Deinde multiplica rem in se et erit census. Postea aggrega ea et erunt centum nota et duo census exceptis viginti rebus, que equantur quinquaginta octo. Restaura ergo centum et duos census per res que fuerunt diminute, et adde eas quinquaginta octo, et dices centum et duo census equantur quinquaginta octo et viginti rebus. Reduc ergo ea ad censum unum, dices ergo quinquaginta et census equantur viginti novem et decem rebus. Oppone ergo per ea. Quod est ut tu projicias ex quinquaginta viginti novem. Remanet ergo viginti unum et census, que equantur decem rebus. Media ergo radices, et pervenient quinque, eas igitur in se multiplica, et erunt viginti quinque, projice itaque ex eis viginti unum, et remanebunt quattuor. Cujus radicem accipias que est duo. Minue ergo ipsam ex quinque rebus que sunt medietas radicum et remanet tres, qui est una duarum sectionum. Jam ergo produximus hanc questionem ad unum sex capitulorum, quod est census et numerus equantur radicibus.

Questio sexta : tertia census multiplicetur in quartam ejus et perveniat inde census, et sit augmentum ejus viginti quattuor. Cujus regula est quam tu nosti quod cum tu multiplicas tertiam rei in quartam rei pervenit medietas sexte census que est equalis rei et viginti quattuor dragmis. Multiplica ergo medietatem sexte census in duodecim ut census reintegretur et fiat census perfectus. Et multiplica et rem et viginti quattuor in duodecim et pervenient tibi ducenta et octoginta octo, et duodecim radices que sunt equales censui. Media ergo radices, et multiplica eas in se, quas adde ducentis et octoginta octo, et erunt omnia trecenta et viginti quattuor. Deinde accipe radicem ejus que est decem et octo, cui adde medietatem radicum, et fiet census viginti quattuor. Jam igitur produximus hanc questionem ad unum sex capitulorum, quod est numerus et radices equantur censui.

Quod si aliquis interrogans quesiverit et dixerit : divisi decem in duas partes, deinde multiplicavi unam earum in alteram et pervenerunt viginti unum. Tu ergo jam scivisti quod una duarum sectionum decem est res. Ipsam igitur in decem, re excepta, multiplica, et dicas : decem excepta re in rem sunt decem res, censu diminuto, que equantur viginti uno. Restaura igitur decem excepta re per censum, et adde censum viginti uni, et dic : decem res equantur viginti uni et censui. Radices ergo mediabis; et erunt quinque, quos in se multiplicabis, et perveniet viginti quinque. Ex eo itaque projice viginti unum, et remanet quattuor. Cujus accipe radicem que est duo, et minue eam ex medietate rerum. Remanet tres qui est una duarum partium.

Quod si dixerit : divisi decem in duas partes et multiplicavi unamquamque earum in se, et minui minorem ex majore, et remanserunt quadraginta; erit ejus regula ut multiplices decem excepta re in se, et pervenient centum et census, viginti rebus diminutis. Et multiplica rem in rem, et erit census. Ipsum ergo minue ex centum et censu exceptis vigenti rebus, que equantur quadraginta. Restaura ergo centum per viginti, et adde ipsum quadraginta. Habebis ergo quadraginta et viginti res que erunt equales, censui. Appone ergo per eas centum, projice quadraginta ex centum, remanent sexaginta que equantur viginti rebus. Ergo res equatur tribus, qui est una duarum partium.

Si autem dixerit : divisi decem in duas partes, et multiplicavi unamquamque partem in se, et aggregavi eas, et insuper addidi eis superfluum quod fuit inter utrasque sectiones antequam in se multiplicarentur, et pervenit illud totum quinquaginta quattuor. Regula itaque ejus est ut multiplices decem excepta re in se, et erit quod perveniet centum et census excep_ tis viginti rebus. Ex decem vero remansit res. Multiplica ergo ipsam in se, et erit quod perveniet census, deinde aggrega ea, et erit illud quod perveniet centum et duo census exceptis viginti rebus. Adde igitur superfluum quod fuit inter eas aggregato, quod est decem exceptis duabus rebus. Totum ergo illud est centum et decem et duo census exceptis duabus rebus, et exceptis viginti rebus que equantur quinquaginta quattuor dragmis. Cum ergo restaurabis, dices : centum et decem dragme et duo census equantur quinquaginta quattuor et viginti duabus rebus. Reduc ergo ad censum suum. Et dic : census et quinquaginta quinque equantur viginti septem dragmis et undecim rebus. Projice ergo viginti septem et remanebunt census et viginti octo qui equantur undecim rebus. Media igitur res et erunt quinque et semis. Et multiplica eas in se, et erunt triginta et quarta. Ex eis igitur minue viginti octo, et residui radicem sume, quod est duo et quarta. Est ergo unum et semis. Et minue eam ex medietate radicum, et remanebunt quattuor, qui est una duarum partium.

Quod si dixerit : divisi decem in duas partes et divisi hanc per illam, et illam per istam, et pervenerunt due dragme et sexta, hujus autem regula est, quam cum tu multiplicabis unamquamque partem in se, et postea aggregabis eas erit sicut cum una duarum partium multiplicatur in alteram, et deinde quod pervenit, multiplicatur in id, quod aggregatur ex divisione, quod est duo et sexta. Multiplica igitur decem excepta re in se et erunt centum et census, exceptis viginti rebus. et multiplica rem in rem et erit census. Aggrega ergo illud, et habebis centum et duo census exceptis viginti rebus, que equantur rei multiplicate in decem minus re, que est decem res excepto censu multiplicato in id quod pervenit ex duabus divisionibus que est duo et sexta. Erit ergo illud viginti et una res, et due tertie radicis, exceptis duobus censibus et sexta que equantur centum et duobus censibus, exceptis viginti rebus. Restaura ergo illud et adde duos census et sextam centum et duobus censibus, exceptis viginti rebus. Et adde viginti res diminutas ex centum, viginti uni, et duabus tertiis radicis. Habebis ergo centum et quattuor census et sextam census qui equantur quadraginta uni rei et duabus tertiis rei. Rebus ergo illud ad censum unum. Tu autem eam scivisti quod unus census quattuor censuum et sexte est quinta quinte. Totius igitur quod habes accipe quintam et quinta quinte, et habebis censum et viginti quattuor dragmas que equantur decem radicibus. Media ergo radices et multiplica eas in se, et erunt viginti quinque ex quibus minue viginti quattuor qui sunt cum censu, et remanebunt unum. Cujus assume radicem que est unus. Ipsam ergo minue ex medietate radicem que est quinque, et remanet quattuor, qui est una duarum sectionum. Et pervenit ex hoc ut cum illud quod pervenit ex divisione quarumlibet duorum rerum, quarum una per alteram dividitur, multiplicatur inde quod pervenit ex divisione alterius per primum, erit semper quod perveniet unum.

Sin vero dixerit: divisi decem in duas partes et multiplicavi unam duarum partium in quinque et divisi quod aggregatum fuit per alteram, deinde projexi medietatem ejus quod pervenit, et addidi ipsam multiplicato in quinque, et fuit quod aggregatum est quinquaginta dragme. Erit hec regula ut ex decem accipias rem, et multiplices eam in quinque. Erunt ergo quinque res divise per secundam que est decem excepta re, accepta ejus medietate. Cum ergo acceperis medietatem quinque rerum que est duo et semis, erit illud quod vis dividere per decem excepta re. He ergo due res et semis divise per decem, excepta re, equantur quinquaginta exceptis quinque rebus, quoniam dixit adde ipsam uni duarum sectionum multiplicate in quinque. Est ergo totum illud quinquaginta. Jam autem scivisti quod cum multiplicas quod pervenit tibi ex divisione in id per quod dividitur redit census tuus. Tuus autem census est due res et semis. Multiplica ergo decem, excepta re, in quinquaginta exceptis quinque rebus, erit itaque quod perveniet quinquaginta et quinque census exceptis centum rebus, que equantur duabus rebus et semis. Reduc ergo illud ad censum unum. Erit ergo quod centum dragme et census exceptis viginti rebus equantur medietati rei. Restaura ergo centum et adde viginti res medietati rei, habebis ergo centum dragmas et censum que equantur viginti rebus et medietati rei. Ergo media radices et multiplica eas in se, et minue ex eis centum, et accipe residui radicem, et minue eam ex medietate radicem que est decem et quarta. Et remanebit octo que est una duarum sectionum.

Quod si aliquis dixerit tibi : divisi decem in duas

partes et multiplicavi unam duarum partium in se, et fuit quod pervenit equale alteri parti octuagies et semel, erit hec regula ut dicas decem : excepta re in se fiunt centum et census exceptis viginti rebus, que equantur octoginta uni rei. Restaura ergo centum, et adde viginti radices octoginta uni. Erit ergo quod centum et census erunt equales centum radicibus et uni radici. Media ergo radices et erunt quinquaginta et semis. Multiplica eas in se et erunt bis mille et quingente et quinquaginta et quarta. Ex eis itaque minue centum et remanebunt bis mille et quadringente et quinquaginta et quarta. Accipe igitur ejus radicem que est quadraginta novem et semis et minue eam ex medietate radicum que est quinquaginta et semis, et remanebit unus qui est una duarum sectionum.

Et si aliquis dixerit : duo census sunt inter quos sunt due dragme, quorum minorem per majorem divisi, et pervenit ex divisione medietas, dic ergo res. Et due dragme in medietatem que est id quod pervenit ex divisione, est medietas rei et dragme, que sunt equales rei. Projice ergo medietatem rei cum medietate et remanet dragma que est equalis medietati rei. Dupla ergo et dic ergo quod res est due dragme, et altera est quattuor.

Quod si dixerit tibi : divisi decem in duas partes, deinde multiplicavi unam earum in alteram et post divisi quod aggregatum fuit ex multiplicatione per superfluum quod fuit inter duas sectiones antequam una in alteram multiplicaretur, et pervenerunt quinque et quarta. Erit ejus regula ut accipias ex decem rem, et remanebunt decem, excepta re. Unum igitur multiplica in alterum et erunt decem radices excepto censu. Et hoc est quod pervenit ex multiplicatione unius eorum in alterum, deinde divide illud per superfluum, quod est inter ea, quod est decem exceptis duabus rebus. Pervenit ergo quinque et quarta. Cum ergo multiplicaveris quinque, et quartam in decem, exceptis duabus rebus, perveniet inde census multiplicatus qui est decem res excepto censu. Multiplica ergo quinque et quartam in decem exceptis duabus rebus, et erit quod perveniet quinquaginta due dragme et semis exceptis decem radicibus et semis, que equantur decem radicibus, excepto censu. Restaura ergo quinquaginta duo et semis per decem radices et semis, et adde eas decem radicibus excepto censu, deinde restaura eas per censum et adde censum quinquaginta duobus et semis, et habebis viginti radices et semis que equantur quinquaginta duabus dragmis et semis et censui. Operaberis ergo per eas secundum quod posuimus in principio libri, si Deus voluerit.

Si quis vero tibi dixerit, est census cujus quattuor radices multiplicate in quinque radices ipsius, reddunt duplum census, et augent super hoc triginta sex dragmas; hec regula est, quoniam cum tu multiplicas quattuor radices, fiunt viginti census qui equantur duobus censibus et triginta sex dragmis. Projice ergo ex viginti censibus duos census cum duobus censibus, ergo remanent decem et octo census qui equantur triginta sex. Divide igitur triginta sex per decem et octo, et perveniet duo qui est census.

Quod si dixerit : est census cujus tertia et tres

dragme si auferantur, et postea multiplicetur, quod remanet in se, redibit census; erit ejus regula quoniam cum tu projeceris tertiam et tres dragmas, remanebunt ejus due tertie exceptis tribus dragmis, que est radix. Multiplica igitur duas tertias rei (id est census) exceptis tribus dragmis in se, due ergo tertie multiplicate in duas tertias fiunt quattuor none census. Et tres dragme diminute in duas tertias rei due radices sunt. Et tres diminute in duas tertias faciunt duas radices, et tres in tres fiunt novem dragme. Sunt ergo quattuor none census et novem dragme exceptis quattuor radicibus que equantur radici. Adde ergo quattuor radices radici et erunt quinque radices que erunt equales quattuor nonis census et novem dragmis. Cum ergo vis ut multiplices quattuor nonas donec reintegres censum tuum, multiplica igitur omne quattuor in duo et quartam et multiplica novem in duo et quartam, et erunt viginti dragme et quarta. Et multiplica quinque radices in duo et quartam, et erunt undecim res et quarta. Fac ergo per ea sicut est illud quod retuli tibi de mediatione radicum, si Deus voluerit.

Et si dixerit: dragma et semis fuit divisa per hominem et partem hominis, et evenit homini duplum ejus quod accedit parti; erit ejus regula ut dicas: homo et pars est unum et res. Est ergo quasi dicat dragma et semis dividitur per dragmam et rem, et perveniunt dragme due res. Multiplica ergo duas res in dragmam et rem, et pervenient duo census et due res que equantur dragme et semis. Reduc ea ad censum unum. Quod est ut accipias ex unaquaque re ipsius medietatem, et dicas census : et res equantur tribus quartis dragme. Appone ergo per ea secundum quod ostendi tibi.

Quod si dixerit tibi : divisi dragmam per homines, et pervenit eis res, deinde addidi eis hominem, et postea divisi dragmam per eos, et pervenit eis minus quam ex divisione prima secundum quantitem sexte dragme unius. Erit ejus consideratio, ut multiplices homines primos in diminutum quod est inter eos, deinde multiplices quod aggregatur per illud quod et inter homines primos et postremos, perveniet ego census tuus. Multiplica igitur numerum primorum hominum qui est res in sextam que est inter eos, et erit sexta radicis. Deinde multiplica illud in numerum hominum posteriorum qui est res et unum. Erit ergo quod sexta census et sexta radicis divisa per dragmam equatur dragme. Ergo reintegra illud, multiplica ipsum in sex, et erit quod habebis census et radix, et multiplica dragmam in sex, et erunt sex dragme. Census ergo et radix equantur sex dragmis. Media ergo radices, et multiplica eas in se, et adde eas super sex, et accipe radicem ejus quod aggregatur et minue ex ea medietatem radicis. Quod ergo remanet est numerus hominum primorum, qui sunt duo homines.

Capitulum conventionum negociatorum.

Scias quod conventiones negotiationis hominum, que sunt de emptione et venditione et cambitione et conductione et ceteris rebus, sunt secundum duos modos, cum quattuor numeris quibus interrogator loquitur. Qui sunt pretium et appretiatum secundum positionem, et pretium et appretiatum secundum querentem. Numerus vero qui est appretiatum secundum positionem, opponitur numero qui est pretium secundum querentem. Et numerus qui est pretium secundum positionem opponitur numero qui est appretiatum, secundum querentem. Horum vero quattuor numerorum tres semper manifesti et noti, et unus est ignotus, qui est ille qui verbo loquentis notatur per quartum, et de quo interrogator querit. Regula ergo hec est ut consideres tres numeros manifestos. Impossibile est enim quin duo eorum sint quorum unusquisque suo compari est oppositus. Multiplica ergo unumquemque duorum numerorum apparentium oppositorum in alterum et quod perveniet divide per alterum numerum, cui numerus ignotus opponitur. Quod ergo perveniet est numerus ignotus pro quo querens interrogat, qui etiam est oppositus numero per quem dividitur. Cujus exemplum secundum primum modum eorum, est ut querens interroget et dicat : decem cafficii sunt pro sex dragmis : quot ergo perveniet tibi pro quattuor dragmis? Sermo itaque ejus qui est decem cafficii, est numerus appreciati secundum positionem, et ejus sermo qui est sex dragme, est numerus ejus quod est pretium secundum positionem. Et ipsius sermo quo dicitur quantum te contigit, est numerus ignotus appretiati secundum querentem. Et ipsius sermo qui est per quattuor dragmas et numerus qui est pretium secundum querentem. Numerus ergo appretiati qui est decem cafficii opponitur numero qui est pretium secundum querentem, quod est quattuor dragme. Multiplica ergo decem in quattuor qui sunt oppositi et manifesti, et erunt quadraginta; ipsum itaque per alium numerum manifestum divide, qui est pretium secundum positionem, quod est sex dragme. Erit ergo sex et due tertie qui est numerus ignotus, qui est sermo dicentis quantum. Ipse namque est appretiatum secundum querentem, et opponitur sex qui est pretium secundum positionem.

Modus autem secundus est sermo dicentis : decem sunt pro octo; quantum est pretium quattuor? aut forsitan dic, quattuor eorum quanti pretii sunt. Decem ergo est numerus appretiati secundum positionem. Et ipse opponitur numero qui est pretii ignoti, qui notatur per verbum illius quantum, et octo est numerus qui est pretium secundum positionem. Ipse namque opponitur numero manifesto qui est appretiati qui est quattuor. Multiplica ergo duorum numerorum manifestorum et oppositorum unum in alterum, sic quattuor in octo, et erunt triginta duo. Et divide quod perveniet per alium numerum manifestum, qui est apppretiati et est decem. Erit ergo quod perveniet tres et quinta, qui est numerus qui est appretiatum. Et ipse est oppositus decem per quem divisus fuit, et similiter erunt omnes conventiones negotiationis et earum regule.

Quod si aliquis querens interrogaverit et dixerit quemdam operarium conduxi in mense pro decem dragmis, qui sex diebus operatus est. Quantum ergo contigit eum? Tu autem jam scivisti quod sex dies sunt quinta mensis, et quod illud quod ipsum contingit ex dragmis est secundum quantitatem ejus quod operatus est ex mense. Ejus vero regula est, quod mensis est triginta dies quod est appretiatum secundum positionem, et sermo ejus qui est decem est pretium secundum positionem. Ejus vero sermo qui est sex dies, est appretiatum secundum querentem, Et sermo ejus quantum contigit, est pretium secundum querentem. Multiplica ergo pretium secundum positionem, quod est decem, in appretiatum secundum querentem, quod est ei oppositum et est sex, et pervenient sexaginta. Ipsum ergo divide per triginta, qui est numerus qui est appretiatum secundum positionem. Erit ergo illud dragme, quod est pretium secundum querentem. Et similiter sunt omnia quibus homines inter se conveniunt in negotiatione, secundum cambium et mensurationem et ponderationem.

Liber hic finitur. In alio tamen repperi hec interposita suprascriptis.

Quod si quis dixerit tibi : divisi decem in duas partes, et multiplicavi unam duarum sectionum in se, et fuit quod pervenit equale alteri octuagies et semel, erit ejus regula ut dicas : decem excepta in se fiunt centum et census exceptis viginti rebus que equantur octoginta uni rei. Restaura ergo centum et adde viginti radices octuaginta uni et erunt centum et census, que erunt equales centum et uni radici. Radices ergo mediabis et erumt quinquaginta et semis. Multiplica ergo eas in se, et erunt bis mille et quingente et quinquaginta et quarta. Ex quibus minue centum, et remanebunt bis mille et quadringinta et et quarta. Hujus itaque accipe radicem, que est quadraginta novem et semis, quam minuas ex medietate radicum, que est quinquaginta et semis, et remanebit unum, qui est una duarum sectionum.

Si autem aliquis dixerit : divisi decem in duas partes et multiplicavi unam duarum partium in decem et alteram in se, et fuerunt equales, erit hec regula ut multiplices rem in decem, et erunt decem radices, deinde multiplica decem excepta re in se, et erunt centum et census exceptis viginti rebus que equantur decem radicibus. Oppone ergo per eas.

Quod si dixerit : due tertie quinte census septime radicis ipsius sunt equales, tota radix equatur quattuor quintis census et duabus tertiis quinte ipsius, qua est quattuordecim partes de quindecim, erit hujus regula ut multiplices duas tertias quinte in septem ut radix compleatur, due vero tertie quinte sunt due partes de quindecim. Multiplica igitur quindecim in se et erunt ducenta et viginti quinque, et quattuordecim in se et erunt centum et nonaginta sex. Minue igitur ex ducentis viginti quinque duas tertias quinte ipsius que est triginta, et erit pars de quindecim, quam dividas per septimam diminutam ex centum nonaginta sex que est viginti octo, et perveniet unum et quarta decima unius que est media septima, si est radix census.

Si autem dixerit : multiplicavi censum in quadruplum ipsius, et pervenerunt viginti : erit ejus regula ut multiplices ipsum in se pervenit quinque. Ipse namque est radix quinque.

Quod si dixerit : est census quem in sui tertiam multiplicavi, et pervenit decem ; erit ejus consideratio, quoniam cum tu multiplicas ipsum in se pervenit triginta : dic ergo quod census est radix triginta.

Si dixerit : est census quem in quadruplum ipsius multiplicavi, et pervenit tertia census primi, erit ejus regula, quoniam si tu multiplicaveris ipsum in duodecuplum ipsius, perveniet quod erit equale censui : quod est medietas sexte in tertiam.

Quod si dixerit : est census quem multiplicavi in radicem ipsius, et pervenit triplum census primi, erit ejus consideratio, quoniam cum tu multiplicas radicem census in tertiam ipsius, pervenit census : dic igitur quod istius census tertia est radix ejus. Et ipse est novem. Si vero dixerit : est census cujus tres radices in ipsius quattuor radices multiplicavi et pervenit census et augmentum quadraginta quattuor, erit regula hujus : quoniam cum tu multiplicas quattuor radices in tres radices fiunt duodecim census, qui sunt equales censui, et quadraginta quattuor dragmis. Ex duodecim igitur censibns, projice censum unum ; remanet ergo undecim census equales quadraginta quattuor : divide itaque quadraginta quattuor per undecim, et perveniet unus census qui est quattuor.

Et similiter si dixerit : est census cujus radix in quattuor radices ejus multiplicata reddit triplum census et augmentum quinquaginta dragmarum ; erit ejus regula, quoniam radix una in quattuor radices multiplicata facit quattuor census qui equantur triplo censui illius radicis, et quinquaginta dragmas. Ergo projice tres census ex quattuor censibus, et remanebit census qui erit equalis quinquaginta dragmis. Ipse enim est census; cum ergo multiplicabis radices quinquaginta in radices quattuor, quinquaginta perveniet triplum census, et augmentum quinquaginta dragmarum.

Quod si dixerit : tibi est census cui addidi viginti dragmas, et fuit quod pervenit equale duodecim radicibus census, erit ejus regula, quoniam dicis quod census et viginti equantur duodecim radicibus : ergo media radices et multiplica eas in se, et minue ex eis viginti dragmas, et assume radicem ejus quod remanet. Ipsam ergo ex medietate radicum que est sex minue. Quod igitur remanet est radix census, quod est duo, et census et quattuor.

Si vero dixerit : multiplicavi tertiam census in quartam ipsius, et rediit census : erit ejus regula : quoniam cum multiplicas tertiam rei in quartam rei, pervenit medietas sexte census que equatur rei. Ergo census est duodecim res, et ipse et census.

Quod si tibi dixerit : est census cujus tertiam et dragmam multiplicavi in quartam ipsius et duas dragmas, et rediit census, et augmentum tredecim dragmarum erit ejus consideratio ut multiplices tertiam rei in quartam rei, et perveniet medietas sexte census, et dragmam in quartam rei, et perveniet quarta rei, et duas dragmas tertiam rei, et pervenient due tertie rei, et dragmam in duas dragmas et erunt due dragme. Erit ergo totum illud medietas sexte census et due dragme; et undecim partes duodecim ex radice, que equantur radici et tredecim dragmis. Projice ergo duas dragmas ex tredecim et remanebunt undecim. Et projice undecim partes ex radice, et remanebit medietas sexte radicis, et undecim dragme qui equantur medietati sexte census. Ipsum ergo reintegra quod est ut ipsum in duodecim multiplices et multiplices omne quod est cum eo in duodecim. Perveniet ergo quod census equatur centum et triginta duabus dragmis et radici. Oppone ergo per ea.

Quod si dixerit est census cujus tertiam et quartam projeci, et insuper quattuor dragmas, et multiplicavi quod remansit in se, et quod pervenit fuit equale censui, et augmento duodecim dragmarum. Hujus regula erit, ut accipias rem et auferas tertiam et quartam ex eo, et remanebunt quinque duodecim partes rei. Et minue ex eis quattuor dragmas, et remanebunt quinque duodecime partes rei exceptis quattuor dragmis. Eas igitur in se multiplica; erunt ergo quinque partes in se multiplicate, viginti quinque partes centesime quadragesime quarte census. Postea multiplica quattuor dragmas exceptas in quinque partes duodecimas rei duabus vicibus, et erunt quadraginta partes, quarum queque duodecim sunt res una, et quattuor dragme diminute in quattuor fiunt sedecim dragme addite, fiunt ergo quadraginta partes tres radices et tertia radicis diminute. Pervenient ergo tibi viginti quinque partes centesime quadragesime quarte census, et sedecim dragme, exceptis tribus radicibus, et tertiam que equantur radici, et duodecim dragmis. Per eas ergo oppone, projice igitur duodecim ex sedecim, et remanent quattuor dragme, et adde tres radices et tertiam radicis, et pervenient tibi quattuor radices et tertia radicis, que equantur viginti quinque partibus centesimis quadragesimis quartis census, et quattuor dragmis. Oportet igitur ut censum tuum reintegres. Ipsum ergo multiplica in quinque et decem, et novem partes vigesimas quintas donec reintegretur, et multiplica quattuor dragmas tres in quinque et decem et novem partes. Erunt ergo viginti dragme et per una vigesima quinta. Et multiplica quattuor radices et tertiam in quinque et decem et novem partes vigesimas quintas. Erunt ergo viginti quattuor radices et viginti quattuor partes vigesimas quintas radicis. Media ergo radices. Erunt ergo duodecim radices, et duodecim partes vigesime quinte. Multiplica ergo eas in se, et erunt centum et quinquaginta quinque et quadringente et sexaginta novem partes sexcentesime et vigesime quinte. Minue ergo ex eis viginti tres et partem vigesimam quintam que est cum censu, et remanebunt centum et triginta duo et quadraginte et quadringinta quattuor partes sexcentesime et vigesime quinte. Ejus itaque accipe radicem que est undecim et tredecim partes vigesime et quinte. Ipsam ergo medietati radicum que est duodecim et duodecim partes vigesime quinte adde. Erit ergo illud viginti quattuor, qui est census quem queris.

Si vero dixerit : est census quem in duas tertias multiplicavi et pervenit quinque : erit ejus consideratio ut multiplices rem aliquam in duas tertias rei et sint due tertie census equales quinque. Ipsam ergo reintegra per equalitatem medietatis ipsius, et adde supra quinque ipsius medietatem, et habebis censum equalem septem et semis. Radix ergo ejus est res quam multiplicabis in duas tertias et perveniet quinque.

Quod si dixerit tibi : duo census sunt inter quos sunt due dragme, quorum minorem per majorem divisi, et evenit ex divisione medietas. Erit ejus regula ut multiplices rem et duas dragmas in id quod ex divisione pervenit quod est medietas, et erit quod perveniet medietas rei et dragma que equantur rei. Projice ergo medietatem cum medietate, remanet dragma que equantur medietati rei. Duplica eas. Ergo habebis rem que equatur duabus dragmis, et ipsa est unus duorum censuum. Et alter census est quattuor.

Si autem dixerit : multiplicavi censum in tres radices, et pervenit quintuplum census ; quod est quasi dixisset multiplicavi censum in radicem suam, et multiplicavi censum in radicem suam, et fuit quod pervenit equale censui et duabus tertiis. Ergo radix et census est due dragme et septem none.

Quod si dixerit tibi : est census cujus projeci tertiam, deinde multiplica residuum in tres radices census primi, et rediit census primus. Erit ejus regula : quoniam cum tu multiplices totum censum ante projecionem sue tertie in tres radices ejus, pervenit census et semis, quoniam due tertie ejus multiplicate in tres radices ejus faciunt censum. Ergo ipse totus multiplicatus in tres radices ejus, est census et semis.

Ipse ergo totus multiplicatus in radicem unam redit census medietatem. Ergo radix census est medietas. Et census est quarta. Tertie ergo census due sunt sexta. Et tres radices census est dragmam et semis. Quotiescumque igitur multiplicas sextam in dragmam et semis, pervenit quarta que est census tuus.

Sin autem dixerit, est census cui abstuli quattuor radices, deinde accepi tertiam residui, que fuit equalis quattuor radicibus : census igitur est ducenta et quinquaginta sex : erit ejus regula. Quia enim scis quod tertia ejus quod remanet est equale quattuor radicibus ejus, et sic illud quod remanet est equale duodecim radicibus. Ergo adde quattuor radices quas prius abstulisti, et erit sedecim radices. Ipse enim est radix census.

Quod si dixerit est census de quo radicem suam projeci et addidi radici, radicem ejus quod remansit, et quod pervenit fuit due dragme. Ergo hec radix census et radix ejus quod remansit, fuit equale duabus dragmis. Projice ergo ex duabus dragmis radicem census. Erunt itaque due dragme, excepta radice, in se multiplicate. Quattuor dragme et census, exceptis quattuor radicibus, que equantur censui radice diminuta. Oppone ergo per eas. Et ergo census et quattuor dragme que equantur censui et tribus radicibus. Projice ita censum cum censu, et remanebunt tres radices equales quattuor dragmis. Ergo radix equatur dragme et tertie, et census est dragma et septem none dragme unias.

Et si dixerit : est census ex quo projeci tres radices suas, deinde residuum in se multiplicavi et pervenit census. Jam ergo scis quod illud quod remanet est et radix, et quod census est quattuor radices, et ipse est sedecim dragme.

Si quis autem tibi dixerit : multiplicavi censum in duas tertias ipsius et pervenit quinque : erit ejus regula, quoniam cum multiplicas ipsum in se, pervenit septem et semis. Multiplica igitur duas tertias radicis septem et semis, quod est ut multiplices duas tertias in duas tertias, perveniet ergo quattuor none. Quattuor ergo none multiplicate in septem et semis sunt tres et tertia. Ergo radix trium et tertia, est due tertie radicis septem et semis. Multiplica igitur tres et tertiam in septem et semis, et pervenient vigintiquinque dragme, cujus radix est quinque.

Parmi les manuscrits de la bibliothèque royale, qui contiennent l'ouvrage précédent et que nous avons cités au commencement de cette note, il en est un (*Supplément latin*, n° 49 in-folio) intitulé *Mathematica*, qui mérite une attention particulière. Ce manuscrit, sur lequel nous aurons l'occasion de revenir souvent, a appartenu à Boulliau et contient un grand nombre de pièces scientifiques intéressantes. Voici le catalogue de ces pièces tel qu'il se trouve au commencement de ce volume.

In isto volumine sunt infrascripti libri, imprimis :

Liber Theodosii de speris, et habet partes tres, f. 1, 5, 13.

Liber Autoloci de spera mota, f. 19.

Liber Esculei de ascensionibus, f. 22.

Cordam per archum et archum per cordam invenire, f. 23.

Liber quem edidit Thebit, filius Chore, de his quæ indigent expositione antequam legatur Almaghestus, f. 24.

Liber Theodosii de locis in quibus morantur homines, f. 25.

Liber Arsamitis de mensura circuli, f. 29.

Epistola Abuiafar, Ameti filii Josephy, de arcubus similibus, f. 30.

Liber de quinque essentiis quem Jacob Alchildus, filius Ysaac, compilavit ex dictis Aristotelis, f. 32.

Liber Miley de figuris spericis : sunt tres tractatus, f. 33, 46, 49.

Verba filiorum Moysi, filii Sechir, 1. Maumeti Hameti Hasen, f. 55.

Epistola Ameti, filii Josephy, de proportione et proportionalitate, f. 64.

Liber Jacob Alkindi de causis diversitatum aspectus et dandis demonstrationibus geometricis super eas, f. 75.

Tractatus Euclidis (immo Ptolemæi) de speculis, f. 82.

De exitu radiorum et conversione eorum, f. 83.

Sermo de speculis, editus a Tideo, filio Theodori, f. 84.

Principia Apollonii de pyramidibus, f. 86.

Liber de aspectibus Euclidis, f. 89.

Liber Abaci super decimum Euclidis, f. 93.

Liber Maumeti, filii Moysi Alchoarismi, de algebra et almuchabala, f. 111.

Liber Abhabuchri qui dicebatur Deus, de mensuratione terrarum, translatus a magistro Ghirardo de Cremona, f. 117.

Liber Asaidi Abuochmi, f. 126.

Liber Aderameti, f. 126.

Liber augmenti et diminutionis, vocatus numeratio divinationis (id est positione falsa), quem Abraham composuit, f. 127.

Liber Jacob Alkindi philosophi, de gradibus, f. 135.

Tractatus Thebit, filii Chore, in motu accessionis et recessionis, f. 141.

Liber Alpharabii de scientiis, translatus a magistro Ghirardo predicto, f. 144.

Liber Noe de hortis et plantationibus, f. 152.

Forma tabularum et ordinis earum et nominationis mensuum in capitibus suis et nominationis mansionum in eis, f. 153.

NOTE XIII.

(PAGES 123 et 139.)

Dans la première édition de ce volume, j'avais annoncé (p. 129 et 268), sur la foi d'un article inséré dans le Journal Asiatique (Mai 1834), qu'il paraissait certain que les Arabes avaient connu et traité les équations du troisième degré, et j'avais exprimé le regret que le manuscrit de la bibliothèque du roi, que l'on assurait contenir cette découverte, fût toujours resté entre les mains de la personne qui l'avait annoncée (1). Depuis lors ce manuscrit a été rendu à la bibliothèque, et j'ai pu l'étudier. Le fragment que l'on avait annoncé dans le Journal Asiatique se trouve à la fin du manuscrit arabe n° 1104 (*Ancien fonds*) de la bibliothèque royale, et (comme on l'avait déjà dit) ne contient pas de nom d'auteur. Mais j'ai reconnu que le manuscrit arabe n° 1136 (*Ancien fonds*) de la même bibliothèque contenait tout l'ouvrage dont on n'avait fait connaître qu'un fragment, et que cet ouvrage est un traité d'algèbre

---

(1) Il résulte des régistres de la bibliothèque royale que l'auteur de l'article inséré dans le Journal Asiatique a emprunté le manuscrit dont il s'agit le 27 Février 1834, et ne l'a rendu que le 27 Octobre 1836; c'est-à-dire lorsque tout mon premier volume était imprimé.

dont l'auteur (Omar Alkheyamy (1) de Nisapour) est indiqué sur le titre. Dans cet ouvrage, Omar classe les équations en équations à deux, à trois et à quatre termes, faisant autant de cas qu'il a de manières de les partager en deux parties (ou en deux membres) égales entre elles, lorsqu'on suppose tous les termes positifs, et qu'on exclut le cas du second membre égal à zéro. Les équations ne sont pas même ordonnées suivant les puissances de la variable; et une équation complète du second degré se trouve dans la même classe qu'une équation à trois termes du troisième degré. Cette classification inexacte aurait seule suffi pour empêcher au géomètre arabe de résoudre les équations du troisième degré. En effet, il n'y a dans ce manuscrit que la construction géométrique de ces équations, et l'on y montre seule-

---

(1) Cet ouvrage se trouve indiqué dans le catalogue imprimé des manuscrits de la bibliothèque du roi, sous le titre de « Tractatus brevis de algebra sive de iis ad quæ arithmeticæ ope pervenire nequit. Auctore *jiaddino* Nisaburensi » (*Catalogus manuscript. bibl. reg.*, tom. I, p. 222). Comme le premier feuillet de ce manuscrit est rempli d'écriture presque effacée (ce qui en rend la lecture très difficile), et qu'il porte plusieurs noms, j'ai consulté à ce sujet M. Reinaud, qui avec son obligeance accoutumée m'a répondu qu'il croyait que le mot *jiaddin* était une altération d'un des titres qu'après le dixième siècle prenaient les docteurs musulmans en recevant leurs derniers grades, et que le nom de l'auteur était celui que j'ai donné ci-dessus. Hadji-Khalfa, dans son dictionnaire bibliographique, parle de cet Omar au mot *Algèbre*. Abou'lfeda cite Omar Alkheyamy parmi les astronomes attachés à l'observatoire fondé par Malek-Schah dans la seconde moitié du on-

ment comment, pour l'effectuer, il faut employer les propriétés connues des sections coniques. On peut donc croire que les Arabes n'ont pas connu la résolution des équations du troisième degré (1), et qu'ils n'en ont traité aucune algébriquement : ils se sont bornés à les représenter par des courbes, comme les Grecs l'avaient fait dans plusieurs cas. Mais construire une équation d'après les propriétés de certaines courbes, ce n'est pas la résoudre. Cela est si vrai, qu'on sait construire les équations de tous les degrés, et qu'on ne peut les résoudre généralement que lorsqu'elles ne surpassent pas le quatrième degré. L'auteur de l'article déjà cité a annoncé plus récemment que les Arabes avaient connu la *variation* (2). Mais comme, malgré les doutes qui ont été émis publiquement à ce

---

zième siècle. Il est vrai que dans l'édition d'Adler il y a *Ibrahym Alkheyamy* (*Abulfedae annales muslemici*, tom. III, p. 236-238); mais le manuscrit autographe d'Abou'lfeda, qui est à la Bibliothèque Royale, porte *Omar Alkheyamy*.

(1) Le manuscrit de la bibliothèque de Leyde, cité par Montucla (*Histoire des Mathématiques*, tom. I, p. 383. — *Catalogus bibl. publicæ univers. Lugd.-Batav.*, 1726, in-fol., p. 454), ne saurait contenir que l'ouvrage d'Omar Alkheyamy dont je viens de parler : le sujet est le même, et la différence entre *Omar*, et *Omar ben Ibrahym* est trop peu de chose pour qu'elle doive nous arrêter. Au reste, je tâcherai de me procurer une copie du manuscrit de Leyde, et je ferai connaître le résultat de mes recherches sur ce sujet dans l'édition de l'ouvrage d'Omar Alkheyamy, que je compte publier dès que mes occupations me le permettront.

(2) *Journal Asiatique*, Novembre 1835, p. 429.

sujet, il a continué à garder (1) le manuscrit qu'il dit contenir cette découverte (ce qui m'a empêché de pouvoir la vérifier); et comme le même auteur a déjà annoncé que les Arabes avaient inventé la géométrie de position et traité les équations du troisième degré, ce qui après un plus mûr examen, a été trouvé inexact, il est prudent de suspendre au moins tout jugement sur la découverte de la variation, jusqu'à ce que d'autres personnes aient pu en constater l'existence.

---

(1) Ce manuscrit, qui est le n° 1138 de la bibliothèque royale (*MSS. arabes, ancien fonds*), a été prêté à la même personne le 27 Octobre 1835, et aujourd'hui (3 Avril 1837) il n'a pas encore été rendu à la bibliothèque royale. Il serait d'autant plus utile qu'on pût le consulter et l'étudier, qu'il se trouve porté comme une traduction de l'*Almageste de Ptolémée* dans le catalogue imprimé des manuscrits de la bibliothèque du roi (t. 1, p. 222), et non pas comme un *Almageste d'Aboul Wefa*, à qui on l'a attribué dans le Journal Asiatique (Novembre 1835, p. 431).

NOTE XIV.

(PAGE 125.)

***Liber augmenti et diminutionis vocatus numeratio divinationis, ex eo quod sapientes Indi posuerunt, quem Abraham* (1) *compilavit et secundum librum qui Indorum dictus est composuit.* (2)**

In ipso est capitulum de censibus. Deinde de negotiatione; postea de donationibus; deinde de pomis;

---

(1) On pourrait croire que cet Abraham est le fameux Abraham Aben Ezra qui a écrit le traité *De nativitalibus* et d'autres ouvrages de sciences. Effectivement, l'ouvrage que nous publions ici lui est attribué dans l'*index authorum* qui se trouve à la fin du quatrième volume du catalogue imprimé des manuscrits de la bibliothèque du roi (à l'article Abraham Aben Ezræ); mais il nous reste encore quelques doutes sur le véritable auteur de ce traité.

(2) Nous ajoutons ici, en bas de chaque page, la traduction en langage algébrique des opérations indiquées dans le texte. Nous n'avons pas ajouté cette traduction au traité de Mohammed ben Musa, parce qu'elle se trouvait déjà dans l'édition de cet ouvrage donnée par M. Rosen. On sait qu'anciennement le mot *census* signifiait l'inconnue à la seconde puissance, et que la *res*, c'était l'inconnue elle-même. On verra quelquefois ici ces deux dénominations confondues dans des équations qui, ne contenant que la seconde puissance de l'inconnue et point de premières puissances, peuvent être considérées comme étant du premier ou du second degré, lorsqu'on ne tient pas compte du nombre des racines.

postea de obviatione; deinde de cambitione; postea de decenis et frumento et ordeo; deinde de mercatis, et ad ultimum de anulis.

Hic post laudem Dei inquit. Compilavi hunc librum secundum quod sapientes Indorum adinvenerunt de numeratione divinationis, utilem in ipso consideranti et studenti, et perseveranti in eo, et intelligenti ejus intentionem. Ex eo igitur est : est census de quo ejus tertia dempta, et quarta, fuit octo quod remansit (1). Quantus est census? Capitulum numerationis ejus est (2) ut ex duodecim assumas lancem; et tertia et quarta ex eo consurgunt, et demas ejus tertia et quarta, que sunt septem, et remanebit quinque. Per ipsum igitur oppone octo, residuum scilicet census et apparebit te jam errasse per tria diminuta : serva ea, deinde assume lancem secundam a prima divisam, que sit ex viginti quattuor, et deme ejus tertiam et quartam que sunt quattuordecim, et

---

(1) $$x^2 - \frac{1}{3}x^2 - \frac{1}{4}x^2 = 8.$$

(2) Si l'on suppose $x^2 = 12$, on aura

$$12 - 4 - 3 = 5;$$

$$8 - 5 = 3 = e = \text{I}^{\text{re}} \text{ erreur}.$$

Si l'on suppose $x^2 = 24$, on aura

$$24 - 8 - 6 = 10;$$

$$10 - 8 = 2 = e' = \text{II}^{\text{e}} \text{ erreur}.$$

$$\frac{24\,e + 12\,e'}{e + e'} = \frac{96}{5} = 19 + \frac{1}{5} = x^2.$$

remanebit decem. Oppone ergo per eum octo residuum scilicet census. Apparet itaque te jam errasse per duo addita. Multiplica igitur errorem lancis postreme qui est duo in lancem primam, que est duodecim, et perveniet 24. Et multiplica errorem lancis prime, qui est tria, in lancem postremam, que est 24, et erit 72. Aggrega ergo 24 et 72, eo quod unus error est diminutus et alter additus. Si enim utrique essent diminuti aut additi demeres minus ex majore. Postquam ergo aggregasti viginti quattuor et septuaginta duo, fuerit quod aggregatum est nonaginta sex, deinde aggrega duos errores qui sunt tria et duo, et perveniet quinque; deinde igitur nonaginta sex per quinque qui est ille ex quo pervenit, et perveniet tibi decem et novem dragme et quinta dragme.

Hec propterea regula est (1) ut ponas duodecim, rem ignotam, et demas ejus tertiam et quartam, et remanebit quinque, dic ergo in quam rem multiplicatur quinque donec redeat duodecim? Ipse enim est res ignota. Illud autem est duo et due quinte : multiplica igitur duo et duas quintas in octo, et erit decem et novem et quinta.

---

(1) Si l'on suppose $y = x = 12$, on aura

$$12 - \frac{12}{3} - \frac{12}{4} = 5,$$

$$5 \times \left(2 + \frac{2}{5}\right) = 12,$$

$$\left(2 + \frac{2}{5}\right) 8 = 19 + \frac{1}{5} = y.$$

Capitulum aliud de eodem.

Quod si dixerit aliquis : est census de quo dempte fuerunt ejus tertia et quattuor dragme, et quarta ejus quod remansit, et residuum fuit viginti dragme (1). Assume (2) ergo lancem ex duodecim, ipse est ex quo consurgit tertia et quarta, et deme ejus tertiam et remanebunt octo dragme; deinde perfice ex eis quattuor dragmas, et remanebunt quattuor; post deme quartam ejus quod remanebit, et remanebunt tria. Per ea igitur oppone viginti que excensu remanserunt. Tunc jam errasti per decem et septem diminuta. Postea accipe lancem secundam divisam a prima que sit ex viginti quattuor, et perfice tertiam ejus que est octo, remanebit sedecim; post minue quat-

---

(1) $$x^2 - \frac{x^2}{3} - 4 - \frac{1}{4}\left(x^2 - \frac{1}{3}x^2 - 4\right) = 20.$$

(2) Si l'on suppose $x^2 = 12$, on aura

$$12 - \frac{12}{3} - 4 - \left(12 - \frac{12}{3} - 4\right) = 3;$$

$$20 - 3 = 17 = e = \text{I}^{\text{re}} \text{ erreur}.$$

Si l'on suppose $x^2 = 24$, on aura

$$24 - \frac{24}{3} - 4 - \frac{1}{4}\left(24 - \frac{24}{3} - 4\right) = 9;$$

$$20 - 9 = 11 = e' = \text{II}^{\text{e}} \text{ erreur}.$$

$$\frac{24\,e - 12\,e'}{e - e'} = \frac{408 - 132}{17 - 11} = 46 = x^2.$$

20.

tuor dragmas, et remanebit duodecim; deinde deme quartam ejus quod remanet, que est tria, et remanebit novem. Oppone ergo per ipsum viginti : tunc jam errasti per undecim diminuta. Multiplica igitur errorem postreme lancis, qui est undecim, in lancem primam, que est duodecim, et erit quod perveniet centum et triginta duo. Deinde multiplica errorem lancis prime, qui est decem et septem, in lancem postremam, que est viginti quattuor, et quod perveniet erit quadringinta et octo; deinde minue minorem duorum numerorum ex majore eorum quorum utrique errores sunt diminuti. Quod est ut minuas centum et triginta duo ex quadragintis et octo, et remanebunt ducenta et septuaginta sex; deinde minorem duorum numerorum ex majore ipsorum minue; quod est ut minuas undecim ex decem et septem, et remanebit sex; divide ergo ducenta et septuaginta sex per sex, et perveniet tibi quadraginta sex, qui est numerus census quem vis scire.

Hujus quoque est regula. Que est (1) ut accipias rem et demas ejus tertiam, et remanebunt due tertie rei exceptis quattuor dragmis. Minue ergo quartam duarum tertiarum exceptis quattuor dragmis que est

---

(1) $$\gamma - \frac{1}{3}\gamma - 4 = \frac{2}{3}\gamma - 4,$$

$$\frac{2}{3}\gamma - 4 - \frac{1}{4}\left(\frac{2}{3}\gamma - 4\right) = \frac{2}{3}\gamma - 4 - \left(\frac{1}{6}\gamma - 1\right) = \frac{1}{2}\gamma - 3 = 20;$$

$$\frac{1}{2}\gamma = 23,\ \gamma = 46.$$

sexta rei et dragma, et remanebit medietas rei exceptis tribus dragmis, que equantur viginti. Tria igitur adjunge viginti, et erunt viginti tria; habebis ergo mediatem rei, que equatur viginti tribus. Ergo res equatur quadraginta sex.

Questio secunda. Quod si dixerit : est census ex quo dempte fuerunt quattuor dragme et quarta ejus quod remansit et quod remansit fuit duodecim (1). Accipe ergo rem et minue ex ea quattuor dragmas, habes ergo rem exceptis quattuor dragmis. Tunc minue quartam ejus, et remanebunt tres quarte rei exceptis tribus dragmis, que equantur duodecim. Adjunge igitur tria duodecim et erunt quindecim. Ergo habes tres quartas rei, que equantur quindecim. Ergo res equatur viginti.

Capitulum aliud in eodem.

Quod si dixerit : est census ex quo dempte fuerunt quattuor dragme et quarta ejus quod remansit, et quinque dragme et quarta ejus quod remansit, et residuum fuit decem dragme, quantus (2) est census?

---

(1) $x^2 - 4 - \frac{1}{4}(x^2 - 4) = 12, \; x^2 = y;$

$$y - 4 - \frac{1}{4}y + 1 = \frac{3}{4}y - 3 = 12,$$

$$\frac{3}{4}y = 15, \; y = 20.$$

(2) $x^2 - 4 - \frac{1}{4}(x^2 - 4) - 5 - \frac{1}{4}\left(x^2 - 4 - \frac{1}{4}(x^2 - 4) - 5\right) = 10.$

Capitulum numerationis ejus est (1) ut accipias lancem ex sedecim qui est numerus a quo denominatur quarta et quarta. Minue ergo ex eo quattuor dragmas, et remanebit duodecim; et quartam residui, et remanebit novem; et quinque dragmas, et remanebit quattuor; et quartam residui, et remanebunt tria. Oppone ergo per ea postea decem, residuum sit census. Tunc jam errasti cum septem diminutis, serva ea; deinde assume lancem secundam a prima divisam que sit ex triginta duobus, et perfice ex ea quattuor dragmas, et remanebunt viginti octo; et quartas ejus quod remanet, scilicet septem, et remanebit viginti unum. Et minue quinque dragmas, et remanebit sedecim. Et minue quartam ejus quod remansit, et remanebit duodecim. Ergo oppone per ipsum decem qui remanserunt ex censu, tunc jam errasti cum duobus additis. Multiplica autem duo in lancem primam que est sedecim, et erunt triginta duo;

---

(1) Si l'on suppose $x^2 = 16$, on aura $16 - 4 = 12$,

$$12 - \frac{12}{4} = 9,\ 9 - 5 = 4,\ 4 - \frac{4}{4} = 3;$$

$$10 - 3 = 7 = e = \text{I}^{\text{re}} \text{ erreur.}$$

Si l'on suppose $x^2 = 32$, on aura $32 - 4 = 28$, $28 - \frac{28}{4} = 21$,

$$21 - 5 = 16,\ 16 - \frac{16}{4} = 12;$$

$$12 - 10 = 2 = e' = \text{II}^{\text{e}} \text{ erreur.}$$

$$\frac{32\,e + 16\,e'}{e +} = \frac{224 + 32}{2 + 7} = \frac{256}{9} = 28 + \frac{4}{9} = x^2.$$

et multiplica errorem lancis prime qui est septem in lancem secundam que est triginta duo et erit quod perveniet ducenta et viginti quattuor; duos itaque numeros ad invicem junge, et erunt ducenta et quinquaginta sex; deinde adjunge unum duorum errorum alteri quorum ipsi sunt diminuti et additi, et pervenient novem; divide ergo ducenta et quinquaginta sex per novem et pervenient tibi viginti octo dragme et quattuor none unius dragme.

Hujus quoque regula invenitur. Que est (1) ut ponas sedecim rem ignotam, et minuas ex ea quattuor dragmas, et habebis rem exceptis quattuor dragmis. Et deme residu quartam et remanebunt tibi tres quarte rei exceptis tribus dragmis. Et minue quinque dragmas et habebis tres quartas rei exceptis octo dragmis. Minue ergo quartam residui. Quarta vero trium quartarum est octava et medietas octave. Et quarta octo dragmarum est due dragme. Remanent

---

(1) Si l'on suppose $x^2 = y = 16$, on aura

$$y - 4 = \frac{1}{4}(y - 4) = \frac{3y}{4} - 3,$$

$$\frac{3}{4}y - 3 - 5 = \frac{3}{4}y - 8,$$

$$\frac{1}{4}\left(\frac{3y}{4} - 8\right) = \frac{1}{8}y + \frac{1}{2}\cdot\frac{1}{8}y - 2,$$

$$\frac{4}{8}y + \frac{1}{2.8}y - 6 = 10, \frac{4}{8}y + \frac{1}{2.8}y = 16,$$

$$\left(\frac{8}{16} + \frac{1}{16}\right)y + \frac{7}{16}y = 16 + \frac{7}{9}16 = y = 28 + \frac{4}{9}.$$

ergo tibi quattuor octave rei et medietas octave rei exceptis sex dragmis, que equantur decem. Adde igitur sex decem et erunt sedecim ; habes itaque quattuor octavas rei et mediatem octave rei, que equantur sedecim. Dic ergo quantum adjungetur quattuor octavis rei et medietati octave rei donec redeat res? Hoc autem est novem partes sexte decime, quibus adjunges quantum est ejus septem none. Super sedecim igitur adjunge quantum sunt septem ejus none et erit quod perveniet viginti octo et quattuor none. Quedam vero harum questionum investigantur secundum regulam que vocatur infusa. Et ipsa est regula Job, filii Salomonis divisoris (1). Non tamen omnes per ipsam perducuntur. Ex eis vero est ejus sermo qui dixit : Est (2) census cujus tertia et quattuor ipsius dragme et quarta ejus quod remansit sunt dempte, et residuum fuit viginti. Incipe igitur cum questione ab ejus postremitate, et dic : cum ex re minuitur quarta ejus, remanent tres quarte. Quan-

---

(1) Dicitur divisor qui res a defuncto relicta partitur, et hoc apud Arabes (*Note marginale du manuscrit*).

(2) $$x^2 - \frac{1}{3}x^2 - 4 - \frac{1}{4}\left(x^2 - \frac{1}{3}x^2 - 4\right) = 20;$$

$$x^2 - \frac{1}{3}x^2 - 4 = y;\ y - \frac{1}{4}y = \frac{3}{4}y = 20,\ \left(\frac{3}{4} + \frac{1}{3}\cdot\frac{3}{4}\right)y = y,$$

$$y = 20 + \frac{20}{3},\ y = 26 + \frac{2}{3},\ y + 4 = x^2 - \frac{1}{3}x^2 = 30 + \frac{2}{3},$$

$$\frac{2}{3}x^2 + \frac{1}{2}\cdot\frac{2}{3}x^2 = x^2 = 30 + \frac{2}{3} + \frac{1}{2}\left(30 + \frac{2}{3}\right) = 46.$$

tum ergo adjungitur tribus quartis donec redeat res? Invenies ergo illud esse quantum ejus tertia. Ergo adjunge viginti quantum est ejus tertia, et erit quod perveniet viginti sex et due tertie, deinde adjunge quattuor dragmas, et erunt triginta et due tertie. Postea dic : cum minuitur tertia rei remanent due ejus tertie. Quantum ergo adjungitur duabus tertiis donec redeat res? Invenies autem illud esse quantum eorum est medietas. Adjunge ergo triginta et duabus tertiis quantum est et eorum medietas, et perveniet quadraginta sex.

Et modus regule sermonis ejus est. Est (1) census ex quo dempta fuit ejus quarta et quinque dragme et quarta ejus quod remansit, et residuum fuit decem; diminue ergo ex re quartam sui et remanebunt tres quarte. Quantum ergo adjungitur tribus quartis donec redeat res? Invenies autem illud quantum est ejus tertia. Adjunge igitur decem quantum est ejus tertia, et erit quod perveniet tredecim et tertia. Deinde adjunge quinque dragmas, et erit quod perveniet decem et octo et tertia. Post deme quartam

---

(1) $u^2 - \frac{1}{4}u^2 - 5 - \frac{1}{4}\left(u^2 - \frac{1}{4}u^2 - 5\right) = 10.\ u^2 - \frac{1}{4}u^2 - 5 = v,$

$$v - \frac{1}{4}v = 10;\ \frac{3}{4}v = 10,\ \frac{3}{4}v + \frac{1}{3}\cdot\frac{3}{4}v = 10 + 3 + \frac{1}{3} = 13 + \frac{1}{3} = v.$$

$$u^2 - \frac{1}{4}u^2 = v + 5 = 18 + \frac{1}{3},\ \frac{3}{4}u^2 = 18 + \frac{1}{3},$$

$$\frac{3}{4}u^2 + \frac{1}{3}\cdot\frac{3}{4}u^2 = 18 + 6 + \frac{1}{3} + \frac{1}{9} = 24 + \frac{4}{9}.$$

rei, et remanebunt tres quarte rei. Quantum ergo adjungitur tribus quartis donec redeat res? Invenies autem illud quantu est ejus tertia. Adjunge ergo decem et octo et tertie. Quantum est ejus tertia, et erunt viginti quattuor et quattuor none.

Capitulum de eodem aliud.

Quod si dixerit: est census cui adjunxi tertia ejus et quarta ejus quod aggregatur, et fuit triginta. Quantus est census (1)? Capitulum numerationis ejus est ut assumas lancem que sit ex sex. Ei igitur adjunge ipsius tertiam, et perveniet octo; et adjunge quartam ejus quod aggregatur (2) que est duo et erit decem. Oppone ergo per ipsum triginta, et tunc jam errasti cum viginti diminutis. Ergo hic vocatur error primus. Deinde accipe lancem secundam divisam a

---

(1) $$x^2 + \frac{1}{3}x^2 + \frac{1}{4}\left(x^2 + \frac{1}{3}x^2\right) = 30.$$

(2) Si l'on suppose $x^2 = 6$, on aura

$$6 + \frac{6}{3} = 8,\ 6 + \frac{6}{3} + \frac{8}{4} = 10;\ 30 - 10 = 20 = e = \text{I}^{\text{re}} \text{ erreur.}$$

Si l'on suppose $x^2 = 12$, on aura

$$12 + \frac{12}{3} = 16,\ 12 + \frac{12}{3} + \frac{16}{4} = 20;$$

$$30 - 20 = 10 = e' = \text{II}^{\text{e}} \text{ erreur.}$$

$$\frac{12\,e - 6\,e'}{e - e'} = \frac{180}{10} = 18 = x^2.$$

prima que sit ex duodecim. Adjunge ergo ei tertiam ejus et erit sedecim. Et quartam ejus quod aggregatur, et erit viginti. Oppone ergo per ipsum triginta. Et tunc jam errasti per decem diminuta. Hic ergo vocatur jam error secundus. Multiplica igitur hunc errorem postremum in lancem primam, quod est decem in sex, et erit quod perveniet sexaginta. Et multiplica errorem primum, qui est viginti, in lancem postremam, quod est duodecim in viginti, et erunt ducenta et quadraginta. Minue ergo minorem duorum numerorum ex majore eorum quorum duo errores sunt diminuti. Quod est ut minuas sexaginta ex ducentis et quadraginta, et remanebunt centum et octoginta. Deinde minue minorem duorum errorum ex majore eorum, quod est ut minuas decem ex viginti, et remanebunt decem. Deinde ergo centum et octoginta per decem, et pervenient tibi decem et octo. Hic ergo est census quem vis scire.

Et est ejus regula hec (1) : ut assumas rem et adjungas ei tertiam ejus, et habebis rem et tertiam rei Et adjungas ei quartam ejus quod aggregatur que est tertia rei, et habebis rem et duas tertias rei que equantur triginta. Denomina ergo rem a re et duabus tertiis rei. Et illud est tres quinte. Accipe tres quintas ex triginta que sunt decem et octo.

---

(1) $y + \frac{1}{3}y + \frac{1}{4}y + \frac{1}{12}y = y + \frac{2}{3}y = 30,$

$\frac{5}{3}y = 30, y = \frac{3}{5} . 30 = 18.$

Capitulum de eodem aliud.

Quod si dixerit : est census cui adjunxisti tertiam ejus et quattuor dragmas et quartam ejus quod aggregatur, et quod pervenit fuit quadraginta dragme (1). Capitulum numerationis ejus secundum augmentum et diminutionem est (2) ut assumas lancem ex sex, et adjungas ei tertiam ejus et quattuor dragmas, et quod perveniet erit duodecim. Et adjunge quartam ejus quod aggregatur, que est tria, et erit quindecim. Per ipsum ergo oppone quadraginta. Et tunc jam errasti cum viginti quinque diminutis. Deinde accipe lancem secundam divisam a prima que sit ex duodecim. Adjunge ergo ei ejus tertiam que est quattuor, et erit sedecim; et adjunge ei quattuor dragmas, et perveniet viginti. Et adde quartam ejus quod aggre-

---

(1) $$x^2 + \frac{1}{3}x^2 + 4 + \frac{1}{4}\left(x^2 + \frac{1}{3}x^2 + 4\right) = 40.$$

(2) Si l'on suppose $x^2 = 6$, on aura

$$6 + \frac{6}{3} + 4 = 12,\ 12 + \frac{12}{4} = 15;\ 40 - 15 = 25 = e = \text{1}^{\text{re}} \text{ erreur}.$$

Si l'on suppose $x^2 = 12$, on aura

$$12 + \frac{12}{3} + 4 = 20,$$

$$20 + \frac{20}{4} = 25;\ 40 - 25 = 15 = e' = \text{II}^{\text{e}} \text{ erreur}.$$

$$\frac{12\,e - 6\,e'}{e - e'} = \frac{210}{10} = 21 = x^2.$$

gatur, que est quinque, et quod pervenit erit viginti quinque. Ergo oppone per ipsum quadraginta. Et tunc jam errasti per quindecim diminuta. Multiplica ergo hec quindecim, que sunt error lancis postreme in lancem primam, que est sex, et erit quod perveniet nonaginta; deinde multiplica errorem lancis prime qui est viginti quinque, in lancem postremam que est duodecim, et quod perveniet erit trecenta. Deme ergo minorem duorum numerorum ex majore eorum quorum duo errores sunt diminuti. Quod est ut minuas nonaginta ex trecentis, et remanebunt ducenta et decem. Deinde minue minorem duorum errorum majore eorum. Quod est ut minuas quindecim ex viginti quinque, et remanebunt decem; divide ergo ducenta et decem per decem, et perveniet tibi viginti et una dragma. Hic ergo est census quem vis scire.

Et est ejus regula, que est (1) ut accipias rem et adjungas ei quantum est ejus tertia et quattuor dragmas, et habebis rem et tertiam rei et quattuor dragmas. Et adjunge quartam ejus quod aggregatur, et

---

(1) $$y+\frac{1}{3}y+4=\frac{4}{3}y+4,$$

$$\frac{4}{3}y+4+\frac{y}{3}+1=40,$$

$$y+\frac{2}{3}y=40-5=35,$$

$$y=\frac{3}{5}\cdot 35=21.$$

habebis rem et duas tertias rei et quinque dragmas, que equantur quadraginta, minue ergo quinque dragmas ex quadraginta et remanebunt triginta quinque. Habebis ergo rem et duas tertias rei, que equantur triginta quinque. Quantum ergo est quod equatur rei? Denomina rem ex re et duabus tertiis rei. Illud ergo est tres quinte. Accipe ergo tres quintas ex triginta quinque, que sunt viginti unum.

Capitulum ejus aliud.

Quod si dixerit : est census cui adjunxisti quattuor dragmas et medietatem ejus quod aggregatum fuit, et quinque dragmas et quartam ejus quod aggregatum fuit et fuit septuaginta dragme (1). Capitulum nume-

---

(1) $$x^2+4+\frac{1}{2}(x^2+4)+5+\frac{1}{4}\left((x^2+4)+\frac{1}{2}(x^2+4)+5\right) = 70.$$

Si l'on suppose $x^2 = 6$, on aura

$$6+4+5+5+\frac{1}{4}(6+4+5+5) = 25,$$

$$70 - 25 = 45 = e = \text{I}^{\text{er}} \text{ erreur.}$$

Si l'on suppose $x^2 = 12$, on aura

$$12+4+8+5+7+\frac{1}{4} = 36+\frac{1}{4};$$

$$70 - 36 - \frac{1}{4} = 33+\frac{3}{4} = e' = \text{II}^{\text{e}} \text{ erreur.}$$

$$\frac{12\,e - 6\,e'}{e - e'} = \frac{337+\frac{1}{2}}{11+\frac{1}{4}} = 30 = x^2.$$

rationis ejus est ut assumas lancem que sit ex sex, et adjungas ei quattuor dragmas, et erunt decem, et medietatem ejus quod aggregatum quod est quinque, et erunt quindecim; et quinque dragmas, et erunt viginti; et quartam ejus quod aggregatur que est quinque, et erunt viginti quinque. Per ea ergo oppone septuaginta. Et tunc jam errasti per quadraginta quinque diminuta. Et vocatur hic error primus. Deinde accipe lancem secundam divisam a prima que sit ex duodecim et adjunge ei quattuor dragmas, et erunt sedecim, et medietatem ejus quod aggregatur, que est octo, et erunt viginti quattuor; et quinque dragmas, et erunt viginti novem; et quartam ejus quod aggregatur, que est septem et quarta et erunt triginta sex et quarta. Oppone ergo per ea septuaginta et tunc invenies te jam errasse per triginta tria et tres quartas diminuta. Et vocetur hic error secundus. Multiplica igitur errorem lancis secunde, qui est triginta tria et tres quarte, in sex, qui est lans prima, et erit quod perveniet ducenta et duo et dimidium. Deinde multiplica errorem lancis prime qui est quadraginta quinque, in lancem secundam, que est duodecim, et quod perveniet erit quingenta et quadraginta. Minorem ergo duorum numerorum ex majore minue. Quod est ut demas ducenta et duo et dimidium ex quingentis et quadraginta, et remanebunt trecenta et triginta septem et dimidium. Deinde minue minorem duorum errorum ex majore eorum, quod est ut minuas triginta tria et tres quartas ex quadraginta quinque, et remanebunt undecim et quarta. Deinde ergo trecenta et triginta septem et dimidium per undecim et quartam, et pervenient tibi triginta dragme : hic igitur est numerus census quem querebas.

Ejus quoque regula est (1) ut assumas rem et adjungas quattuor dragmas, et habebis rem et quattuor dragmas. Deinde adjunge ei medietatem ejus quod aggregatur et habebis rem et medietatem rei et sex dragmas. Post adde quinque dragmas et erunt res et medietas rei et undecim dragme. Et adjunge quartam ejus quod aggregatur que est tres octave rei et due dragme et tres quarte, habebis ergo rem et septem octavas rei et tredecim dragmas et tres quartas dragme, que equantur septuaginta. Minue igitur tredecim dragmas et tres quartas ex septuaginta, et remanebunt quinquaginta sex et quarta. Deinde denomina rem ex re et septem octavis rei. Invenies ergo illud duas quintas et duas tertias quinte. Assume ergo ex quinquaginta sex et quarta, duas quintas ejus et duas tertias quinte ipsius, et erit illud triginta.

Modus inveniendi per regulam que vocatur infusa

---

(1) $$y + 4 + \frac{1}{2}y + 2 = \frac{3}{2}y + 6,$$

$$\frac{3}{2}y + 6 + 5 = \frac{3}{2}y + 11,$$

$$\frac{3}{2}y + \frac{3}{8}y + 11 + 2 + \frac{3}{4} = y + \frac{7}{8}y + 13 + \frac{3}{4} = 70,$$

$$y + \frac{7}{8}y = 56 + \frac{1}{4},\ y = \frac{8}{15}\left(56 + \frac{1}{4}\right) = 30.$$

quod in sermone ejus est qui dixit : est (1) census cui adjunxisti tertiam sui et quartam ejus quod aggregatur, et fuit triginta. Capitulum numerationis ejus est ut incipias a questionis postremitate. Deinde assumas rem et adjungas ei quartam sui, et habebis rem et quartam rei. Quantum ergo minuitur ex re et quarta rei donec sit res? Invenies autem illud quantum est quinta ejus. Minue ergo ex triginta quintam ejus, et remanebunt viginti quattuor. Deinde assume rem secundam et adjunge ei tertiam sui, et habebis rem et tertiam rei. Quantum ergo minuitur ex re et tertia rei donec sit res? Invenies vero illud quantum est ejus quarta. Ergo deme ex viginti quattuor quartam ejus, et remanebunt decem et octo.

Modus inveniendi quod est in sermone ejus qui dixit : est (2) census cui adjunxisti tertiam ejus et quat-

---

(1) $$x^2+\frac{1}{3}x^2+\frac{1}{4}\left(x^2+\frac{1}{3}x^2\right)=30,$$

$$x^2+\frac{1}{4}x^2=z,\ z+\frac{1}{4}z=30,\ \frac{5}{4}z-\frac{1}{5}\cdot\frac{5}{4}z=30-\frac{30}{5}=24,$$

$$x^2+\frac{1}{3}x^2=24,\ \frac{4}{3}x^2-\frac{1}{4}\left(\frac{4}{3}x^2\right)=x^2=24-\frac{24}{4}=18.$$

(2) $$x^2+\frac{1}{3}x^2+4+\frac{1}{4}\left(x^2+\frac{1}{3}x^2+4\right)=40,$$

$$z=x^2+\frac{1}{3}x^2+4$$

$$z+\frac{1}{4}z=40,$$

tuor dragmas et quartam ejus quod aggregatur, et quod pervenit fuit quadraginta. Assume igitur rem et adjunge ei quartam ipsius, et habebis rem et quartam. Quantum ergo demitur ex re et quarta, donec res redeat? Illud autem reperies quantum est ejus quinta. Deme ergo quintam ex quadraginta, et remanebunt triginta duo. Deinde deme ex eis quattuor dragmas, et remanebunt viginti octo. Post assume rem secundam et adjunge ei tertiam ipsius, et habebis rem et tertiam rei. Quantum ergo demitur ex re et tertia rei donec redeat res? Illud autem invenies equale quarte ipsius. Deme ergo ex viginti octo quantum est quarta ipsius, et remanebit viginti unum.

Modus inveniendi quod est in sermone dicentis: est (1) census cui adjunxisti quattuor dragmas et medietatem ejus quod aggregatur, et quinque dragmas ejus quod aggregatur, et quod pervenit fuit septuaginta. Assume (2) ergo rem et adjunge ei quartam

---

$$z + \frac{1}{4}z - \frac{1}{5}\left(z + \frac{1}{4}z\right) = 40 - \frac{1}{5}.40 = 32 = z,$$

$$x^2 + \frac{1}{3}x^2 = 32 - 4 = 28,$$

$$x^2 + \frac{1}{3}x^2 - \frac{1}{4}\left(x^2 + \frac{1}{3}x^2\right) = 28 - \frac{28}{4} = 21.$$

(1) $x^2 + 4 + \frac{1}{2}(x^2 + 4) + 5 + \frac{1}{4}\left(x^2 + 4 + \frac{1}{2}(x^2 + 4) + 5\right) = 70.$

(2) $x^2 + 4 = v,\ x^2 + 4 + \frac{1}{2}(x^2 + 4) + 5 = z,$

ipsius, et habebis rem et quartam rei. Quantum ergo demitur ex re et quarta rei donec sit res. Invenies autem illud equale quinte ipsius. Minue ergo ex septuaginta quantum est quinta ejus, que est quattuordecim, et remanebunt quinquaginta sex: deme ex eis quinque dragmas, et remanebunt quinquaginta unum. Deinde sume rem secundam et adjunge ei medietatem sui, et habebis rem et medietatem rei. Quantum ergo demitur ex re et medietate rei donec sit res? Invenies autem illud equale terti ipsius. Minue ergo ex quinquaginta uno quantum est ejus tertia, et remanebunt triginta quattuor. Deinde minue quattuor dragmas, et remanebunt triginta.

Capitulum ejus de negociatione.

Quod si dixerit quidam : cum censu negociatus est et duplatus est census ex quo donavit dragmam unam. Deinde negociatus est cum residuo et duplatus est. Et donavit ex eo duas dragmas. Postea negociatus est cum residuo et duplatus est. Et donavit ex eo tres dragmas. Et quod remansit fuit decem. Quantus ergo

---

$$z+\frac{1}{4}z=70,\ z+\frac{1}{4}z-\frac{1}{5}\left(z+\frac{1}{4}z\right)=z=70-14=56,$$

$$v+\frac{1}{2}v+5=56,\ v+\frac{1}{2}v=51,$$

$$v+\frac{1}{2}v-\frac{1}{3}\left(v+\frac{1}{2}v\right)=v=51-\frac{51}{3}=34;\ v-4=30=x^2$$

fuit primus (1) census? Capitulum numerationis ejus secundum augmentum et diminutionem est (2) ut assumas lancem ex quattuor et duples eam, et quod perveniet erit octo. Da igitur ex eo dragmam unam et remanent septem. Ea ergo dupla et erunt quattuordecim. Ex quibus dona duas dragmas et remanebunt duodecim. Deinde dupla ea, et erunt viginti quattuor. Ex quibus dona tres dragmas, et remanebunt viginti unum. Oppone ergo per ea decem que ex censu remanserunt. Tunc jam errasti cum undecim additis. Deinde assume lancem secundam que sit ex quinque, et dupla eam, et erit decem; et da ex eis dragmam unam, et remanebunt novem; dupla ea et erunt decem et octo. Da ergo ex eis duas dragmas, et remanebunt sedecim; deinde dupla ea; et erunt triginta duo. Da itaque ex eis tres dragmas, et remanebunt viginti novem. Postea igitur oppone decem residuo videlicet census. Tunc jam errasti cum decem et novem additis. Multiplica igitur lancem primam, que est quattuor, in errorem lancis secunde, qui est decem et novem, et erunt

---

(1) $$2\,(2(2\,x^2 - 1) - 2) - 3 = 10.$$

(2) Si l'on suppose $x^2 = 4$, on aura

$$2\,(2\,(2.\,4 - 1) - 2) - 3 = 21;\ 21 - 10 = 11 = e = \text{I}^{\text{re}}\ \text{erreur}.$$

Si l'on suppose $x^2 = 5$, on aura

$$2\,(2\,(2.\,5 - 1)\,2) - 3 = 29;\ 29 - 10 = 19 = e' = \text{II}^{\text{e}}\ \text{erreur}.$$

$$\frac{4\,e' - 5\,e}{e' - e} = \frac{76 - 55}{19 - 11} = \frac{21}{8} = 2 + \frac{5}{8} = x^2.$$

septuaginta sex. Deinde multiplica lancis prime errorem, qui est undecim, in lancem secundam, que est quinque, et quod perveniet erit quinquaginta quinque. Minue ergo duorum numerorum minorem ex majore eorum. Quod est ut minuas quinquaginta quinque et septuaginta sex, et remanebit viginti unum. Deinde minue minorem duorum errorum ex majore : eorum quod est ut minuas undecim ex decem et novem, et remanebunt octo. Deinde ergo viginti unum per octo, et pervenient tibi due dragme et quinque octave dragme unius. Hic ergo est census quem vis scire.

Est hec regula ejus. Que est (1) ut ponas rem ignotam et duples eam, et erit due res excepta dragma; deinde duples eam, et erunt quattuor res exceptis duabus dragmis. Post dones ex eis duas dragmas, et habebis quattuor res, exceptis quattuor dragmis; deinde duples ea, et habebis octo res exceptis octo dragmis. Ex eis ergo dona tres dragmas, et habebis octo res exceptis undecim dragmis, que equantur decem. Adjunge ergo ea super decem qui ex censu remansit, et habebis octo res que equantur viginti et uni dragmis. Divide ergo viginti et unam dragmas per octo res, et pervenient tibi duo et quinque octave.

---

(1) $$2(2(2y-1)-2)-3=8y-11=10.$$

$$8y=21,\ y=\frac{21}{8}=2+\frac{5}{8},$$

Capitulum de eodem aliud.

Quod si tibi dixerit : Mercatus est quidam cum censu et duplatus est ei census, ex quo donavit duas dragmas, et mercatus est cum residuo et duplatus est. Ex quo donavit quattuor dragmas, deinde negociatus est cum residuo et duplatus est ei. Donavit autem ex eo sex dragmas, et nil remansit ei. Numerus ergo primi census quantus (1) est ? Capitulum numerationis ejus secundum augmentum et diminutionem est ut assumas lancem ex tribus et duples eam, et erit sex; deinde dones ex eo duas dragme. Et remanebunt quattuor. Ipsum ergo dupla et erit octo. Ex quo dona quattuor dragmas; et remanebunt quattuor drag. Dupla ergo ipsum, et erunt octo. Ex eo itaque dona sex dragmas, et remanebunt due. Oppone ergo per ea non rem. Ipse vero jam dixit : non remansit ei res. Jam igitur errasti cum duobus additis. Deinde accipe lancem secundam divisam a prima, que sit ex quattuor, et dupla eam, et erit octo, ex quo dona duas,

---

(1) $$2\,(2\,(2\,x^2 - 2) - 4) - 6 = 0,$$

Si l'on suppose $x^2 = 3$, on aura

$$2\,(2\,(6 - 2) - 4) - 6 = 2 = e = \text{I}^{\text{re}} \text{ erreur.}$$

Si l'on suppose $x^2 = 4$, on aura

$$2\,(2\,(8 - 2) - 4) - 6 = 10 = e' = \text{II}^{\text{e}} \text{ erreur.}$$

$$\frac{3\,e' - 4\,e}{e' - e} = \frac{30 - 8}{10 - 2} = \frac{22}{8} = 2 + \frac{3}{4} = x^2.$$

et remanebunt sex. Ea igitur dupla, et erunt duodecim. Et dona ex eis quattuor; remanebunt ergo octo. Ea vero dupla, et erunt sedecim. Et dona ex eis sex; et remanebunt decem. Jam autem dixit quod nichil ei remansit. Jam ergo errasti cum decem additis. Multiplica igitur lancem primam in errorem lancis secunde, quod est ut multiplices tria in decem, et fiunt triginta. Deinde multiplica lancem secundam in errorem lancis prime. Quod est ut multiplices quattuor in duo, et erit octo. Minue ergo minorem duorum numerorum ex majore eorum. Quod est ut demas octo ex triginta, et remanent viginti duo; deinde minue minorem duorum errorum ex majore eorum. Quod est ut demas duo ex decem, et remanebunt octo. Deinde ergo viginti duo per octo et pervenient tibi duo et tres quarte. Hic igitur est numerus quem vis scire.

Regula quoque ejus est. Que est (1) ut assumas rem et duples eam, et erunt due res ex quibus dona duas dragmas, et habebis duas res exceptis duabus dragmis; deinde dupla eam, et habebis quattuor res exceptis quattuor dragmis. Post dona ex eis quattuor, et habebis quattuor res exceptis octo dragmis. Deinde dupla ea. Et erunt octo res exceptis sedecim dragmis, ex quibus dona sex dragmas. Et erunt octo res, exceptis viginti duabus dragmis. Deinde ergo viginti

---

(1) $$2(2(2\gamma-2)-4)-6=8\gamma-22=0,$$

$$\gamma=\frac{22}{8}=2+\frac{3}{4}.$$

duo per octo, et pervenient tibi duo et tres quarte. Intellige.

Est preterea modus inveniendi hoc secundum regulam qua numeratur ex quod continetur in sermone dicentis. Negociatus (1) fuit cum censu et duplatus est census, et donavit ex eo dragmam; deinde negociatus est cum residuo et duplatus est ei et donavit ex eo duas dragmas. Et post negociatus est cum residuo et duplatus est ei; et donavit ex eo tres dragmas. Pervenit ergo ei decem. Capitulum numerationis ejus est ut aggreges ei decem et tria, et erunt tredecim. Deinde sumas eorum medietatem, que est sex et dimidium. Postea adiungas duas dragmas et erunt octo et dimidium. Eorum ergo sume medietatem que est quattuor et quarta, deinde adiunge eis unam dragmam, et erunt quinque et quarta. Horum igitur sume medietatem. Et est duo et quinque octave.

Regula questionis secunde. Que est ut (2) assumas

---

(1) $$2(2(x^2-1)-2)-3=10,$$

$$2(2(2x^2-1)-2)=13,\quad 2(2x^2-1)-2=\frac{13}{2}=6+\frac{1}{2},$$

$$2(2x^2-1)=8+\frac{1}{2},\quad 2x^2-1=4+\frac{1}{4},\quad 2x^2=5+\frac{1}{4},$$

$$x^2=\frac{5}{2}+\frac{1}{8}=2+\frac{5}{8}.$$

(2) $$2(2(2x^2-2)-4)-6=0,$$

$$3+4=2(2x^2-2),$$

$$3+\frac{1}{2}=2x^2-2,\quad 5+\frac{1}{2}=2x^2,\quad x^2=2+\frac{3}{4}.$$

medietatem sex quam donavit postremo. Adjunge ergo ei quattuor dragmas, et erunt septem. Quorum assume medietatem, que est tria et dimidium. Deinde adiunge duas dragmas, et erunt quinque et semis. Harum igitur sume medietatem, que est duo et tres quarte. Intellige.

Capitulum donationum.

Quod si dixerit : quedam mulier nupsit tribus viris quam primus uno censu dotavit, secundus vero dotavit eam triplo quo primus eam dotaverat, tertius autem dotavit eam quadruplo quo a secundo fuerat dotata. Et fuit summa que mulieri pervenit sexaginta quattuor dragme. Quanto dotavit eam primus et quanto secundus et quanto tertius (1)? Capitulum numerasionis ejus es ut accipias lancem, que sit ex uno ac si primus dotasset eam dragma una, et secundus tribus dragmis, que sunt triplum ejus quo primus eam dotavit, et tercius duodecim dragmis, que sunt quadruplum ejus quo dotavit eam secundus. Aggrega

---

(1) $$x^2 + 3x^2 + 12x^2 = 64.$$

Si l'on suppose $x^2 = 1$, on aura

$$1 + 3 + 12 = 16;\ 64 - 16 = 48 = e' = \text{I}^{\text{re}} \text{ erreur.}$$

Si l'on suppose $x^2 = 2$, on aura

$$2 + 6 + 24 = 32;\ 64 - 32 = 32 = e'' = \text{II}^{\text{e}} \text{ erreur.}$$

$$\frac{2e - e'}{e - e'} = \frac{96 - 32}{48 - 32} = 4 = x^2.$$

ergo totum illud et erit sedecim. Oppone ergo per ea sexaginta quattuor : tunc jam errasti cum quadraginta octo diminutis. Et hoc vocatur error primus. Deinde accipe lancem secundam que sit ex duabus, ac si primus dotasset eam duabus, et secundus sex, que sunt triplum ejus quo dotavit eam primus, et tertius viginti quattuor, que sunt quadruplum ejus quod dotavit eam secundus. Summa igitur illius totius est triginta duo. Oppone ergo per ea sexaginta quattuor : tunc jam errasti cum triginta duobus diminutis. Et hoc vocatur error secundus. Multiplica ergo hunc secundum errorem in lancem primam. Quod est ut multiplices unum in triginta duo. Deinde multiplica errorem lancis prime qui est quadraginta octo, in lancem secundam, que est duo, et quod perveniet erit nonaginta sex. Minue ergo minorem duorum numerorum ex majore eorum. Quod est ut minuas triginta duo ex nonaginta sex, et remanebunt sexaginta quattuor. Deinde minue minorem duorum errorum ex majore eorum. Quod est ut demas triginta duo ex quadraginta octo, et remanebunt sedecim. Hic ergo est per quem dividitur. Postea divide sexaginta quattuor per sedecim, et perveniet tibi quattuor dragme. Hoc igitur est quo primus eam dotavit. Et secundus duodecim. Et tercius quadraginta octo. Quod si scire vis quo dotavit eam secundus et tercius, secundum regulam multiplica errorem lancis prime, qui est quadraginta et octo, in lancem secundam, que est sex, in quadraginta octo, et erunt ducenta et octoginta octo. Deinde multiplica errorem lancis secunde, qui est triginta duo, in lancem primam ex eo quo secundus dotavit eam, quod est tria in triginta duo, et erunt nonaginta sex. Deinde minorem duorum numerorum ex majore eorum diminue. Quod est ut demas nonaginta sex ex ducentis et octoginta octo, et remanebunt centum et nonaginta duo. Ea ergo divide per sedecim, et pervenient tibi duodecim. Hoc est igitur quo secundus dotavit eam. Si autem scire vis quo tertius eam dotaverat, multiplica errorem lancis prime, qui est quadraginta octo, in lancem tertiam, ex eo quod tertius ei dedit, quod est viginti quattuor, et erunt mille et centum et quinquaginta duo. Deinde multiplica errorem secundum, qui est triginta duo, in lancem primam ex eo quod dedit ei tercius, quod est duodecim, et erunt trecenta et quadraginta octo. Postea minue minorem duorum numerorum ex majore eorum, quod est ut diminuas trecenta et octoginta quattuor ex mille et quinquaginta duobus, et remanebunt septingenta et sexaginta octo. Ea igitur per sedecim divide et pervenient tibi quadraginta octo dragme. Et hoc est quo tertius eam dotavit.

Hujus quoque est regula. Que est (1) ut accipias illud quo primus eam dotavit, rem; et illud quo secundus dotavit eam, tres res; et illud quo tertius eam dotavit; duodecim res. Est ergo summa illius sedecim res, que equantur sexaginta quattuor dragmis. Divide igitur sexaginta quattuor per sedecim,

---

(1) $z + 3z + 12z = 16z = 64, z = 4.$

et pervenient tibi quattuor. Hoc igitur est quo primus eam dotavit. Multiplica igitur secundum et tertium, secundum quod supra dictum est multiplicare debere.

Capitulum aliud de eodem.

Et si dixerit : primus donavit ei censum, et secundus donavit ei quadruplum ejus quod primus donavit ei et dragmam unam, et tertius donavit ei triplum ejus quod donaverat secundus et insuper tres dragmas, et fuit tota summa trium quinquaginta sex. Quantum ergo donavit ei primus, et quantum secundus, et quantum tertius (1)? Capitulum numerationis ejus secundum augmentum et diminutionem est ut assumas lancem, que sit primo ex uno, et secundo ex quattuor et dragma, et erit quinque; et tertio ex quindecim et tribus dragmis et fuerit decem et octo. Totum autem illud aggregatum est viginti quattuor. Per ipsum igitur oppone quinquaginta sex, que ei aggregata fuerunt. Et tunc jam errasti cum triginta duobus diminutis. Hoc igitur vocatur error primus. Deinde sume lancem secundam, primo sex

---

(1) $x^2 + 4x^2 + 1 + 12x^2 + 6 = 56.$

Si l'on suppose $x^2 = 1$, on aura

$1 + 4 + 1 + 12 + 6 = 24;\ 56 - 24 = 32 = e =$ Ire erreur.

Si l'on suppose $x^2 = 2$, on aura

$2 + 8 + 1 + 24 + 6 = 41;\ 56 - 41 = 15 = e' =$ IIe erreur.

$$\frac{2e - e'}{e - e'} = \frac{64 - 15}{32 - 15} = \frac{49}{17} = 2 + \frac{15}{17}.$$

duobus, et secundo ex octo et dragma, et erunt novem et tertio ex viginti septem et tribus dragmis, et erunt triginta. Totum vero illud ergo est quadraginta unum. Oppone ergo per ipsum quinquaginta sex, et tunc jam errasti cum quindecim diminutis. Hoc ergo vocatur error secundus. Minue igitur minorem duorum errorum ex majore ipsorum, et remanebunt decem et septem; serva ea, deinde multiplica errorem primum in lancem secundam, quod est ut multiplices triginta duo in duo, et erunt sexaginta quattuor. Postea multiplica errorem postremum qui est quindecim, in lancem primam, que est unum, et erunt quindecim. Deinde deme minorem duorum numerorum ex majore eorum, quod est ut minuas quindecim ex sexaginta quattuor, et remanebunt quadraginta novem. Deinde ergo quadraginta novem per decem et septem, et pervenient tibi due dragme et quindecim septime decime partes unius dragme. Et hoc est quod primus donavit ei. Et secundus donavit ei duodecim dragmas et novem septimas decimas partes dragme unius. Et tertius donavit ei quadraginta dragmas et decem septimas partes dragme unius. Totum vero illud est quinquaginta sex. Quod si per lances operari vis, fac quemadmodum monstravi tibi in questione prima, et invenies si Deus voluerit.

Hoc quoque per regulam invenitur que est (1) ut

---

(1) $$y+4y+1+12y+6=17y+7=56,$$
$$17y=49,\ y=2+\frac{15}{17}.$$

ponas illud quod primus ei donavit rem, et illud quod secundus donavit eí, quattuor res et dragmam, quod est quadruplum ejus quod primus donaverat et dragma. Et ponas illud quod tertius donavit ei, duodecim res et sex dragmas, quod est triplum ejus quod secundus ei donaverat et tres dragmas. Totum vero illud est decem et septem res et septem dragme que equantur quinquaginta sex. Minue ergo septem dragmas ex quinquaginta sex, et remanebunt quadraginta novem. Ea igitur divide per decem et septem, et perveniet tibi duo et quindecim septime decime partes unius. Et hoc est quod primus donavit ei. Et secundus donavit duodecim et novem partes septimas decimas quod est quadruplum ejus quod primus donavit ei. Et tertius donavit ei quadraginta et decem septimas decimas partes, quod est triplum ejus quod secundus ei donaverat. Intellige.

Aliud capitulum de eodem.

Quod si aliquis dixerit : primus donavit ei censum, et secundus donavit ei triplum ejus quod primus donaverat, excepta dragma. Et tertius donavit ei quadruplum ejus quod secundus donaverat, exceptis quattuor dragmis, et fuit summa que ei pervenit septuaginta unum (1). Erit capitulum numerationis

---

(1) $x^2 + 3x^2 - 1 + 4(3x^2 - 1) - 4 = 71.$

Si l'on suppose $x = 1$, on aura

$1 + 3 - 1 + 8 - 4 = 7;\ 71 - 7 = 64 = e =$ I[re] erreur.

ejus secundum augmentum et diminutionem ut sumas lancem, que sit ex uno, ac si unus donasset ei dragmam unam, et secundus donasset ei duas dragmas. Quidam dixerit secundus donavit ei triplum ejus quod primus donaverat excepta dragma, et tercius donasset ei quattuor dragmas. Quidam dixerit tercius donavit ei quadruplum ejus quod secundus donaverat, exceptis quattuor dragmis. Totum autem illud est septem. Oppone ergo per ea septuaginta uni. Tunc jam errasti cum sexaginta quattuor diminutis; hoc ergo vocatur error primus. Deinde sume lancem secundam, que sit ex duobus, ac si primus donasset ei duo et secundus quinque. Quidam dixit donavit ei triplum ejus quod primus donaverat, excepta dragma, et tercius donasset ei sedecim: quidam dixit donavit ei quadruplum ejus quod secundus donaverat exceptis quattuor dragmis. Totum autem illud est viginti tria. Oppone ergo per ea septuaginta uni. Tum jam errasti cum quadraginta octo diminutis. Et hoc vocatur error secundus. Unum ergo duorum errorum minue ex altero, et remanebunt sedecim. Serva ea; deinde multiplica errorem primum, qui est sexaginta quattuor, in lancem secundam, que est duo, et erunt centum et viginti octo. Post multiplica lancem primam, que

---

Si l'on suppose $x^2 = 2$, on aura $2 + 6 - 1 + 20 - 4 = 23$;

$$71 - 23 = 28 = e' = \text{II}^{\text{e}} \text{ erreur}.$$

$$\frac{2e - e'}{e - e'} = \frac{128 - 48}{64 - 48} = 5 = x^2.$$

est unum, in errorem secundum, qui est quadraginta octo et erunt quadraginta octo. Minue ergo minorem duorum numerorum ex majore eorum, quod est diminuas quadraginta octo ex centum et viginti octo, et remanebunt octoginta. Ea igitur divide per sedecim, et pervenient tibi quinque dragme. Hoc igitur est quod primus ei donavit; et secundus donavit ei quattuordecim; et tertius donavit ei quinquaginta duo. Totum ergo illud est septuaginta unum. Intellige et invenies.

Hoc quoque per regulam invenitur. Que est (1) ut ponas illud quod primus ei donavit rem; et illud quod secundus donavit ei tres res excepta dragma; et illud quod ei tertius donavit duodecim res, exceptis octo dragmis, sunt ergo novem dragme. Et sic habes sedecim res exceptis novem dragmis, que equantur septuaginta uni. Adjunge ergo novem septuaginta uni, et erunt octoginta. Ea igitur per sedecim divide, et pervenient tibi quinque dragme. Hoc ergo est quod primus ei donavit; et secundus donavit quattuordecim, et tertius quinquaginta duo. Totum ergo illud est septuaginta unum.

Capitulum de pomis.

Quod si quis dixerit : quidam vir intravit viridarium, et collegit in eo poma; viridarium vero habe-

---

(1) $16z - 9 = 71.$

$16z = 80, \; z = 5.$

bat tres portas, quarum quamque hostiarius custodiebat. Vir ergo ille partitus est poma cum primo, et insuper donavit ei duo, et partitus est cum secundo et donavit ei duo, et partitus est cum tertio et donavit ei duo, et egressus est habens unum : quantus ergo fuit numerus (1) pomorum que collegit? Capitulum numerationis ejus est ut sumas lancem ex centum, et partiaris cum primo et dones ei duo, et remanebunt tibi quadraginta octo; et partiaris cum secundo et dones ei duo, et remanebunt tibi viginti duo; et partiaris cum tertio et dones ei duo, et remanebunt tibi novem. Oppone ergo per ea unum quod remansit. Tunc jam errasti cum octo additis, hoc ergo vocatur error primus; deinde accipe lancem secundam, que sit ex ducentis, et partire cum primo et insuper dona ei duo, et remanebunt tibi nonaginta

---

(1) $$\left.\begin{array}{l} x - \frac{x}{2} - 2 - \frac{1}{2}\left(x - \frac{x}{2} - 2\right) - 2 \\ - \frac{1}{2}\left(x - \frac{x}{2} - 2 - \frac{1}{2}\left(x - \frac{x}{2} - 2\right) - 2\right) \end{array}\right\} = 1.$$

Si l'on suppose $x = 100$, on aura

$$100 - 50 - 2 - 24 - 2 - 11 - 2 = 9;\ 9 - 1 = 8 = e = \text{I}^{\text{re}} \text{ erreur.}$$

Si l'on suppose $x = 200$, on aura

$$200 - 100 - 2 - 49 - 2 - 23 + \frac{1}{2} - 2 = 21 + \frac{1}{2};$$

$$21 + \frac{1}{2} - 1 = 20 + \frac{1}{2} = e' = \text{II}^{\text{e}} \text{ erreur.}$$

$$\frac{100\,e' - 200\,e}{e' - e} = \frac{2050 - 1600}{20 + \frac{1}{2} - 8} = 36 = x.$$

octo; et partire cum secundo, et dona ei duo, et remanebunt tibi quadraginta septem; et partire cum tertio et dona ei duo, et remanebunt tibi viginti unum et dimidium. Oppone ergo per ea unum quod remansit tibi, tunc jam errasti cum viginti et dimidio additis. Hoc ergo vocatur error secundus. Multiplica igitur lancem primam, que est centum: in errorem lancis secunde qui est viginti et dimidium, et pervenient duo millia et quinquaginta; deinde multiplica lancem secundam in errorem lancis prime, quod est ut multiplices ducenta in octo, et erunt mille et sexcenta. Deme ergo minorem duorum numerorum ex majore eorum, quod est ut minuas mille et sexcenta ex duobus millibus et quinquaginta, et remanebunt quadringinta et quinquaginta; deinde diminue unum duorum errorum ex altero, quod est ut demas octo ex viginti et dimidio, et remanebunt duodecim et dimidium. Per ea igitur divide quadraginta et quinquaginta, et pervenient tibi triginta sex. Hoc ergo est numerus pomorum que collegit. Hoc etenim per regulam invenitur, que est (1) ut aggreges rem, et partiaris eam. Habebis ergo rei medietatem exceptis duobus; deinde assumas ejus medietatem, et habebis quartam rei excepta dragma; cui adjunge duo diminuta et habebis quartam rei exceptis tribus dragmis; deinde sume illius medietatem et habebis octavam rei excepta dragma et dimidia. Postea adjunge duas

(1) $\frac{1}{8}x - 3 + \frac{1}{2} = 1; \; \frac{1}{8}x = 4 + \frac{1}{2}, \; x = 36.$

dragmas diminutas, et habebis octavam rei exceptis tribus dragmis et dimidia, que equantur uni. Adjunge ergo tria et dimidium, et erunt quattuor dimidium. Habes ergo octavam rei, que equantur quattuor et dimidio. Ergo res equatur triginta sex. Intellige.

Capitulum de eodem aliud.

Quod si dixerit : Partitus est cum primo, et donavit ei quattuor, et partitus est cum secundo, et donavit ei sex, et partitus est cum tertio, et donavit ei octo, et nichil remansit ei (1). Erit capitulum numerationis ejus ut assumas lancem, que sit ex centum, et partiaris cum primo, et remanebunt tibi quinquaginta, ex quibus dona ei quattuor, et remanebunt tibi quadraginta sex; deinde partiaris cum secundo, et remanebunt tibi viginti tria, ex quibus dona ei sex, et remanebunt tibi decem et septem; deinde partire cum tertio, et remanebunt tibi octo ei dimi-

---

(1)
$$\left.\begin{array}{l} x-\frac{x}{2}-4-\frac{1}{2}\left(x-\frac{x}{2}-4\right)-6 \\ -\frac{1}{2}\left(x-\frac{x}{2}-4-\frac{1}{2}\left(x-\frac{x}{2}-4\right)-6\right)-8 \end{array}\right\}=0.$$

Si l'on suppose $x=100$, on aura

$$100-50-4-23-6-8-\frac{1}{2}-8=\frac{1}{2}=e=\text{I}^{\text{re}}\text{ erreur.}$$

Si l'on suppose $x=200$, on aura

$$200-100-4-48-6-21-8=13=e'=\text{II}^{\text{e}}\text{ erreur.}$$

$$\frac{100\,e'-200\,e}{e'-e}=\frac{1300-100}{13-\frac{1}{2}}=96=x.$$

dium, ex quibus dona ei octo, et remanebunt tibi dimidium. Per ipsum igitur oppone nichilo; tunc jam errasti cum dimidio addito. Hoc ergo vocatur error primus. Deinde assume lancem secundam, que sit ex ducentis, et partire cum primo, et remanebunt tibi centum, ex quibus dona ei quattuor, et remanebunt tibi nonaginta sex; post partire cum secundo, et remanebunt tibi quadraginta octo, ex quibus dona ei sex, et remanebunt tibi quadraginta duo; et partire cum tercio, et remanebunt tibi viginti unum, ex quibus dona ei octo, et remanebunt tibi tredecim. Oppone ergo per ea nichilo; tunc jam errasti cum tredecim additis. Multiplica igitur errorem secundum, qui est tredecim, in lancem primam, que est centum, et erit quod perveniet mille et trecenta. Deinde multiplica errorem primum, qui est dimidium, in lancem secundam, que est ducenta, et erit centum. Postea minue minorem duorum numerorum ex majore eorum, quod est ut demas centum ex mille et trecentis, et remanebunt mille et ducenta; deinde minue minorem duorum errorum ex majore eorum, quod est ut demas dimidium ex tredecim, et remanebunt duodecim et dimidium. Divide ergo mille et ducenta per duodecim et dimidium, et pervenient tibi nonaginta sex. Hic igitur est numerus pomorum que ipse collegit.

Hoc quoque per regulam invenitur (1). Que est ut

---

(1) $\frac{1}{8}x = 12, \; x = 96.$

sumas rem ignotam, et partiaris eam cum primo, et insuper dones ei quattuor, et remanebit tibi medietas rei exceptis quattuor dragmis; et partiaris cum secundo, et dones ei sex, et habebis quartam rei, exceptis octo dragmis; et partiaris cum tertio, et dones ei octo, et habebis octavam rei, exceptis duodecim dragmis. Ergo octava rei equatur duodecim; ergo res equatur nonaginta sex.

Capitulum aliud de eodem.

Quod si dixerit : Partitus est cum primo, et reddidit hostiarius duo; et partitus est cum secundo, hostiarius reddidit ei quattuor; et partitus est cum tertio, et reddidit ei hostiarius sex. Exivit autem habens decem : quantus (1) ergo fuit numerus pomorum que

---

(1)
$$\left.\begin{array}{l} x - \frac{x}{2} + 2 - \frac{1}{2}\left(x - \frac{x}{2} + 2\right) + 4 \\ -\frac{1}{2}\left(x - \frac{x}{2} + 2 - \frac{1}{2}\left(x - \frac{x}{2} + 2\right) + 4\right) + 6 \end{array}\right\} = 10.$$

Si l'on suppose $x = 80$, on aura

$$80 - 40 + 2 - 21 + 4 - 12 - \frac{1}{2} + 6 = 18 + \frac{1}{2},$$

$$18 + \frac{1}{2} - 10 = +8 + \frac{1}{2} = e = \text{I}^{\text{re}} \text{ erreur}.$$

Si l'on suppose $x = 40$, on aura

$$40 - 20 + 2 - 11 + 4 - 7 - \frac{1}{2} + 6 = 13 + \frac{1}{2}.$$

collegit? Capitulum numerationis ejus est ut assumas lancem, que sit octoginta, et partire cum primo et reddat tibi duo, et habebis quadraginta duo; et partire cum secundo, et reddat tibi quattuor, et habebis viginti quinque, et partire cum tertio, et reddat tibi sex, et habebis decem et octo et dimidium. Ergo oppone per ea decem, que remanserunt tibi, et tunc jam errasti cum octo et dimidio additis. Deinde sume lancem secundam, que sit ex quadraginta, et partire cum primo et reddat tibi duo, et habebis viginti duo, et partire cum secundo et reddat tibi quattuor; et habebis quindecim: et partire cum tertio et reddat tibi sex, at habebis tredecim et dimidium. Oppone ergo per ea decem, que tibi remanserunt, et tunc jam errasti cum tribus et dimidio additis. Multiplica igitur errorem primum, qui est octo et dimidium, in lancem secundam, que est quadraginta, et erunt trecenta et quadraginta. Deinde multiplica errorem secundum, qui est tria et dimidium, in lancem primam, que est octoginta, et erunt ducenta et octoginta. Minue ergo minorem duorum numerorum ex majore eorum, quod est ut demas ducenta et octoginta ex trecentis et quadraginta, et remanebunt sexaginta. Postea minorem duorum errorum ex majore ipsorum deme, quod est ut demas tria et dimidium ex octo

---

$$13 + \frac{1}{2} - 10 = 3 + \frac{1}{2} = e' = \text{II}^{\text{e}} \text{ erreur.}$$

$$\frac{40\,e - 80\,e'}{e - e'} = \frac{340 - 280}{8 + \frac{1}{2} - 3 + \frac{1}{2}} = 12 = x.$$

et dimidio, et remanebunt quinque. Divide ergo sexaginta per quinque, et pervenient duodecim.

Hoc quoque per regulam invenitur, que est (1) ut assumas rem ignotam, et partire cum primo, et tibi reddas ostiarius duo, et habebis medietatem rei et duas dragmas; et partire cum secundo, et reddat tibi quattuor, et habebis quartem rei et quinque dragmas; et partire cum tertio, et reddat tibi sex, et habebis octavam rei, et octo dragmas et dimidium, que equantur decem. Minue ergo octo et dimidium ex decem, et remanebit unum et dimidium; habebis ergo octavam rei, que equatur uni et dimidio. Ergo res equatur duodecim.

Est preterea modus inveniendi per regulam quod in sermone continetur dicentis. Divisit cum primo, et donavit ei duo, et partitus est cum secundo, et donavit ei duo, et partitus est cum tertio, et donavit ei duo, et egressus est habens unum (2). Capitulum numerationis ejus est ut aggreges unum et duo, et erunt tria; dupla ergo ea, et erunt sex, quoniam dixit partitus est cum tertio; deinde adjunge duo, et erunt

---

(1) $$\frac{1}{8}x + 8 + \frac{1}{2} = 10,\ x = 12.$$

(2) $$\left.\begin{aligned} & x - \frac{x}{2} - 2 - \frac{1}{2}\left(x - \frac{x}{2} - 2\right) - 2 \\ & - \frac{1}{2}\left(x - \frac{x}{2} - 2 - \frac{1}{2}\left(x - \frac{x}{2} - 2\right) - 2\right) - 2 \end{aligned}\right\} = 1,$$

$$2(2(2(1 + 2) + 2) + 2) = 30 = x.$$

octo: dupla igitur ea, et erunt sedecim, quoniam dixit partitus est cum secundo; postea adjunge duo, et erunt decem et octo. Ergo dupla ea, quoniam dixit partitus est cum primo, et erunt triginta sex. Intellige.

Modus quoque est inveniendi quod continetur in sermone dicentis (1): Partitus est cum primo, et donavit ei quattuor, et partitus est cum secundo, et donavit ei sex, et partitus est cum tertio, et donavit ei octo, et nichil ei remansit. Ejus numerationis capitulum est ut duples octo, quoniam dixit partitus est cum tertio, et erunt sedecim; deinde adjunge eis sex, et erunt viginti duo. Ea igitur dupla, quoniam dixit partitus est cum secundo, et erunt quadraginta quattuor; postea adjunge eis quattuor, et erunt quadraginta octo; deinde duplica ea propter hoc quod dixit partitus est cum primo, et erunt nonaginta sex. Intellige.

Est item modus inveniendi quod in sermone dicentis continetur: partitus est cum primo; et reddidit ei ostiarius duo, et partitus est cum secundo, et reddidit ei ostiarius quattuor, et partitus est cum tertio, et redidit ei sex, et egressus est habens de-

---

(1)
$$\left.\begin{array}{l} x-\frac{x}{2}-4-\frac{1}{2}\left(x-\frac{x}{2}-4\right)-6 \\ -\frac{1}{2}\left(x-\frac{x}{2}-4-\frac{1}{2}(x-\frac{x}{2}-4)-6\right)-8 \end{array}\right\}=0.$$

$$2\,(2\,(2\,.\,8+6)+4)=96=x.$$

cem (1); cujus numerationis capitulum est ut minuas sex ex decem, et remanebunt quattuor. Ea ergo duplica quoniam dixit partitus est cum secundo, et erunt octo; deinde minue quattuor, et remanebunt quattuor; duplica ea, et minue duo, et remanebunt sex; dupla igitur ea, quoniam dixit partitus est cum primo, et erunt duodecim.

Capitulum obviationis.

Quod si quis dixerit : Duo viri obviaverunt sibi quorum quisque censum habebat, et dixit unus eorum alteri. Da mihi ex hoc quod habes dragmam, et habebo quantum tibi remanebit; respondit alter, tu vero da mihi ex eo quod habes quattuor dragmas, et habebo duplum ejus quod tibi remanebit : quantum ergo fuit quod quisque eorum habebat (2)? Capitulum

---

(1) $$\left.\begin{array}{l} x-\frac{x}{2}+2-\frac{1}{2}\left(x-\frac{x}{2}+2\right)+4 \\ -\frac{1}{2}\left(x-\frac{x}{2}+2-\frac{1}{2}\left(x-\frac{x}{2}+2\right)+4\right)+8 \end{array}\right\}=10,$$

$$2\,(2\,(2\,(10-6)-4)-2)=12=x.$$

(2) $$x-1=y+1;\; x+4=2\,(y-4).$$

Si l'on suppose $x=y=5$, on aura

$$7-1=5+1,\; 7+4-2\,(5-4)=9=e=\text{I}^{\text{re}}\text{ erreur.}$$

Si l'on suppose $x=8$, $y=6$, on aura

$$8-1=6+1,\; 8+4-2\,(6-4)=8=e'=\text{II}^{\text{e}}\text{ erreur.}$$

$$\frac{9\,e-5\,e'}{e'-e}=14=y;\; x=16$$

numerationis ejus secundum augmentum et diminutionem est ut assumas duas lances, unam ex quinque et alteram ex septem, ac si dixisset : unus habebat quinque et alter septem et accepit habens quinque ab eo qui habebat septem, unum; et factum est ut quisque eorum habeat sex. Cum ergo habens septem acceperit quattuor ab eo, qui habebat quinque, habebit undecim, et habenti quinque remanebit unum additum. Jam autem dixerat habens septem : habebo duplum ujus quod tibi remanebit. Sic contigit ut habeat undecim; et fuit conveniens ut haberet duo. Oppone igitur per undecim, tunc jam errasti cum novem additis, et hoc vocatur error primus. Deinde sume duas lances a primis divisas, quod est ut accipias uni ex sex et secundo ex octo semper addens unum super primam que est quinque. Cum ergo habens octo dederit unum habenti sex, equabuntur omnia. Sic cum habens octo acceperit quattuor ab eo qui habebat sex, habebit duodecim, et habenti sex remanebunt duo. Jam autem dixerat: habebo duplum ejus quod tibi remanebit; opportuit itaque ut haberet quattuor. Oppone ergo per ea duodecim, tunc jam errasti cum octo additis, et hoc vocatur error secundus. Multiplica ergo errorem secundum, qui est octo, in lancem primam, que est quinque, et erunt quadraginta; et multiplica errorem primum, qui est novem, in lancem secundam, que est sex, et pervenient quinquaginta quattuor; deinde deme minorem duorum numerorum ex majore eorum, quod est ut diminuas quadraginta ex quinquaginta quattuor, et remanebunt quattuordecim. Postea minue minorem duorum errorum ex majore eorum, quod est ut diminuas octo ex novem, et remanebunt unum. Per ipsum ergo divide quattuordecim, et pervenient tibi quattuordecim. Hoc est igitur quod unus habuit. Deinde redi ad investigandum quod secundus habuit, quod est ut multiplices lancem primam, que est septem, in errorem lancis secunde, qui est octo, et pervenient quinquaginta sex; deinde multiplica lancem postremam, que est octo, in errorem lancis prime, qui est novem, et erunt septuaginta duo. Postea minue minorem duorum numerorum ex majore eorum, quod est ut diminuas quinquaginta sex ex septuaginta duobus, et remanebunt sedecim. Ea ergo divide per id quod divisisti primum, scilicet per unum, et pervenient tibi sedecim : hoc est quod secundus habuit. Intellige.

Hoc quoque per regulam invenitur, que est (1) ut assumas rem ignotam excepta dragma primo, et assumas secundo rem et dragmam. Cum ergo primus, scilicet habens rem excepta dragma acceperit a secundo, scilicet ab habente rem et dragmam, unam dragmam, erit ut primus habeat rem et secundus habeat rem; habebit ergo primus quantum et secundus scilicet cum secundus acceperit a primo quattuor dragmas, remanebit primo res exceptis quinque

---

(1)
$$x - 1 = u = y + 1,$$
$$x = u + 1,\ y = u - 1$$
$$u + 5 = 2(u - 5),\ u = 15,\ x = 16,\ y = 14.$$

dragmis, et habebit secundus rem et quinque dragmas. Et jam quidem dixerat secundus : habebo duplum ejus quod tibi remanebit. Dupla ergo quod habet primus, ut equetur ei quod habet secundus, quod est ut duples rem exceptis quinque dragmis, et erunt due res exceptis decem dragmis, que equantur rei et quinque dragmis. Restaura ergo duas res per decem dragmas, et adjunge eas rei et quinque dragmis, et habebis duas res que equantur rei et quindecim dragmis. Diminue ergo rem ex duabus rebus, et remanebit res que equatur quindecim. Ergo res est quindecim. Minue igitur ex ea unum, quoniam dixit excepta dragma, et erit quattuordecim; et hoc est quod primus habuit. Et adjunge ei dragmam, quoniam dixit rem et dragmam, et erit sedecim; et ipsud est quod secundus habuit. Intellige.

Aliud capitulum de eodem.

Quod si dixerit : Da mihi ex eo quod habes dragmam, et habebo dimidium ejus quod tibi remanebit. Et alter dixerit sic : tu, da mihi ex eo quod habes quinque dragmas, et habebo triplum ejus quod tibi remanebit (1), erit capitulum numerationis ejus se-

---

(1) $\frac{1}{2}(x-1) = y+1 ; 3(y-5) = x+5.$

Si l'on suppose $x = 15$, $y = 6$, on aura

$x+5-3(y-5) = 17 = e = 1^{re}$ erreur.

cundum augmentum et diminutionem, ut primo assumas lancem, que sit sex, et secundo assumas lancem, que sit quindecim, et accipiat unus eorum; scilicet habens sex ab altero, scilicet habente quindecim dragmam unam, habebit ergo septem, et remanebunt secundo quattuordecim. Et illud est dimidium ejus quod ei remansit. Deinde accipiat habens quindecim ab eo qui habet sex, quinque, et habebit viginti; et habenti sex, remanebit unum. Fuit autem conveniens ut habenti viginti remanerent tria. Quoniam dixit triplum ejus quod tibi remanebit : scilicet ei remansit unum. Oppone ergo per ipsum viginti, tunc jam errasti cum decem et septem additis; et hic vocatur error primus. Deinde assume duas lances a primis divisas, quod est ut assumas uni septem ex secundo decem et septem. Cum ergo habens septem acceperit unum ab eo qui habebat decem et septem, habebit octo, et remanebunt sedecim habenti decem et septem; et est dimidium ejus quod ei remansit. Deinde vero cum habens decem et septem acceperit ab eo quinque qui habebat septem, habebit viginti duo, et habenti septem remanebunt duo. Habens autem decem et septem, jam dixerat : habebo triplum ejus quod tibi remanebit; oportuit ergo ut

---

Si l'on suppose $x = 17$, $y = 7$, on aura

$$x + 5 - 3\,(y - 5) = 16 = e' = \text{II}^{\text{e}} \text{ erreur.}$$

$$\frac{7\,e - 6\,e'}{e - e'} = 23 = y\,;\; x = 49.$$

haberet sex. Oppone ergo per ea viginti duo; jam igitur errasti cum sedecim additis; et hoc vocatur error secundus. Multiplica ergo hec sedecim, que sunt error, in lancem primam, que est sex, et erunt nonaginta sex. Deinde multiplica lancem secundam, que est septem, in errorem lancis prime, qui est decem et septem, et erunt centum et decem et novem. Postea deme minorem duorum numerorum ex majore eorum, et remanebunt viginti tria. Deinde minue minorem duorum errorum ex majore eorum, quod est ut demas sedecim ex decem et septem, et remanebit unum. Divide ergo viginti tria per unum, et perveniet illud scilicet viginti tria : hoc igitur est quod primus habuit. Post hoc multiplica lancem primam, que fuit secundi, scilicet quindecim in errorem lancis secunde qui est sedecim, et erunt ducenta et quadraginta. Deinde multiplica lancem secundam, que fuit sedecim, scilicet decem et septem, in errorem lancis prime, qui est decem et septem, et pervenient ducenta et octoginta novem. Post diminue minorem duorum numerorum ex majore eorum, et remanebunt quadraginta et novem. Divide ergo quadraginta eorum per unum, et perveniet tibi quadraginta novem. Hoc igitur est quod secundus habuit.

Et hoc secundum regulam invenitur, que est (1)

---

(1) $$y = u - 1,\ x = 2u + 1;$$
$$3(u - 6) = 2u + 6,$$
$$u = 24,\ x = 49,\ y = 23.$$

ut ponas primum habere rem excepta dragma, et secundum habere duas res et dragmam. Cum ergo habens rem excepta dragma acceperit dragmam ab eo qui habet duas res et dragmam, habebit ipse rem integram, et secundus habebit duas res. Ergo habebit primus medietatem ejus quod habet secundus, scilicet rem duarum rerum. Et cum ille qui habet duas res et dragmam acceperit ab eo qui habet rem, excepta dragma, quinque dragmas, remanebit primo res exceptis sex dragmis, et habebit secundus duas res et sex dragmas. Jam autem dixerat : habebo triplum ejus quod tibi remanebit. Oportet ergo ut quod primus habet triplicetur, ut sit equale ei quod habet secundus, quod est ut triplicetur res exceptis sex dragmis, et erunt tres res exceptis decem et octo dragmis, que equantur duabus rebus et sex dragmis. Restaura ergo tres res cum decem et octo dragmis, et adjunge eis duas res et sex dragmas, et habebis tres res que equantur duabus rebus et viginti quattuor dragmis. Deme ergo duas res ex tribus rebus et remanebit res que equatur viginti quattuor. Ergo res equatur viginti quattuor. Eis igitur adjunge eorum equale, quia dixit : habebo ejus dimidium quod tibi remanebit, et adjunge dragmam; et est illud quod habet secundus. Et minue dragmam ex viginti quattuor, et erit illud quod habet primus.

Aliud capitulum de eodem.

Quod si dixerit : Duo viri sibi obviaverunt, quorum quisque habebat censum, et invenerunt censum.

Tunc unus eorum dixit alteri : da mihi ex eo quod habes dragmam et hunc censum, et habebo quantum tu. Respondit alter sic : tu, ex eo quod habes da mihi quattuor dragmas et hunc censum, et habebo triplum ejus quod tibi remanebit. Quantum ergo habuit quisque eorum (1)? Capitulum numerationis ejus, secundum augmentum et diminutionem, est ut assumas primo lancem que sit ex quinque, et ponas censum repertum dragmam, et secundo lancem que sit ex octo. Cum ergo habens quinque acceperit ab eo qui habet octo, dragmam, et acceperit dragmam repertam, habebit quisque eorum septem; et cum habens octo acceperit ab eo qui habet quinque quattuor et dragmam inventam, habebit tredecim, et habenti quinque remanebit unum. Alter vero jam dixerat : habebo triplum ejus quod tibi remanebit. Oportuit ergo ut haberet tria. Per ea igitur oppone tredecim, tunc jam errasti cum decem additis; et hic vocatur error primus. Deinde assume primo lancem secundam que sit ex sex, et secundo lancem se-

---

(1) $x + z + 1 = y - 1,\ 3(x - 4) = y + z + 4.$

Si l'on suppose $x = 5,\ z = 1,\ y = 8$, on aura

$$3(x - 4) = 3;$$

$$y + z + 4 - 3(x - 4) = 10 = e = \text{I}^{\text{re}} \text{ erreur.}$$

Si l'on suppose $x = 6,\ z = 1,\ y = 9$, on aura

$$y + 4 + z - 3(x - 4) = 8 = e' = \text{II}^{\text{e}} \text{ erreur.}$$

$$\frac{6e - 5e'}{e - e'} = \frac{60 - 40}{10 - 8} = 10 = x;\ y = 13,\ z = 1.$$

cundam que sit ex novem. Cum ergo habens sex acceperit ab eo qui habet novem, dragmam et dragmam repertam, habebit octo, et remanebit habenti novem. Jam ergo equalia habuerunt, scilicet cum habens novem acceperit ab eo qui habet sex, quattuor et dragmam repertam, habebit quattuordecim, et habenti sex remanebunt duo. Jam autem dixerat : habebo triplum ejus quod tibi remanebit. Oportuit ergo ut cum habenti sex remanserunt duo, haberet ipse sex. Oppone ergo per sex quattuordecim, et tunc jam errasti cum octo additis; et hoc vocatur error secundus. Multiplica igitur hunc secundum errorem, qui est octo, in lancem primam, que est primi et est quinque, et pervenient quadraginta; et multiplica lancem secundam, que est primi et est sex, in errorem lancis prime, qui est decem, et pervenient sexaginta. Minue ergo minorem duorum numerorum ex majore eorum, quod est ut diminuas quadraginta ex sexaginta, et remanebunt viginti; deinde diminue minorem duorum errorum ex majore eorum, quod est ut minuas octo ex decem, et remanebunt duo. Divide ergo viginti per duo, et pervenient tibi decem : hoc igitur est quod primus habuit. Quod si scire volueris quid habuit secundus, facies quemadmodum fecisti in primo, et perveniet tibi quod secundus habuit tredecim.

Hoc quoque secundum regulam invenitur, est (1)

---

(1) $x = u - 2, y = u + 1, z = 1,$

ut ponas primum habere rem exceptis duabus dragmis, et secundum habere rem et dragmam, et ponas censum et repertum dragmam. Cum ergo habens rem exceptis duabus dragmis acceperit dragmam et censum repertum ab eo qui habet rem et dragmam, habebit quisque eorum rem; et cum habens rem dragmam acceperit a primo quattuor dragmas et censum repertum, remanebit primo res exceptis sex dragmis, et habebit secundus rem et sex dragmas. Jam autem dixerat : habebo triplum ejus quod tibi remanebit. Triplica igitur illud quod primus habet, ut sit equale ei quod habet secundus, quod est ut triplices rem exceptis sex dragmis, et habebis tres res exceptis decem et octo, que equantur rei et sex dragmis. Oppone ergo per ea quod est ut restaures tres res per decem et octo et addas ea rei et sex dragmis, et habebis tres res que equantur rei et viginti quattuor. Minue ergo rem ex tribus rebus, et remanebunt due res que equantur viginti quattuor. Ergo res una equatur duodecim. Minue ergo duo, et remanebunt decem, quoniam dixit rem duabus dragmis, et adjunge duodecim unum, quoniam dixit rem et dragmam, et hoc est quod secundus habuit.

Capitulum de eodem aliud.

Quod si dixerit unus : Da mihi ex eo quod habes

$$2(x-4)=y+5;\ 3(n-2-4)=u+6,$$
$$2u=24,\ u=12,\ x=10,\ y=13.$$

dragmam et hunc censum inventum, et habebo tertiam ejus quod tibi remanebit; et alter dixerit sic, tu, da mihi quinque dragmas et hunc censum, et habebo quincuplum (*sic*) ejus quod tibi remanebit (1). Erit capitulum numerationis ejus, secundum augmentum et diminutionem, ut assumas lancem primo, que sit ex sex, et ponas censum repertum duas dragmas, et secundo assumas lancem que sit ex viginti octo. Cum ergo habens sex acceperit ab eo qui habet viginti octo, dragmam et duas dragmas repertas, habebit novem, et remanebunt secundo viginti septem. Jam ergo fuit hunc novem tertia viginti septem, scilicet cum habens viginti octo acceperit quinque et duas dragmas ab eo qui habet sex, habebit triginta quinque, et habenti sex remanebit unum. Habens autem viginti octo jam dixerat : habebo quincuplum ejus quod tibi remanebit. Oportuit ergo ut ipse haberet quinque cum iste habeat unum. Jam igitur errasti cum triginta additis; et hoc vocatur error primus. Deinde accipe primo lancem secundam, que sit ex septem, et secundo lancem secundam, que sit ex tri-

---

(1) $\frac{1}{2}(x - 1) = y + z + 1 ; x + 5 + z = 5 (y - 5.$

Si l'on suppose $y = 6$, $z = 2$, $x = 28$, on aura

$x + 5 + z - 5 (y - 5] = 30 = e =$ I[re] erreur.

Si l'on suppose $y = 7$, $z = 2$. $x = 31$, on aura

$x + 5 + z - 5 (y - 5) = 28 = e' =$ II[e] erreur.

$$\frac{7e - 6e'}{e - e'} = \frac{210 - 168}{30 - 28} = 21 = y, x = 73.$$

ginta uno. Cum ergo habens septem acceperit ab eo qui habet triginta unum, dragmam et duas dragmas, habebit ipse decem, et remanebunt triginta habenti triginta unum; et jam manifestum est quod decem est tertia triginta. Et cum habens triginta unum acceperit quinque dragmas et duas dragmas repertas ab eo qui habet septem, habebit triginta et octo, et habenti septem remanebunt duo. Ipse vero jam dixerat: habebo quincuplum ejus quod tibi remanebit. Cum ergo huic remanserint duo, oportuit ipsum habere, decem, scilicet ipse habet triginta octo. Jam ergo errasti cum viginti octo additis, et hoc vocatur error secundus. Multiplica igitur hunc viginti octo in lancem primam, que est primi et est sex, et quod perveniet erit centum et sexaginta octo; deinde multiplica lancem secundam, que est primi et est septem, in errorem primum, qui est triginta, et pervenient ducenta et decem. Minue ergo minorem duorum numerorum ex majore eorum, quod est ut demas centum et sexaginta octo ex ducentis et decem, et remanebunt quadraginta duo; deinde minue minorem duorum errorum ex majore eorum, quod est ut demas viginti octo ex triginta, et remanebunt duo. Per ea igitur divide quadraginta duo, et pervenient tibi viginti unum: hoc est quod habuit primus. Cum autem volueris scire quod habuit secundus, facies quemadmodum fecisti in primo, et invenies si Deus voluerit. Quod est ut multiplices errorem primum, qui est triginta, in lancem quam posuisti secundo, secunda vice, scilicet triginta unum; et multiplices errorem lancis secunde, qui est viginti octo, in lancem quam secundo prius posuisti, scilicet viginti octo, et deme minorem ex majore, et quod remanet divide per superfluum quod est inter duos errores, et pervenient tibi septuaginta tria. Et hoc est quod secundus habebat.

Capitulum cambitionis.

Quod si aliquis dixerit : Vir quidam ivit ad cambitorem qui habebat dragmas duorum generum, ex uno quorum cambiebantur viginti pro aureo et ex altero triginta. Dedit autem aureum tali tenore ut reciperet dragmas ex duobus generibus cambitionis et accepit viginti septem dragmas, quantas ergo accepit ex eis viginti quarum cambiebantur pro aureo et quantas ex eis quarum cambiebantur triginta (1)? Capitulum numerationis ejus, secundum augmentum et diminutionem, est ut sumes ex viginti quartam, que est quin-

---

(1) $x + y = 27, \frac{x}{20} + \frac{y}{30} = 1.$

Si l'on suppose $\frac{x}{20} = \frac{1}{4}, \frac{y}{30} = \frac{3}{4}, x = 5, y = 22 + \frac{1}{2}$, on aura

$$y + x = 27 + \frac{1}{2};\ 27 + \frac{1}{2} - 27 = \frac{1}{2} = e = \text{I}^{\text{re}} \text{ erreur.}$$

Si l'on suppose $\frac{x}{20} = \frac{1}{2}, \frac{y}{30} = \frac{1}{2}, x = 10, y = 15$, on aura

$$x + y = 25;\ 27 - 25 = 2 = e = \text{II}^{\text{e}} \text{ erreur.}$$

$$\frac{5e' + 10e}{e' + e} = \frac{10 + 5}{\frac{1}{2} + 2} = 6 = x;\ y = 21.$$

que, et ponas eam lancem et sumas ex triginta lancem secundam, que sit tres quarte ipsorum, et erit viginti duo et dimidium. Aggrega ergo quinque que accepisti ex viginti, viginti duobus et dimidio que accepisti ex triginta, et erunt viginti septem et dimidium. Oppone ergo per ea viginti septem que dixit se accepisse ex duobus cambiis, et tunc jam errasti cum dimidio addito; et hoc vocatur error primus. Deinde assume lancem secundam ex viginti, que sit decem et est medietas viginti, et assume ex triginta lancem secundam que sit ejus medietas que est quindecim. Eis igitur adjunge decem, et erunt viginti quinque. Oppone ergo per ea viginti septem, et tunc jam errasti cum duobus diminutis, et hoc vocatur error secundus. Multiplica igitur errorem secundum, qui est duo, in lancem primam, que est quinque, et pervenient decem; deinde multiplica errorem primum, qui est medietas, in lancem secundam, que est decem, et pervenient quinque. Postea conjunge simul duos numeros eo quod unus eorum est diminutus et alter additus, et erunt quindecim; deinde aggrega simul duos errores, qui sunt dimidium et duo, et erunt duo et dimidium. Divide ergo quindecim per duo et dimidium, et pervenient tibi sex dragme. Hoc ergo est quod ipse accepit ex cambio viginti, et hoc est tres ipsius decime. Oportet igitur ut ipse acceperit ex triginta septem decimas ipsius, que sunt viginti unum. Quod si scire volueris quantum acceperit ex eis quarum triginta cambiuntur facies quemadmodum fecisti in questione prima et invenies. Et hoc secundum regulam invenitur, que est ut ex aureo assumas rem et multiplices eam in viginti, et erunt viginti res; remanet autem aureus excepta re. Ipsum igitur multiplica in triginta, et erunt triginta aurei exceptis triginta rebus. Eis igitur adjunge viginti res, et erunt triginta aurei exceptis decem rebus, qui equantur viginti septem. Minue ergo viginti septem ex triginta, et remanebunt tria que equantur decem rebus. Ergo res equatur tribus decimis. Oportet ergo ut ex triginta assumas septem decimas.

Capitulum tritici et ordei.

Quod si dixerit : Fuerunt decem caficii tritici et ordei, et fuit caficius tritici venditus per octo dragmis, et duo caficii ordei fuerunt venditi per dragmam unam, et adjunctum fuit precium, et fuit quinquaginta dragme. Quantum ergo fuit triticum et quantum ordeum (1)? Erit capitulum numerationis ejus secundum augmentum et diminutionem ut assumas lancem ex uno, ac si triticum esset unum

---

(1) $$z + y = 10,\ 8z + \frac{1}{2}y = 50.$$

Si l'on suppose $z = 1$, $y = 84$, on aura

$z + y = 85$; $85 - 10 = 75 = e =$ I[re] erreur.

Si l'on suppose $z = 2$, $y = 68$, on aura

$z + y = 70$; $70 - 10 = 60 = e' =$ II[e] erreur.

$$\frac{2e - e'}{e - e'} = \frac{150 - 60}{75 - 60} = 6 = z;\ y = 4.$$

venditum esset octo dragmis; deinde deme hunc octo ex quinquaginta dragmis, et remanebunt quadraginta duo. Cum eis igitur vende ordeum dando duos caficios pro dragma, et erunt octoginta quattuor caficii, quibus adde caficium cujus precium fuit octo, et erunt octoginta quinque caficii. Per eos igitur oppone decem caficios, et tunc jam errasti cum septuaginta quinque additis; et hoc vocatur error primus. Deinde assume lancem secundam ex duobus, quasi triticum esset duo, et venditus esset quisque caficius octo dragmis, et erunt sedecim dragme. Minue igitur ex quinquaginta, et remanebunt triginta quattuor dragme. Cum eis igitur vendatur ordeum dando duos caficios pro dragma, et erunt sexaginta et octo; deinde adjunge eis duos caficios, et erunt septuaginta. Oppone ergo per eos decem, et tunc jam errasti cum sexaginta additis, et hoc vocatur error secundus. Multiplica igitur errorem secundum, qui est sexaginta, in lancem primam, que est unum, et pervenient sexaginta; deinde multiplica lancem secundam, que est duo, in errorem primum, qui est septuaginta quinque, et erunt centum et quinquaginta. Postea deme minorem duorum numerorum ex majore eorum, quod est ut diminuas sexaginta ex centum quinquaginta, et remanebunt nonaginta; deinde minorem duorum errorum ex majore eorum, quod est ut minuas sexaginta ex septuaginta quinque, et remanebunt quindecim. Divide ergo nonaginta per quindecim, et pervenient sex caficii. Hic ergo est numerus tritici; et quod ex decem est residuum est ordeum, quod est quattuor caficii.

Et hoc secundam regulam invenitur, que est (1) ut assumas rem ex decem. Ipsam igitur vende pro octo rebus; deinde medietatem decem excepta re, propter hoc quod dixit vendatur ordeum duo pro dragma una, et invenies illud quinque medietate rei excepta. Adjungantur ergo quinque excepta rei medietate octo rebus. Restaura ergo medietatem rei ex octo rebus, et remanebunt septem res et dimidium et quinque ex numeris, qui equantur quinquaginta. Minue ergo quinque ex quinquaginta, et remanebunt quadraginta quinque. Habes igitur septem et dimidium rei, que equantur quadraginta quinque. Divide ergo quadraginta quinque per septem res et dimidium, et pervenient tibi sex. Hic igitur est numerus tritici, et ordeum est illud quod remanet ex decem quod est quattuor. Intellige et invenies.

Aliud capitulum de eodem.

Quod si dixerit : Divisisti decem in duas partes, et multiplicasti unam in unum et secundam in sex, et aggregasti utramque multiplicationem, et quod pervenit fuit quadraginta : quantus ergo fuit nume-

---

(1) $$y = 10 - z,$$

$$8z + \frac{1}{2}(10 - z) = 50,$$

$$7z + \frac{1}{2}z = 45;\ z = 6;\ y = 4.$$

rus (1) cujusque partis? Capitulum numerationis ejus, secundum augmentum et diminutionem, est ut assumas lancem, que sit ex uno, et eam in unum multiplices, et erit unum; deinde multiplica residuum ex decem, quod est novem, in sex et erunt quinquaginta quattuor, quibus adjunge unum, quoniam dixit aggregasti utramque multiplicationem, et erunt quinquaginta quinque. Oppone ergo per ea quadraginta, et tunc jam errasti cum quindecim additis, et hoc vocatur error primus. Deinde accipe lancem secundam, que sit ex duobus, et multiplica eam in unum, et erunt duo et residuum ex decem, quod est octo; multiplica in sex, et erunt 48. Adjunge ea duobus, et erunt 50. Per ea igitur oppone 40, et tunc jam errasti cum decem additis, et hoc vocatur error secundus. Multiplica igitur errorem secundum, qui est decem, in lancem primam, que est unum, et erit decem; et multiplica errorem primum, qui est quindecim, in lancem secundam, que est duo, et pervenient triginta. Deme igitur minorem duorum numerorum ex majore eorum, quod est ut minuas

---

(1) $$z + y = 10,\ z + 6y = 40.$$

Si l'on suppose $z = 1$, $y = 9$, on aura

$$z + 6y = 55,\ 55 - 40 = 15 = e = \text{I}^{\text{re}} \text{ erreur.}$$

Si l'on suppose $z = 21$, $y = 8$, on aura $z + 6y = 50$;

$$50 - 40 = 10 = e' = \text{II}^{\text{e}} \text{ erreur.}$$

$$\frac{2e - e'}{e - e'} = \frac{30 - 10}{15 - 10} = \frac{20}{5} = 4 = z;\ y = 6.$$

decem ex triginta et remanebunt viginti : deinde minue minorem duorum errorum ex majore eorum quod est ut diminuas decem ex quindecim, et remanebunt quinque. Divide igitur viginti per quinque et pervenient tibi quattuor. Et est una duarum partium, et pars secunda est sex. Intellige.

Et hoc secundum regulam invenitur, que est ut(1) ex decem sumas rem, et eam in unum multiplices, et erit res. Residuum vero est decem excepta re, et est pars secunda. Eam igitur in sex multiplica, et habebis sexaginta exceptis sex rebus. Quibus adjunge rem, et erunt sexaginta exceptis quinque rebus, que equantur quadraginta. Restaura igitur sexaginta per quinque res, et adjunge eas quadraginta. Minue ergo quadraginta ex sexaginta, et remanebunt viginti que equantur quinque rebus. Ergo res una equatur quattuor, et est una duarum partium.

Capitulum de cambio.

Quod si dixerit : Fuerunt centum aurei quorum quidam fuerunt melichini, et quidam revelati; et quisque melichinus in cambio fuit venditus per quinque solidis, et quisque revelatus fuit in cambio venditus per tribus solidis, et quod ex cambio aggregatum est fuit quadraginta et sexaginta solidi. Quot ergo

---

(1) $y = 10 - z,\ z + 6(10 - z) = 40.$

$60 - 5z = 40;\ 20 = 5z,\ z = 4,\ y = 6.$

eorum fuerunt melichini et quot revelatis (1)? Erit capitulum numerationis ejus secundum augmentum et diminutionem ut dicas : divisisti centum in duas partes, et multiplicasti unam in quinque et secundam in tria, et aggregasti utramque multiplicationem, et quod pervenit fuit quadraginta et sexaginta. Assume igitur lancem primam, que sit ex uno, et multiplica eum in quinque, et erunt quinque, et remanebunt ex centum nonaginta novem. Ea igitur in tria multiplica, et erunt ducenta et nonaginta septem, quibus adjunge quinque, et erunt trecenta et duo, per ea igitur oppone quadringintis et sexaginta, et tunc jam errasti cum centum et quinquaginta octo diminutis; deinde accipe lancem secundam a prima divisam, que sit duo, et multiplica duo in quinque, et erunt decem; postea multiplica residuum ex centum, quod est nonaginta octa in tria, et erunt ducenta et nonaginta quattuor, quibus adjunge decem, et erunt trecenta et quattuor. Per eo igitur oppone quadringentis et sexaginta, et tunc jam errasti cum centum et quinginta sex diminutis; postea multiplica lancem primam, que est unum, in errorem secundum, qui est

---

(1) $$5x + 3y = 460,\ x + y = 100$$

Si l'on suppose $x = 1$, $y = 93$, on aura

$$5x + 3y = 302;\ 460 - 302 = 158 = e = \text{I}^{\text{re}}\ \text{erreur}.$$

Si l'on suppose $x = 2$, $y = 98$, on aura

$$5x + 3y = 304;\ 460 - 304 = 156 = e' = \text{II}^{\text{e}}\ \text{erreur}.$$

$$\frac{2e - e'}{e - e'} = \frac{326 - 156}{158 - 156} = 80;\ x = 80,\ y = 20.$$

centum et quinquaginta sex, et erunt centum et quinquaginta sex; deinde multiplica laucem secundam, que est duo, in errorem primum, qui est centum et quinquaginta octo, et erunt trecenta et sedecim. Postea minue minorem duorum numerorum ex majore eorum, quod est ut minuas centum et quinquaginta sex ex trecentis et tredecim, et remanebunt centum et sexaginta; deinde deme minorem duorum errorum ex majore eorum, quod est ut diminuas centum et quinquaginta et sex ex centum et quinquaginta octo, et remanebunt duo. Divide ergo centum et sexaginta per duo, et pervenient tibi octoginta aurei. Hic ergo est numerus aureorum melichinorum, et revelati sunt viginti; et hoc quoque secundum regulam invenitur, que est ut ex centum assumas rem et multiplices eam in quinque, et erit quinque res. Remanebit centum excepta re; deinde multiplica centum excepta in tria, et erunt trecenta exceptis tribus rebus; deinde adjunge eis quinque res, et erunt trecenta et due res que equantur quadringentis et sexaginta. Minue ergo trecenta ex quadringentis et sexaginta, et remanebunt due res que equantur centum et sexaginta. Ergo una res equatur octoginta, et ipsi sunt melichini et reliqui ex centum sunt revelati.

Capitulum de foris rerum venalium (1).

Quod si dixerit : Duo viri intraverunt forum re-

---

(1) Quod in hac questione dicitur nimis est obcurum eo quod dicun-

rum venalium, quorum unus habebat decem caficios, et alter viginti et vendiderunt cum una misura et uno precio, et recedentes habuit quisque eorum triginta dragmas. Erit capitulum numerationis ejus secundum et diminutionem ut dicas : divisisti decem in duas partes et multiplicasti unam partem in unum et alteram in quattuor, et aggregasti utramque multiplicationem, et quod pervenit fuit triginta. Partem tamen secundam non ob aliud multiplicas in quattuor, nisi ut quod pervenit sit plus triginta, non enim oportet ut sit minus. Assume igitur lancem ex uno, et multiplica eam in unum; deinde multiplica residuum, quod est novem, in quattuor, et triginta sex; postea adjunge eis unum, et erunt triginta septem. Per ea igitur oppone triginta, et tunc jam errasti cum septem additis; deinde accipe lancem secundam divisam a prima, que sit ex duobus, et eam in unum multiplica, et perveniet duo; deinde multiplica residuum ex decem, quod est octo in quattuor, et erunt triginta duo. Postea adjunge eis duo, et erunt triginta quattuor. Oppone ergo per ea triginta, et tunc jam errasti cum quattuor additis. Multiplica igitur lancem primam, que est unum, in errorem lancis secunde, que est quattuor, et erunt quattuor.

---

tur uno precio vendidisse. Ideoque sic intelligendum est nullus eorum accepit pretium alterius generis quam.... quisque tamen eorum duobus preciis vendidit (*Note marginale du manuscrit*). — C'est à cause de cette obscurité du texte qu'il nous a été impossible de donner la traduction algébrique de ce qui suit.

Postea multiplica lancem secundam in errorem lancis prime, que est septem, et erunt quattuordecim. Minue ergo ex eis quattuor, et remanebunt decem; deinde minue minorem duorum errorum ex majore eorum, quod est ut demas quattuor ex septem, et remanebunt tria. Per ea igitur divide decem, et pervenient tibi tria et tercia. Hoc igitur est quod habens decem vendidit in primo foro, scilicet tres caficios et tercia dando unumquemque caficium pro dragma, et sic habuit tres dragmas et tercia; deinde minue tria et tercia ex decem, et remanebunt sex et due tertie. Vendat igitur unusquemque caficium pro quattuor dragmis, et habebit viginti sex et duas tercias, quibus adjunge tria et tertiam, et erunt triginta. De viginti quoque facias (1) quemadmodum fecisti de decem et invenies. Intellige. Est propterea regula inveniendi hoc, sicut regula decem que dividitur in duas partes.

Capitulum aliud de eodem.

Quod si dixerit: Est census cujus quartam abstulisti et quinta ejus quod remansit, et accepisti quartam ejus quod abstuleras et quintam ejus quod remansit, et quod pervenit fuit septem. Erit capitulum numerationis ejus secundum augmentum et diminutionem, ut assumas lancem, que sit ex vi-

---

(1) Et per viginti fac duas lances, unam ex duobus et alteram ex quatuor, et invenies. (*Note marginale du manuscrit.*)

ginti, et auferas quartam ejus, et remanebunt quindecim; deinde aufer quintam ejus, et remanebunt duodecim. Postea accipe quartam octo que abstulisti, que est duo, serva eam; deinde assume quintam duodecim, que est duo et due quinte; ea igitur adjunge duobus, et erunt quattuor et due quinte. Per ea igitur oppone septem, et tunc jam errasti cum duobus et tribus quintis diminutis, et hoc vocatur error primus; deinde accipe lancem secundam divisam a prima, que sit ex quadraginta, et aufer ejus quartam, et remanebunt triginta, et quintam residui, que est sex, et adjunge eam decem ablatis, et erunt sedecim, eorum ita sume quartam, que est quattuor. Deinde accipe quintam ejus quod remansit, quod est viginti quattuor, et est quattuor et quattuor quinte, et adjunge eam quattuor, et erunt octo et quattuor quinte. Oppone igitur per ea septem; tunc jam errasti cum uno et quattuor quintis additis. Multiplica ergo unum et quattuor quintas in lancem primam, et pervenient triginta sex; deinde multiplica duo et tres quintas in lancem secundam, et erunt centum et quattuor. Postea aggrega duos numeros pervenientes, et quod perveniet erit centum et quadraginta; deinde aggrega duos errores, qui sunt unum et quattuor quinte et duo et tres quinte, et erunt quattuor et due quinte. Divide ergo per ea centum et quadraginta, et quod perveniet erit census, qui est triginta unum et novem partes undecime. Hoc quoque secundum regulam invenitur, que est ut ponas principium ex quo consurgit quarta et quinta viginti, et auferas ei quartam suam, et remanebunt quindecim et quintam residui, et remanebunt duodecim. Sume ergo quartam octo quam abstulisti et quintam duodecim remanentium, et quod perveniet erit quattuor et due quinte. Ergo dic: in quem numerum multiplicantur quattuor et due quinte donec perveniant viginti? Illud vero invenies quattuor et sex undecimas. Multiplica igitur hec quattuor et sex undecimas partes in septem que dixisti remansisse ex censu, et quod ex multiplicatione perveniet erit illud quod voluisti, quod est triginta unum et novem undecime partes, et est census.

Capitulum de anulis.

Quod est ut dicas viro: Sume quod est inter te et anulum; deinde dic ei dupla quod habes. Postea dic ei: adjunge ei quinque; deinde dic: multiplica ipsum in quinque. Postea dic ei, adde eis decem; deinde dic: multiplica quod habes in decem. Postea dic: minue ex eo quod habes quadraginta. Cum ergo minuerit ea, accipe pro quadragentis unum, et ipsum serva. Deinde dic ei: minue ex eo quod habes centum. Cum ergo diminuerit ea, assume tu et pro eis unum. Deinde precipe ei ut ex eo quod habet, diminuat centum quoties poterit, et tu pro unoquoque centenario diminuto assume unum. Postquam ergo non remanserit ei centum, considera illud quod habes, fiet enim ut illud ad quod pervenerit numerus sit ille qui sumpsit anulum. Alio quoque modo invenitur hoc, qui est ut dicas viro: Sume quod est inter te et anulum in una manuum tuarum, et assume in alterm tandem; deinde assume tu in manu tua unum; postea dic ei : multiplica quod habes in una manuum tuarum, in quemcumque numerum volueris. Postea multiplica unum quem tenuisti in manu tua in illum numerum in quem precipisti illum multiplicare, et postea dic ei : divide quod exivit ex multiplicatione per illud quod habet in alia manu, perveniet ergo unicuique quantum fuit quod pervenit ex multiplicatione ejus quod habebas in manu tua. Postea dic ei : divide quod exivit ex multiplicatione per illud quod habet in alia manu tua. Postei dic ei : eice quod attinet uni de eo quod accepisti. (Dubia est regula de anulo). Et postea dic mihi quod remansit. Et tu, minue illud de eo quod tenuisti in manu tua aggregatum, et quod remanebit erit illud. Et hoc alio modo invenitur, qui est ut dicas viro : sume quod est inter te et anulum, postea dic ei, adjunge ei duplum ipsius; deinde dic : adde ei quantum est medietas ejus quod aggregatum est. Deinde dic ei : minue ex eo quod habes novem. Cum ergo minuerit ea, sume tu per novem duo; deinde precipe ei ut ex eo quod habet minuat novem, et assume pro unoquoque novenario diminuto duo. Cum ergo remanseris ei numerus novem, sume pro eo unum, deinde considera illud quod habes. Ipsum namque est ille qui sumpsit anulum. Et hoc item alio reperitur modo, qui est ut dicas viro : sume quod est inter te et anulum deinde dic, multiplica quod habes in tria, postea dic ei; sume medietatem ejus quod tibi pervenit. Deinde quere ab eo si est in eo fractio. Quod si dixerit est : assume tu pro fractione unum; deinde dic ei, serva fractionem, donec sit unum integrum. Deinde dic ei : multiplica quod habes in tria; et postea dic ei : minue ex eo quod habes novem. Et tu, assume pro unoquoque novenario diminuto duo, et aggrega que habes, et tuum erit illud. Quod si dixerit, non est in eo fractio, et cum dicis, minue ex eo quod habes novem, dixerit non est in novem, tunc dic ei quod nichil accepit. — Expletus est liber.

Si tres viri tenuerint tres res diversi generis, et volueris scire quam illarum quisque eorum teneat; noscas primus unamquamque earum, et in corde tuo pone unam primam, et alteram secundam, et aliam tertiam, et voca similiter in corde tuo primam duo et secundam novem et terciam decem. Deinde unum trium hominum non duo, et alium voca tres, et tercium voca quinque, et precipe uni eorum qui sciat quid quisque eorum teneat, ut multiplicet nomen tenentis rem primam in duo, et tenentis rem secundam in novem, et nomen tenentis rem terciam in decem, et aggreget ea que ex multiplicationibus pervenerint, et summam inde pervenientem tibi dicat. Quam tu assumens minue ex centum et residuum partire per octo, et quod ex divisione pervenerit erit nomen tenentis rem primam, et quod remanserit erit nomen tenentis rem secundam, et alius tenebit terciam rem.

Nous avons déjà indiqué les manuscrits d'où nous avons tiré l'ouvrage précédent. Le texte de ces manuscrits n'offre pas beaucoup de variantes : quand il y en avait d'importantes nous avons choisi la leçon qui nous paraissait la meilleure. En général, cependant, nous avons suivi le texte du manuscrit n° 49, du *Supplément latin* de la bibliothèque du roi.

Voici maintenant le *Liber de mutatione temporis secundum Indos*, dont nous avons déjà parlé, tiré du *manuscrit latin* n° 7326, de la bibliothèque du roi.

Liber de mutatione temporum secundum Indos.

Sapientes Indi de pluviis judicant secundum Lunam considerantes ipsius mansiones et conjunctiones vel aspectus planetarum ad ipsam : alii sapientum majorem partem judiciorum de pluviis ad Lunam referunt. Indi totum judicium Soli Lune attribuunt, asserentes ipsam significatricem hujus mundi universi et mediatricem inter res terrenas et planetas; recipit enim a superioribus planetis et stellis fixis vim que dat terris, quia circulus ejus proximus et puncto terre quod quidem sensu visus comprehendimus liquido quia ipsius multiplices effectus apparent in oppositionibus et conjunctionibus et quadratis, et apparent commutationes generationis et corruptionis secundum augmentum vel diminutionem lucis illius et notitie secundum elevationem vel descensum ipsius tam in circulo egresse cuspidis quam in circulo brevi et secundum complexionem ipsius ad aliquem planetam. Asserunt etiam Indi Jovem et Venerem planetas esse fortunas, ceteros omnes infortunas. Subtilissimi tamen eorum asserunt solos Saturnum et Martem infortunas esse, reliquos omnes temperatos, quod veritati affinius videtur. Cum vero Luna habet conjunctionem vel aspectum cum planeta infortuna, inde pluviam pervenire in conjunctione vel aspectu fortune, nisi eadem fortuna cum infortuna conjunctionem habeat vel aspectum; quia fortune solventes subtiliant aera, et dissipant crassitudinem aeris ex fumo a terra ascendente tractam, infortune vero secundum proportionem circulorum ad terram crassitudinem augmentant, quia operatio eorum in terra fumo similis est et attrahunt humorem ac fumum a terra habundancius et densant crassitudinem propriorem, et ligant pluviam et ventos, licet sit fortuna qui humiditatem operatur Lune conjuncta pluvias efficit, non tamen id efficit nisi habeat conjunctionem vel aspectum in fortune.

Mansionum autem Lune quedam sunt humide, quedam sicce, alie temperate, quedam evenit ex oppositione stellarum fixarum que sunt in eis et secundum mutationem loci ex parte circuli et secundum radios aspectus trini sextilis quadrati oppositioni planetarum, quos prospiciunt in mansiones predictas et secundum quod planetas ascendentis sit, vel in angulis vel in postangulis vel in domibus lapsis, et secundum naturam locorum in quibus Luna a planete stat videlicet signa masculina, vel feminina, vel mobilia, vel fixa, vel communia, vel ignea, vel terrea, vel aeria, vel aquatica, etc. Preterea secundum conjunctionem completam vel incompletam cum planetis ex latitudine et longitudine consideratam, et aspectum similiter nisi sit completa non ostendet rem completam. Indi vero considerant conjunctionem Solis et Lune et oppositionem et quadrata : alii plurimi preter hec considerant quadratorum medias et portas que sunt in XII gradus, ante conjunctionis locum et totidem post et totidem ante, et post locum. Indi etiam asserunt... XXVIII mansiones Lune vero XXIX, unde secundum divisionem Indorum totius circuli in XXVIII, contingunt singulis mansionibus XIII gradus et tercio unius : rationem quidam hujus partitionis ignoramus, sed a quibusdam eorum qui ad nos perveniunt (1) hoc accepimus mansionem illam, alii vocant adavenen, non esse ab Indis in numero mansionum computatam quia hec proxima est mansioni virginis que est una mansionum cujus mansionis est illa pars. Alii hanc pretendunt rationem quia etsi sunt XXIX, Indi illam non numerant in qua junguntur Sol et Luna, quia Luna in ea tunc nullam vim habet cum conjungitur Soli, nec vim habet donec in alia mansione appareat a Sole separata et habeat conjunctionem vel aspectum cum altero planeta. Mansiones itaque que multam humiditatem monstrant sunt X, et vocantur vapor circuli : Aldebaran quod est medium tauri, Algebathan, Algerpha, Algaphata, Abgebenen, Algard, Allebra, Alnathan, Alesthadebe, Alpharga, et postea si fuerit separata a conjunctione Solis et habeat conjunctionem vel aspectum cum planeta infortuna, inducit pluvias videlicet ad Saturnum vel Martem, vel etiam Venerem. Aldirahaam vero quod est medium Cancri, multam significat pluviam et omnes relique pauciorem : sex autem mansionum sunt sicce, que sunt Albotharia, Almuster, Althaif, Altherp, Alesadadabia, Algar-

(1) Il faut remarquer ce passage qui atteste derechef les rapports scientifiques des Hindous avec les peuples occidentaux au moyen âge.

phalaul. Relique sunt temperate, quarum tres paucam humiditatem habent, que sunt Altoraia, Althimeth, Aleschadebe in quibus cum Luna fuerit conjuncta cum planeta pluviali, interdum pluvias officit. Comperietur causam pluviarum et ventorum et nubilorum et aeris mutationis, et si futura sit vel non, et inquo tempore anni mutatio futuri sit, hoc modo : inquires horam et locum cum gradibus et minutis diligentissime in quo futura est conjunctio Solis et Lune, sive oppositio, utrum proprior fuerit in gressu Solis in arietem, preter hoc comperiunt Indi horam qua Sol intrat XX, gradum scorpionis, affirmant et etiam ab eo tempore aquas in puteis augmentari. Comperies etiam diligentissime per quot gradus et minuta differunt singuli planete a capite arietis in hora prefate conjunctionis et oppositionis, et in qua mansione sunt planete singuli gradus et tertiam unius pro una mansione inquirendo ab ipso caput arietis. Inquires vero ad quem planetam Luna aspectum habeat, recedens a cuncto gradu in quo fuerit coujunctio et oppositio. Quod si aspexerit Saturnum, et utrumque fuerit in mansione humida, et non sit impeditus Saturnus ab aspectu Jovis, erunt nubes nigre et pluvia lenta et durabilis, et si planete inferiores aspexerint Saturnum, sive Venerem et Mercurium, erit pluvia major et durabilior, et hec quidem est consideratio ad dinoscendum pluvias anni : similiter considerabis conjunctiones et oppositiones, et quadrata mensibus singulis ad comperiendas pluvias mensium et ad inveniendum diem in quo pluvie incipient. Require ergo distantiam gradus in quo fuerit coniunctio vel oppositio vel quadrata ad gradum planete pluvialis, et si fuerit Luna insigno mobili, da cuique gradui horam unam, et si in fixo da cuique gradui diem unum, et si in communi et immediate prima singulis gradibus dies singulos, et insero cuique gradui horam unam ,et ubi terminabitur distributio in eadem die vel hora , erit pluviarum initium. Subtilissimi Indorum considerant velocitatem et tarditatem pluviarum secundum velocitatem et tarditatem cursus Lune et secundum aumentum luminis ipsius, dicentes velocitatem et aumentum ejus pluvias sequi, si planeta cui Lune vim dat similis sit Lune in predictis accidentibus, et pro gradibus interiacentibus Lunam et planetam, totidem horas supputabis in velocitate et tarditate et in minutione totidem dies, ut veniat pluvia. Verum si cum predictis Mercurius aspexerit Saturnum, fit tardatio, donec Luna ad locum Saturni perveniet, vel oppositum vel quadratum; et si Saturnus fuerit in mansione, sicca et Luna ei vim dat, et neuter inferiorum planetarum ipsum aspiciat, est nebula sine pluvia. Et si Luna det vim Jovi utroque exeunte in mansione humida et inferiore, alteruter Jovem aspiciat, ros erit vel nubila tantum : quod si Luna et Jove sint positis, neuter inferiorem Jovem aspiciat, et ipse imprimis aspiciat Saturnum, erit pluvia : et si Luna et Mars sint in mansionibus humidis et alteruter inferiorem, Martem aspiciat, sequentur nubila terribilia et tonitrua et lampades et grando et non pluet nisi Mars aspexerit Jovem et Saturnum; si dispositor temporum Deus gloriosus et sublimis voluerit finiri. — Explicit.

NOTE XV.

(PAGE 126)

On trouve les chiffres indiens dans l'algèbre de Mohammed ben Musa qui vivait sous Al-Mamoun, au commencement du neuvième siècle de l'ère chrétienne (*Mohammed ben Musa*, *algebra*, p. 11 et 55-64 du texte arabe); mais, comme le manuscrit d'après lequel M. Rosen a publié cet ouvrage est du quatorzième siècle, on ne sait pas si c'est l'auteur ou le copiste qui a introduit ces chiffres. Les trois manuscrits de la bibliothèque du roi (*Supplément latin*, n° 49, f. 110. — *MSS. latins* n° 7377 A. — *Résidu Saint-Germain*, *recueil de physique, astronomie et géométrie*, paq. 11, n° 7, in-fol) qui contiennent la traduction que nous avons insérée dans ce volume (voyez précédemment note XII, p. 253), traduction qui probablement est antérieure au manuscrit de la bibliothèque d'Oxford publié par M. Rosen (*Mohammed ben Musa*, *algebra*, p. XIII), ont les mêmes lettres dans les figures, mais ne contiennent pas de chiffres; ce qui pourrait faire soupçonner que ces chiffres manquaient aussi dans le texte arabe dont l'ancien traducteur s'était servi. Un passage du Soufi prouve que les traducteurs arabes de Ptolémée employaient les lettres de l'alphabet pour exprimer les nombres. *Notices des manuscrits de la bibliothèque du roi*, tom. XII, Ire part., p. 242. — Voyez aussi *de Sacy, grammaire arabe*, Paris, 1827, 2 vol. in-8, tom. I, p. 74). Bayer et quelques autres érudits ont cru que les Arabes et les Indiens avaient reçu les chiffres numériques des Grecs (*Bayeri, hist. regni Bactriani*, p. 123 et 127. — *Villoison, anecd. græca*, tom. II, p. 152. — *Raccolta d'opuscoli, scientifia e filologia*, tom. XLVIII, p. 21). Mais cette opinion a été généralement abandonnée dès que l'on a bien connu un passage où Fibonacci fait l'énumération et la critique des divers systèmes de numération qui étaient en usage avant lui (*Targioni viaggi*, tom. II, p. 59). Théophanes dit que lorsque Walid défendit d'écrire en caractères grecs, il en excepta les chiffres à cause des difficultés qu'offrait l'ancienne arithmétique arabe (*Theophanes chronicon*, Paris, 1655, in-fol., p. 314. — *Abul-Pharajii, hist. compend. dynast.*, p. 127). Ce passage prouve que du temps de ce calife les Arabes ne connaissaient pas encore les chiffres Indiens. Mais ils les connaissaient certainement au neuvième siècle, lorsque Alkindi écrivait un traité sur l'arithmétique des Hindous. Il est vrai qu'au douzième siècle Avicenne, comme il le raconte lui-même, fut envoyé par son père chez un marchand d'huile pour apprendre l'arithmétique indienne (*Abul-Pharajii, hist. compend. dynast.*, p. 229). Mais ce fait, d'où certains auteurs ont cru pouvoir conclure que cette arithmétique n'était arrivée que fort tard chez les Arabes, prouve seulement qu'à Bokhara, patrie d'Avicenne, on pouvait à-la-fois être marchand d'huile et enseigner l'arithmétique. Et peut-être l'on pourrait déduire de là que cette science était plus connue alors en Orient que ne l'est à présent chez nous (*Abul-Pharajii*, *hist. compend. dynast.*, p. 230.— *Brahmegupta and Bhascara*, *algebra*, p. LXX.— *Mohammed ben Musa*, *algebra*, p. 197. — *Andres storia d'ogni litteratura*, tom X, p. 108.— *Montucla*, *hist. des math.*, tom. I, p. 375. — *Bhascara Acharya*, *Lilawuti*, p. 35. — *Targioni viaggi*, t. XII, p. 211.)

NOTE XVI.

(PAGE 134)

Abel Rémusat a publié dans ses *Mélanges asiatiques* (tom. I, p. 212 et suiv.) les noms mongols de la série des 28 constellations du zodiaque lunaire, constellations qui forment la base de toute l'uranographie des peuples de l'Asie orientale (*Hyde, syntag. dissertat.*, tom. I, p. 7. — *Scaligeri, notæ in spheram barbaricam Manilii*, ad calcem *Manilii astron.*, Lugd.-Batav. 1600, in-4°, p. 368 et seq.. — *Notices des manuscrits de la bibl. du roi*, tom. XII, Ire part., p. 246 et suiv.). En rapprochant ces noms, des noms sanscrits, on y aperçoit l'origine indienne. Ils sont si anciens chez les Hindous qu'ils se trouvent déjà dans les lois de Menou (*Recherches asiatiques*, tom. II, p. 346). Les Chinois, les Persans et les Arabes ont adopté la même division du ciel, qui paraît avoir une origine distincte de la division égyptienne ou chaldéenne en douze parties; mais la comparaison des divers zodiaques prouve que ces peuples ont souvent changé la position des constellations (*Notices des manuscrits de la bibl. du roi*, t. XII, 1re part., p. 246. — *Asiatic researches*, tom. III, p. 257. — *Souciet, observations math. tirées des anciens livres chinois*, tom. I, p. 243). W. Jones et Colebrooke ne sont pas d'accord sur l'origine de l'astronomie indienne : le premier veut que cette astronomie soit toute nationale, le second y trouve des traces de l'influence grecque. Peut-être le zodiaque grec a-t-il pénétré chez les Hindous par le premier de Bactriane (*Brahmegupta and Bhascara, algebra*, p. XXII-XXIV) : peut-être aussi le zodiaque a-t-il eu une double origine ; car la mythologie indienne nous montre le dieu Soma épousant douze constellations, et procréant les douze mois (*Recherches asiatiques*, tom. II, p. 337 et 344.— *Asiatic researches*, vol. IX, p. 323 et 347). On sait que les Hindous, comme les Arabes, les Egyptiens et les Chaldéens, divisaient chaque signe en trois parties (*Asiatic researches*, vol. IX, p. 367 et 373); et il faut remarquer que la connaissance de l'étoile polaire est commune à la sphère indienne et à la sphère grecque (*Asiatic researches*, vol. IX, p. 329). Dans les *Vues des Cordillères*, M. de Humboldt a fait ressortir les nombreux rapports qui existent entre les zodiaques mexicains et thibétains, et en général entre le système astronomique des Aztèques et celui des peuples de l'Asie centrale.

NOTE XVII.

(PAGE 136)

Comme les Missionnaires n'avaient jamais cité exactement les auteurs chinois qui parlent de la boussole, nous nous proposions de publier dans cette note le texte chinois des grandes annales de la Chine, intitulées *Tong-kian-kang-mou*, où il est parlé des chars magnétiques, ou chars qui indiquent le midi : chars qui sont mentionnés sous le règne de *Hoang-ti* (presque vingt-sept siècles avant l'ère chrétienne), et sous le règne de *Tching-wang* (au douzième siècle avant l'ère chrétienne), et qui supposent la connaissance de la polarité de l'aimant. Mais, depuis l'impression du passage auquel se rapporte cette note, M. Klaproth ayant publié un ouvrage très intéressant sur l'invention de la boussole, où se trouvent les passages originaux du *Tong-kian-kang-mou* que nous voulions publier, nous avons pensé qu'il était inutile de les reproduire ici. M. Klaproth a cité aussi plusieurs autres passages plus modernes, qui prouvent d'une manière incontestable que les Chinois ont connu la polarité de l'aiguille aimantée long-temps avant les Européens (*Klaproth, lettre sur l'invention de la boussole*, p. 64-97). Il faut lire tous ces passages dans l'ouvrage même de M. Klaproth, où l'on verra aussi qu'au commencement du douzième siècle les Chinois connaissaient la déclinaison de l'aiguille aimantée (*Klaproth, lettre sur l'invention de la boussole*, p. 68), déclinaison qui n'a été connue que long-temps après en Europe. Dans le volume suivant, nous aurons l'occasion de revenir sur ce point, et nous discuterons les droits que le prétendu Adsigerius (1) et Colomb peuvent avoir parmi nous à cette découverte. M. Klaproth pense que les mots italiens *bussola* (boussole) et *bossolo* (boîte) sont deux mots entièrement distincts; et il fait dériver *bussola* du mot arabe *mouassala* (dard, flèche) (*Klaproth, lettre sur l'in-*

---

(1) Nous disons *le prétendu Adsigerius*, parce qu'il nous semble que l'*Epistola Petri Adsigerii in signationibus naturæ magnetis*, qui se trouve indiquée dans le catalogue des manuscrits de la bibliothèque de Leyden (*Catalogus bibl. publicæ univers. Lugd.-Batav.*, p. 365), et qui a été si souvent citée par les physiciens modernes, n'est pas du tout d'*Adsigerius*. En effet, dans le manuscrit intitulé *Geometria* de la bibliothèque du roi (*MSS. latins*, n° 7378 *A*, in-4°, f. 67), il y a un petit traité qui a pour titre *Epistola Petri Peregrini de Maricourt ad Sygerium de Fontancourt militem de magnete*, et il est clair que le titre de l'*Epistola* du manuscrit de Leyden n'est qu'une corruption, ou une copie tronquée et défigurée, du titre qui est dans le manuscrit de la bibliothèque du roi, et que des mots *Petri ad Sigerium* (où il y avait peut-être quelque abréviation), un copiste maladroit a fait *Petri Adsigerii*. Dans le catalogue imprimé des manuscrits de la bibliothèque du roi, on trouve *ad Sigermum de Fauconcourt;* mais nous croyons qu'il faut lire dans le manuscrit *ad Sigerium de Fontancourt*. En tout cas l'auteur de la lettre en question serait toujours *Petrus Peregrinus*, et non pas *Adsigerius*. (*Catalogus codicum manuscrip. bibl. regiæ*, tom. IV, p. 351.)

vention de la boussole, p. 26 et 27). Mais si *boussole* avait pour racine un mot exprimant *flèche*, et en général tout ce qui est pointu, ce mot *boussole* aurait dû être employé par les premiers navigateurs européens qui se sont servis de l'aiguille aimantée, tandis qu'il n'a été employé qu'à une époque postérieure, après la suspension de l'aiguille et après l'usage de la boîte (*bossolo*). D'ailleurs les deux mots *bussola* et *bossolo* ne sont pas aussi différens que le croit M. Klaproth. La langue italienne admet fréquemment ce changement de l'*u* en *o* et *vice versa*. On dit indifféremment *cultello* et *coltello*, *coltura* et *cultura*, etc. De plus on trouve dans les anciens manuscrits *bussulo* pour *bossolo* (comme par exemple dans un passage du commentaire sur Dante, écrit par Francesco de Buti vers 1385, passage que nous avons fait connaître (1) il y a déjà plusieurs années dans un journal qui se publiait à Florence), et M. Klaproth lui-même a cité un passage où la *bussola* est appelée *bozzolo* (*Klaproth, lettre sur l'invention de la boussole*, p. 62) (2). Dans le même ouvrage, M. Klaproth

---

(1) *Antologia*, *Giornale*, Novembre 1831, p. 12.

(2) Voyez *Ferro*, *teatro delle imprese*, Venet., 1623, 2 part. en 1 vol. in-fol., part. IIe, p. 139, 149, 188, etc. — *Ruscelli imprese*, Venet., 1580, in-4°. — *Pomodoro*, *Geometria prattica*, Roma, 1624, in-fol., tom. I et XL. — *Gimma*, *Italia letterata*, Napol., 1723, 2 vol. in-4°, tom. II, p. 535 et seg. — Voyez aussi l'Itinéraire de Barthema, et la relation du voyage de Vasco de Gama, écrite par un *gentilhuomo Fiorentino* (*Ramusio*, *navigationi*, Venet. 1563, 1583 et 1606, 3 vol. in-fol., tom. I, f. 121 et 156). — Dans tous ces ou-

a cité d'autres passages qui attestent que les Chinois connaissaient anciennement la force attractive du succin (1) et l'influence que la lune exerce sur les marées (*Klaproth, lettre sur l'invention de la boussole*, p. 125 - 128). Ces faits étaient connus, depuis très long-temps, des Européens, et on les trouve dans Théophraste et dans Pline; mais il y a bien loin de ces observations isolées, à la théorie du tonnerre de Franklin, ou à la théorie des marées telle que Newton nous l'a donnée.

---

vrages les mots *bossolo*, *bossola*, *bussolo* et *bussola*, ont été employés indifféremment. — Nous ajouterons en passant, que le gentilhomme Florentin, dont il s'agit ici, n'a pas accompagné Vasco de Gama aux Indes, comme le suppose M. Klaproth (*Lettre sur l'invention de la boussole*, p. 63); mais qu'il s'est trouvé à Lisbonne au retour de Gama, et qu'il n'a fait qu'écrire une courte relation de ce grand voyage (*Ramusio, navigationi*, tom. I, f. 119-121).

(1) M. Klaproth fait dire à Kouo-pho : « Le succin attire les grains « de moutarde. » (*Klaproth, lettre sur l'invention de la boussole*, p. 125.) Il nous semble que, dans le passage cité par cet illustre sinologue, le mot *kiaï* signifie plutôt *festuca* que *grains de moutarde*. C'est la signification que lui a attribuée M. Julien, dans sa traduction de Meng-Tseu (*pars posterior*, p. 88); et elle se trouve indiquée dans le dictionnaire de Kang-hi, au mot *Kiaï*, à la clef 140. D'ailleurs on a toujours parlé, même en Occident, de l'action que le succin exerce sur les brins de paille.

NOTE XVIII.

(PAGES 146 et 147)

M. Julien, membre de l'Institut et professeur de chinois au collège de France, avait eu la bonté de réunir, à notre prière, un grand nombre de passages originaux relatifs aux différentes découvertes chinoises que nous avons citées dans le *Discours préliminaire* : mais ne pouvant pas, sans dépasser les bornes que nous nous sommes prescrites, publier ici tous ces textes chinois, nous nous bornerons à indiquer, quant à l'invention des Pao, l'*Histoire des trois royaumes* (liv. II, f. 41), le *Dictionnaire le Kang-hi* et le *Dictionnaire Pin-tseu-tsin* au mot *Pao*. On trouve la description des ponts suspendus, en chaînes de fer, dans la relation d'un voyage au Tibet, entrepris en 518 de l'ère chrétienne par trois religieux chinois (*Tsin-tai-pi-chou*, X^e^ collection, tom. I, part. V, f. 8). Dans le même ouvrage (X^e^ collection, tom. VII, part. III, f. 8) on voit les secours contre l'incendie établis publiquement en Chine au onzième siècle. On sait d'ailleurs que les Arabes y trouvèrent, au neuvième siècle, l'usage des passe-ports (1) et des postes (*Anciennes re-*

---

(1) Les Arabes du reste se servaient déjà des passe-ports l'an 133

lations des Indes et de la Chine, p. 32 et 96). Au commencement du quatorzième siècle, un historien persan faisait connaître, avec beaucoup de détail, le procédé de l'impression chinoise (*Klaproth, lettre sur l'invention de la boussole*, p. 131).

Forcé d'omettre ces passages intéressans, nous nous arrêterons cependant un instant sur le *Souan-fa-tong-tsong*, traité de mathématiques partagé en six cahiers et en douze livres, qui se trouve à la bibliothèque du roi (1). Ce traité (qui est le seul ouvrage chinois de mathématiques, connu en Europe, auquel n'aient pas contribué les Missionnaires) porte une date qui correspond à l'an 1593 de l'ère chrétienne, et il contient à-la-fois de l'arithmétique, de la géométrie et un peu d'algèbre. Ne pouvant pas en donner ici un extrait détaillé, nous nous contenterons d'en indiquer quelques-uns des points les plus curieux.

Dans le premier livre on trouve l'explication du système de numération, et l'on y voit une valeur de position attribuée aux chiffres, comme nous l'avons déjà indiqué (2). Ces chiffres ont différentes formes,

---

de l'Hégire (*Mémoires de l'acad. des inscript. et belles-lettres*, 2e série, tom. IX, p. 66 et suiv.).

(1) Depuis la première édition de ce volume, M. Edouard Biot a publié une note fort intéressante sur le Souan-fa-tong-tsong, où il s'applique spécialement à faire connaître le triangle arithmétique des Chinois, et les notations qu'ils emploient pour indiquer les puissances (*Journal des Savans*, Mai 1835, p. 270).

(2) Voyez ci-dessus, p. 202.

et il faut remarquer que, pour éviter toute ambiguïté, les barres parallèles qui représentent, en Chine, les trois premiers chiffres, sont placées dans une position verticale lorsqu'elles servent à exprimer des dizaines, et dans une position horizontale lorsqu'elles représentent des unités. Ainsi, par exemple, 22 s'écrit de cette manière = || (*Souan-fa-ton-tsong*, liv. II, f. 3).

Dans le troisième livre on décrit d'abord quelques instrumens d'arpentage (ibid. liv. III, f. 2), et l'on y traite de la quadrature des figures. Le rapport de la circonférence au diamètre y est supposé tantôt égal à $\frac{18}{6}$, tantôt égal à $\frac{100}{33}$ (ibid., liv. III, f. 18). Les deux livres suivans contiennent des problèmes numériques de différentes espèces. Nous en citerons un seul, dans lequel on propose de diviser une somme donnée en trois parties qui soient entre elles comme 3 est à 7. Dans la résolution de ce problème on rencontre une espèce de notation algébrique : les inconnues sont désignées par les premiers caractères du cycle chinois, (ibid., liv. V, f. 9).

Dans le sixième livre on trouve une figure qui ressemble au triangle arithmétique de Pascal, et qui sert à la détermination successive des divers coefficiens du développement du binome. Les dénominations des puissances ont quelque chose de particulier. La première puissance est la *racine;* la seconde puissance est appelée Fang (*carré*); la troisième puissance est appelée Ping-fang (*carré solidifié*), ou *carré où l'on multiplie deux fois*. La quatrième puissance est appelée *carré où l'on multiplie trois fois*, et ainsi de suite (ibid., liv. VI, f. 3). On trouve aussi dans ce sixième livre l'indication, un peu vague à la vérité, des deux racines d'une équation du second degré (1). En effet, ayant donné le contour et l'aire d'un rectangle, l'auteur chinois détermine les côtés par une équation du second degré, et il tire de la même équation les valeurs de la base et de la hauteur du rectangle, qui sont les deux racines de l'équation proposée (ibid., liv. VI, f. 10-13). Enfin, on trouve dans ce même livre des recherches sur les nombres triangulaires (ibid., liv. VI, f. 20); la résolution de toute équation du second degré (ibid., liv. VI, f. 24 et 25); l'extraction des racines cubiques (ibid., liv. VI, f. 28), et la résolution numérique de quelques équations du troisième degré (ibid., liv. VI, f. 35 et 36).

Dans le neuvième livre, il y a quelques exemples d'élimination entre deux équations à deux inconnues (ibid., liv. IX, f. 8 et 9). Le dernier livre contient un exemple de multiplication selon la méthode indienne (2), par laquelle on écrit séparément, dans les deux triangles d'une même case rectangulaire, les di-

---

(1) Mohammed ben Musa avait constaté l'existence des deux racines des équations du second degré, mais seulement quand elles étaient toutes deux positives; car il ne considérait jamais les racines négatives, et à plus forte raison négligeait-il les racines imaginaires (Voyez ci-dessus p. 257). On ne conçoit pas comment cette remarque du géomètre arabe est restée si long-temps stérile en Europe.

(2) Nous avons déjà vu que depuis long-temps les Occidentaux employaient des lettres pour désigner les inconnues et les quantités indéterminées (Voyez ci-dessus, p. 99).

zaines et les unités (ibid., liv. XII, f. 4). Cette méthode, qui se trouve exposée dans les traités d'algèbre indienne (*Brahmegupta and Bhascara*, *algebra*, p. 7), avait aussi pénétré très anciennement en Europe, et nous l'avons vu employée dans des manuscrits latins fort anciens (*MSS. latins de la bibl. du roi*, n° 7378 *A*, in-4°, *Geometria*, f. 54). Elle concourt, avec les autres preuves que nous avons rassemblées dans le *Discours préliminaire*, à démontrer l'influence que les sciences des Indiens ont exercée au moyen âge en Occident (1). Enfin, on trouve aussi dans le douzième livre du *Souan-fa-tong-tsong*, des recherches sur la manière de former (2) les carrés magiques (ibid., liv. XII, f. 13 et suiv.), et sur la sommation des progressions arithmétiques.

Afin que l'on puisse mieux juger les méthodes et le style algébriques des Chinois, nous allons donner ici la traduction littérale de la solution d'un problème du second degré qui est résolu dans le *Souan-fa-tong-tsong* (liv. VI, f. 10, verso), par une méthode propre à donner avec facilité les racines entières de

---

(1) Cette forme de multiplication s'est conservée en Italie jusqu'au seizième siècle. On la trouve encore dans les ouvrages de Pellos et de Luc Paciolo (*Pellos*, *compendion de lo Abaco*, Thaurin., 1492, in-4°, f. 3.— *Lucas de Burgo*, *summa de arithmetica*, *geometria*, Tusculan., 1523, in-fol, f. 28).

(2) A la même époque, les Européens s'occupaient beaucoup des carrés magiques, dont les Arabes leur avaient probablement appris les propriétés numériques.

l'équation proposée. C'est surtout au concours bienveillant de M. Julien que nous devons de pouvoir publier ici ce passage intéressant.

« Maintenant il y a un champ qui a 1750 pas en surface ; on dit seulement que la largeur comparée à la longueur est de 15 pas : on demande combien la largeur et la longueur :

La réponse dit : la longueur, est 50 ; la largeur 35.

La règle dit, supposez la surface connue :

La différence en plus, qui est 15 pas, se place en bas. D'après la règle qui tend à réduire en carré les surfaces longues ou multiples :

D'abord on place 30 au côté gauche par la seconde règle. On pose aussi 30, et on ajoute à l'excédant en longueur, il en obtient 45 ; et alors on multiplie ensemble avec ce qu'on a posé en haut.

Les 3 dizaines correspondent aux 4 dizaines de droite ; multipliez 3 par 4 et vous aurez 1200.

En outre les 3 (dizaines) de gauche correspondent au 5 ; multipliez 3 par 5 et vous aurez 150.

En outre (par la seconde règle) on a placé 30 à l'origine ; or, on prend le double et on a 60 ; on y ajoute 15 qui est l'excédant en longueur et on obtient 75.

Ensuite on met 5 à gauche par la seconde règle ; on place aussi 5 en bas du carré doublé ; ensemble 80, et tous se multiplient ensemble avec les 5 posés en second lieu.

Les 5 de gauche correspondent aux 8 de droite ; multipliez 5 par 8 et vous aurez 400. Précisément, c'est ce qui fait qu'on obtiendra en largeur 35 pas ; ajoutez l'excédant 15, on obtiendra la longueur qui répond à la question. (1)

---

(1) Il est facile de traduire en langage algébrique la solution chinoise; on a d'abord :

$$xy = 1750, \quad x - y = 15;$$

$$y(y + 15) = 1750 = y^2 + 15y.$$

Si l'on pose $$b^2 + 15b = a,$$

b étant un nombre entier quelconque, on aura toujours

$$y^2 + 15y - b^2 - 15b = 1750 - a;$$

et par suite

$$y^2 - b^2 + 15(y - b) = (y - b)(y + b + 15) = 1750 - a.$$

Si l'on fait $b = 30$, on aura $a = 1350$,

et par suite $(y - 30)(y + 30 + 15) = 400$;

d'où l'on tire aisément, d'après les facteurs du second membre,

$$y = 35, \quad x = 50.$$

Afin que cette méthode (qui ne sert au reste qu'à trouver les racines entières), soit de quelque utilité, il faut que le nombre a, qui dépend de b, soit tel, que le nombre $1750 - a$ soit plus facilement décomposable en facteurs que 1750, ou qu'il en ait un moins grand nombre.

NOTE XIX.

(PAGE 172).

Liber anoe hic incipit. In hoc libro est rememoratio anni, et horarum ejus, et reditionum anoe in horis suis, et temporis plantationum, et modorum agriculturarum, et rectificationum corporum, et repositionum fructuum. (1)

Harib filii Zeid episcopi : quem composuit Mustansir imperatori. Iste liber positus est rememoratio horarum anni, et temporum ejus, et numeri mensium ipsius, et dierum ejus, et cursuum solis in signis suis et suis mansionibus, et terminorum ascensionum ejus et quantitatis declinationis ejus, et elevationis ipsius, et diversitatis umbre apud equalitalem ejus, et conversionis temporum, et successionis dierum cum additione et diminutione, et temporum caloris et frigoris, et ejus quod est inter utraque ex mediatione et equalitate et horarum omnis temporis, et numeri dierum ejus secundum intentionem equatorum et calcu-

---

(1) Le traducteur a conservé presque toujours les noms arabes des étoiles. Pour savoir ce qu'ils signifient, on peut consulter *Ideler, untersuchungen über den ursprung und die bedeutung der sternammen*, Berlin, 1809, in-8.

latorum, et intentionem primorum medicorum qui determinaverunt tempora et naturas, cum sit apud eos interpretibus anni diversitas super quam veniet verborum allatio et cadet in loco suo ex libro. Et rememoratur ejus a quo non est hominibus excusatio ex cognitione hore seminandi, et temporis plantandi, et redditionum multarum earum agriculture et possibilitatis colligendi fructus, et colligendi reponenda et recondenda, et inceptionis maturationis fructuum, et horarum concipiendi et reliquorum ex sustentaculis hominum, et rectificationibus eorum et temporum que conveniunt mundificationi corporum eorum cum medicina et flebothomia, et horarum aggregandi species, et semina, et faciendi medicinas et sirupos simul et condita in temporibus suis, et temporis possibilitatis eorum et scientie conversionis ventorum et intentionum Arabum in anoe et pluviis cum ipsi solliciti sint de eis et indigeant ascensionibus stellarum et occasibus earum et pluviosis et vacuis ex eis propter studium eorum in inquisitione victus et permutatione ipsorum ad loca aquarum. Ipsi ergo cum longitudine inquisitionum et considerationum et multitudine variationum et mediationum experti fuerunt horas alanoe et pluviarum apud permutationem stellarum ab elevatione usque ad casum. Et estimaverunt quod ad noe omnis stelle nuncia est pluvia, aut ventus aut frigus aut calor et proportionaverunt illud ad occasum non ad ascendens. Et posuerunt quod ex eis est expertum per frequentiam et non vacuum ex anoe, et pluvia feminam habentem conceptionem. Et cui non est noe nec pluvia venit cum eo masculum non concipientem et infortunatum quod non vivat. Cum ergo non est in noe stelle pluvia dixerit vacuatur stella talis et talis, et dicitur venit sine pluvia vernali. Et propter illud dixit Leile Alakiaclia ad Alahazez propterea quod dixit ei: Quid fecit te venire ad nos? Inquit vacuitas stellarum et paucitas nubium. Et determinaverunt unicuique mansionum lune terminum in quo erit anoe et dies et attribuerunt ei horas; et nominaverunt pluvias illarum anoe nominibus quibus cognoscuntur. Et diviserunt mansiones lune secundum tempora anni ut scirent horas anni et anoe earum. Et intentio quidem anou est casus unius mansionum id occidente cum crepusculo. Dicitur ergo ne illa stella scilicet declinat ad occidentem. Mansiones igitur lune sunt viginti octo mansiones ex quibus apparent aspicienti quattuordecim mansiones, et occultantur ei quattuordecim mansiones. Quotiens ergo occidit ex istis mansionibus apparentibus, una in occidente, oritur il illa hora compar ipsius ab oriente. Casus autem cujusque mansionis earum est usque ad tredecim dies excepta Algebati (*id est fronte*) (1). Ipsa namque cadit usque ad quattuordecim dies. Et per illud consumatur numerus dierum anni et cadunt cum consumatione eorum omnes viginti octo mansiones, et redit res ad primam mansionum in principio anni sequentis eum per mensurationem Domini gloriosi et sapientis. Dixerunt ergo Arabes quod

---

(1) Dans toute cette note les mots imprimés en italique, et renfermés entre parenthèses, ne sont que des notes marginales du manuscrit.

casus harum mansionum in occidente est anoe quas intraverunt mensibus eorum et ipsorum pusbiis et posuerunt eas signa pluviarum eorum et ventorum suorum, et conversionis temporum eorum, sicut posuerunt ventos fructiferos et nubes (pluviosas immaginativas) et splendores meridianos significationes pluviarum. Bene ergo enunciaverunt de vento meridiano et optaverunt eum et laudaverunt nubes ex quibus procreatur et abhorruerunt ventum septentrionalem et nominaverunt eum delentem quoniam ipse delet nubes. Et quando viderunt splendorem corruscantem ex parte meridiei et quod est circa ipsam, enunciaverunt bene de ipso, et confixi sunt de imbibitione cum eo, et quando corruscat ex parte septentrionis nominaverunt eum vacuum. Et quando viderunt rubedinem in orizontibus apud ortum Solis aut occasum ejus cum nubibus spissis, enunciaverunt bene ex eo ad humiditatem et herbarum procreationem. Et quando viderunt rubedinem absque nubibus, aut cum re parva ex eis, expectaverunt ex eis ariditatem. Et res est Domini unius potentis, propterea quod non est dies.

Rememoratio temporum anni, et horarum ejus, et numeri dierum ipsius, et intentionum sapientum in distinctione eorum et ipsorum determinatione.

Annus solaris dividitur apud Arabes et calculatores secundum quattuor tempora equatorum terminorum equalium divisionum. Primum ergo eorum est ver quod habet ex anno quartam ejus, et illud est tres menses et ex diebus nonaginta unum diem et duas octavas et medietatem octave. Et terminus ejus est ab hora descensus solis in principium Arietis usque ad exitum ejus ex Geminis. Et habet ex mansionibus lune septem. Et nominatur pluvia ejus estas. Et nominatur postremum ejus calidum et fervens. Deinde est Cauma et habet ex anno quartam ejus. Et illud est tres menses. Et ex diebus nonaginta unum diem et duas octavas et medietatem octave. Et terminus ejus est ab hora descensus solis in principium Cancri usque ad exitum ejus ex signo Virginis. Et habet ex mansionibus lune septem et nominatur pluvia ejus ignita et nominatur cinericia ignita et solaris. Et huic tempori sunt calores subito venientes, et sunt caliditates, et fiunt fortes in horis ejus apud ortum Thoraie et ortum Adebaran et ortum Assahare et ortum Orionis et ortum Sueil. Cum ergo oritur Asimek lanceator delentur calores cito venientes : deinde est autumnus qui habet ex anno quartam ejus. Et illa est tres menses. Et ex diebus nonaginta unum diem et duas octavas et medietatem octave. Et ejus terminus est a primo descensus solis in principium Libre, usque ad exitum ejus de siguo Sagittarii. Et habet ex mansionibus lune septem; et pluvia ejus nominatur aperitiva quoniam ipsa aperit terram cum plantis. Et vocatur postremum ejus sequens. Postea est hyems et habet ex anno quartam ejus, et illud est tres menses. Et ex diebus nonaginta unum diem et duas octavas et medietatem octave. Et terminus ejus est ab hora descensus solis in principium Capricorni usque ad exitum ejus de signo Piscis. Et habet ex mansionibus lune septem. Et pluvia ejus nominatur vernalis. Et Arabes nominant pluviam, quacumque hora cadat in eo, vernalem. Et in hoc tempore sunt tres Scorpiones in quibus frigus sit forte. Primus ergo Scorpio est in complemento mensis (*scilicet lune*) quod apparet in novembri. Et secundus est in complemento mensis quod apparet in decembri. Et tertius est in complemento mensis quod apparet in januario. Antiqui autem ex sapientibus medicine et philosophie diviserunt annum secundum quattuor tempora inequalia et indicaverunt quod cauma et hyems sunt longioris temporis et additioris spatii quam ver et autumpnus. Et terminaverunt cauma quattuor mensibus et hyemen quattuor mensibus, et ver duobus mensibus, et autumnum duobus mensibus, quia sunt medii inter calorem et frigus. Et non est in spatio amborum longitudo, nec incipit ipsorum amplitudo, et veniet totum illud expositum in locis suis et in hora ad terminum suum. Sol ergo abscidit celum in anno et stat in omni signo mense uno, et in omni mansione ex mansionibus lune tredecim diebus. Luna vero abscidit celum in mense et stat in omni signo duabus noctibus et tertia noctis, et in omni mansione nocte una. Et abscidit mansiones in occultatione sua sicut abscidit eas in sua apparitione. Numerus ergo dierum anni secundum quod sol abscidit orbem est trecenti et sexaginta quinque dies et quarta diei. Restauratur ergo ex his quartis dies additus in omnibus quattuor annis quem addunt Latini in decembri. Ergo est ex triginta duobus diebus. Nominatur ergo annus tunc bissextilis. Siri vero addunt ipsum insubat qui est februarius. Quare est ex viginti novem diebus. Numerus vero dierum anni secundum lunationem est trecenti et quiquaginta quattuor dies et tres decime et due tertie decime. Addit ergo annus solaris super lunarem decem dies et octo decimas et quinque sextas decime diei. Luna autem nominatur in prima nocte sui ortus et in secunda et tertia Eillel (*id est apparens*), deinde nominatur luna usque ad finem mensis, et nominatur apud complementum sui bederen, et illud est propterea quod precedit solem ortu suo. Et dicitur quod non nominatur bederen nisi propter impletionem suam et complementum sui, sicut nominatur complementum census bederetum propter complementum ejus. Arabes autem nominant tres noctes mensis nomine uno, secundum operationem Lune et descensum noctium ex numero. Dicunt ergo in primis earum tres garar (*id est macule albe, sicut macula alba qua est in fronte equi*) et tres nufel (*id est additiuncule*) et tres novene (*quia ultima earum est nona*) et tres decime (*quia prima earum est decima*) et tres albe (*quia albior videtur luna*) et tres duravii (*id est lorice quia licet exterius videantur nigre, tamen quod subtus* est *album est*), et tres dhulam (*id est tenebre*) et tres denidis (*id est nigre*) et tres deinde (*id est reliquis*) et tres mahac (*id est delentes*). Et Arabes quidem laudant pluviam hore occultationis et complementi lunationis, et hore mediationis mensium. Deinde dicam menses Latinorum et quid conveniat eis ex mansionibus et signis, et quid unicuique mensi ex diebus, locum ejus ex temporibus, et naturam ipsius, et quid sit et cujus conveniat in ipso, et quid sit illud a cujus cognitione non est excusatio alicui et consideratione hore ejus, et quid sit in eo ex sustentationibus hominum et rectificationibus eorum in corporibus ipsorum et repositis suis. Principium ergo anni Latinorum est januarius. Et ipsi faciunt eram secundum eram eris. Et principium anni Sirorum est tisirim primus. Et ipsi faciunt eram secundum annos Alexandri habentis duo cornua. Cristiani vero non posuerunt januarium principium ere sue, nisi quia dies ejus primus secundum morem eorum est septimus post nativitatem Jesu, et est dies circuncisionis ejus. Et ego quidem jam dixi in hoc libro omnes festivitates cristianorum quarum hore non sunt diverse, nec permutantur tempora earum, et attuli illud festum post festum in omni mense ex mensibus eorum, ut sit illud addens in cognitione ejus et adjuvans super significationem illius. Latinis autem est festum pasce, et nominant ipsum resurrectionem Jesu et precedit ipsum jejunium eorum, et quedam festivitates eorum et ipse permutantur in horis, et non stant secundum terminationem, et omnes pendent ex pascha et sunt sequentes ipsum. Et principium horarum evenientie pasce apud eos est dies vigessimus secundus martii : non antecedit ante illud per diem. Et ultima horarum evenientie pasce apud eos est dies vicissimus quartus aprilis, et non postponitur post illud per diem. Et est jejunium eorum semper ante pasca per quadraginta (*duos*) dies. Et pasca quidem est eorum azimatio et major festivitas eorum, et non fit nisi in die dominico. Et ego quidem fabricavi mensibus anni tabulas super numerum dierum omnis mensis eorum, et applicui omni diei eorum quod fit in eo, et non fugit ab eo ex rebus, quarum promisi rememorationem, et narravi cum allatione mea horas earum ut allevietur extractio illius, et approximet cognitio ejus, et videatur in loco suo. Et addidi principiis mensium et finibus eorum illud quod non applicatur ad diem eumdem, nec ingreditur in canone tabularum ejus ex eo quod venit in summa illius, et pervenit secundum momenta in horis diversis ejus.

Hec est autem forma tabularum et ordinis earum et numerationis mensium in capitibus suis, et nominationis mansionum in eis.

Mensis Januaris latine, et est sciriace Kenum postremus, et egyptiace Tubi, et habet ex epacta unum et est terreus.

Numerus dierum est triginta unus dius, et signum ejus est Capricornus. Et habet ex mansionibus fortunam decollantis, et fortunam deglucientis, et tertiam fortune fortunarum. Et est ex tempore hyemis. Et ejus complexio est frigus et humiditas. Et convenientia ejus est nature aque. Et dominium ejus est flegma. Et melius quod in eo administratur ex cibariis et potibus et motibus et locis, illud in quo est virtus calefaciendi et resolvendi et subtiliandi superfluitates. Et confert hoc tempus ei qui est calidus et complexionis receptor adolescentie, et est fugiendum dominium complexionum frigidarum humidarum et habentibus etates finitas.

I. Dies in eo est novem hore et medietas, et nox est quattuordecime hore et medietas hore. Et occidit crepusculum vespertinum quando preterit de nocte hora et septima. Et oritur crepusculum matutinum quando remanet de nocte equale ei. Et in ipso est Latinis festum circuncisionis Jesu secundum ystorie legem.

II. Altitudo Solis in eo in meridie est viginti novem graduum, et duarum tertiarum et umbra cujusque rei in meridie est equalis ei, et equalis tribus quartis ejus.

III. (1)

IV. Ortus albedatu cum crepusculo matutino, et hec est forma ejus ○ ○
Occasus adiraha (*id est brachium*) hora crepusculi matutini, et hec est forma ejus ○ ○.

In ipso est inceptio noe adiraha quinque noctibus et dicitur tribus noctibus. Et est prima anoe leonis, et nominatur pluvia ejus vernalis. Et Arabes laudant hanc anoe, et dicunt quod raro evacuatur pluvia ejus, et si non fuerit in anno pluvia. Et oritur occasu adiraba. Albelda (*albelda est forma superficiliorum armatorum*) cum crepusculo matutino, et virescit terra in hac hora in regione Arabum, ex planta polii.

V.

(1) Les jours que nous avons laissés en blanc ne portent aucune note dans le manuscrit.

VI. In eo est Latinis festum baptismi in quod baptizatus est Christus. Et dicunt quod apparuit super eum in hac nocte stella et festum ejus est in monasterio Pinamellar.

VII. In eo est Latinis festum Juliani et sociorum ejus interfectorum sepultorum in Antochia et nominant eos martyres, et est monasterium Jelinas cognominatum monasterium Album in monte Cordube, et est quod aggregatum est in eo.

VIII. In eo est Latinis festum sanctorum infantum.

IX. In eo est christianis festum quadraginta martyrum interfectorum in Armenia per manum Marcelli presidis ejus a rege Romanorum.

X. In eo est inceptio putationis vitium planiciei in occidente Cordube. Et eligitur ad componendum vites in monte et planicie usque ad finem mensis.

XI.

XII. Eligitur in eo et in eis qui sunt usque ad finem mensis seminatio ceparum electarum acceptarum ad seminandum.

XIII.

XIIII. In eo permutatur Sol de Capricorno ad signum Aquarii secundum intentionem experimentatoris, et est equatio Albeteni.

XV. Dies in eo est novem horarum et quattuor quintarum hore. Et nox est quattuordecim horarum et quinte; et occidit crepusculum vespertinum quando preterit ex nocte hora et sexta. Et oritur crepusculum matutinum quando preterit ex nocte equale ei.

XVI. Altitude Solis in eo in meridie est triginta duorum graduum et medietatis. Et umbra omnis rei in eo in meridie est equalis ei et equalis tribus quintis ejus.

XVII. Ortus decollantis cum crepusculo matutino. Et hec est forma ejus

Occasus anatra hora crepusculi matutini. Et hec est forma ejus

Inceptio anoe anathra septem noctibus, et dicitur quod ipsa est nasus leonis. Et noe ejus apud Arabes est bona, laudabilis. Et oritur cum casu ejus cum crepusculo matutino fortuna decollantis. Et hec hora est media parturitionis camelorum apud Arabes, et est temperantius temporum ejus illi. Et nominatur pluvia hujus anoe vernalis.

XVIII. Ab hoc die permutantur parve palme. Et nominant ipsam Arabes extirpationem.

XIX. In eo videtur sueil cum occasu, deinde occultatur et non videtur usque ad mensem eb. Ipsa enim oritur ante crepusculum matutinum. Et illud est meraclia et alhaizez. Et in eo est Latinis festum Sebastiani et sociorum ejus, et eorum sepultura est Rome.

XX. In eo ingreditur Sol signum Aquarii secundum

intentionem Asind Indi. Et in eo est Latinis festum Agnetis et socie ejus.

XXI. In eo est exitus noctium nigrarum in quibus est venenum hyemis et caniculatio ejus et superfluitas frigoris ejus. Et in eo est Latinis festum trium sanctorum interfectorum in Taracona.

XXII. In eo est Latinis festum Vicentii diaconi interfecti in civitate Valencia, et festum ejus in quinque.

XXIII. In eo est obitus Yldefonsi archiepiscopi Toletani.

XXIV. In eo est festum Babile episcopi et discipulorum ejus trium interfectorum in Antiochia et nominant eos testes (*id est martyres*).

XXV. Dies apparitionis Christi in via Damasci Paulo apostulo, et dixit : Quare persequeris me, Saule ? Et dixit ei : Qui est Domine? Dixit ei : Jesus Nazarenus.

XXVI.

XXVII.

XXVIII. In eo est christianis festum Tyrsi et sociorum ejus interfectorum in Grecia et nominant eos martyres.

XXIX. In eo occidit crepusculum vespertinum quando preterit de nocte hora et quinta. Et oritur crepusculum matutinum quando remanet de nocte equale illius.

XXX. Ortus fortune deglucientis cum crepusculo matutino, et hec est forma ejus ○ ○

Occasus atarf hora crepusculi matutini, et hec est

○
forma ejus
○

In eo est noe atarf, et est extremitas leonis sex noctibus, et est anoe laudabilis. Et est lac et dactili in ea multum apud Arabes. Et nominatur pluvia hujus anoe vernalis. Et oritur fortuna deglucientis opposita atarf cum crepusculo matutino.

XXXI.

Et in summa hujus mensis, ex eis que non applicantur ad tabulas et non ingrediuntur in canone dierum, sunt ista : Invenitur calor (*vel tepor*) aque in fluminibus, et egrediuntur vapores ex terra, et currit aqua in ligno, et combinantur volucres, et faciunt falcones Valentie nidos suos, et incipiunt coire, et pascunt equi segetes, et pariunt vacce, et multiplicatur lac, et inveniuntur pulli anserum et anatrum. Et plantantur nuclei omnes, et plantantur arbores facientes fructus cum nucleis. Et figuntur paxilli olivarum et granatorum, et que sunt eis similia, et florent primitive narcisci, et putantur vites primitive pergularum, et vites que non dant fructum qui comedatur, et seminatur portulaca primitiva. Et colliguntur canne zuccari ad peradios, et fit conditum citrorum et conditum ex bauciis, et sirupus acetositatis citri.

Mensis Februarii latine, et est siriace Subat, et egyptiace Emsir. Et habet ex epacta quattuor, et est ventosus.

Numerus dierum ejus est viginti octo dies, et signum ejus est Aquarius. Et habet ex mansionibus duas tercias fortune fortunarum et fortunam tentoriorum, et duas tercias evacuatorii precedentis. Et ejus complexio est frigus et humiditas, et convenientia ejus est nature aque, et dominium ejus est flegma. Et melius quod in eo administratur, ex cibariis et potibus et motibus, est in quo est virtus calefaciendi et subtiliandi superfluitates. Et convenit hoc tempus habentibus complexiones calidas et etates crescentes. Et est fugiendum decrepitis et habentibus naturas frigidas humidas. Et absolvitur in fine ejus potus medicine et flebothomia.

I. Dies in eo est decem horarum et tertie, et nox est ex tredecim horis et duabus terciis. Et occidit in eo crepusculum vespertinum quando preterit de nocte hora et quinta. Et oritur crepusculum matutinum quando remanet de nocte equale ei.

II. Altitudo Solis in eo in meridie est triginta sex graduum et quinque sextarum. Et umbra omnis rei in meridie est equalis ei, et equalis tercie ejus.

III.

IV.

V. In eo est christianis festum Agathe interfecte in civitate Catanie et ibi martirizata est.

VI.

VII. In eo est festum Dorothee interfecte in civitate Cesariae.

VIII. In eo est inceptio prunarum cum casu prune prime; et egreditur tepor ex terra.

IX. In eo finiuntur dies alboloe (*id est cujus medietas est alba, et medietas nigra.*)

X.

XI.

XII. In eo est christianis festum Eulalie interfecte in civitate Barchinona. Et ibi martirizata est, et est ejus monasterium inhabitatum in Sehelati, et in eo est congregatio.

XIII. Ortus fortune fortunarum cum crepusculo matutino.

Et hec est forma ejus 

Occasus frontis cum crepusculo matutino. Et hec forma ejus 

In eo permutatio Solis de Aquario ad Pisces per experientiam, et in eo est inceptio noe frontis septem noctibus. Et est noe laudabilis in quo flant venti fructiferi, et multiplicantur partus camelarum. Et dicunt Arabes non impletur fluvium ex noe frontis nisi habundet herba. Et oritur fortuna fortunarum et dicit rismator arabicus quando oritur fortuna fortunarum movetur lignum et leniuntur coria et abhorretur in Sole statio.

XIV. Dies in eo est ex decem horis et tribus quartis et nox ex tredecim horis et quarta. Et occidit crepusculum vespertinum quando preterit de nocte hora et quarta. Et oritur crepusculum matutinum quando remanet ex nocte equale illius. Et in eo occidit pruna secunda et additur tepor (*vel calor*).

XV. Altitudo Solis in eo meridie est quadraginta graduum et medietatis. Et umbra omnis rei in eo est equalis ei, et equalis sexte ejus.

XVI. In ipso egrediuntur equi a pastura, et comedunt alcasel super presepia sua in pluribus annis.

XVII.

XVIII.

XIX. In ipso permutatur Sol de Aquario ad Pisces, secundum intentionem Sindi Indi.

XX.

XXI. In ipso cadit pruna tercia et frangitur hyems et recedit caniculatio (*id est rabies*) ejus.

XXII. In ipso est prepositura cathedre Symonis apostoli qui dictus est Petrus Rome.

XXIII. In hoc die, et in eo qui est ante eum et qui est post ipsum, est umbra omnis rei in meridie equalis ei equaliter.

XXIV. In ipso est festum sancti Mathie.

XXV.

XXVI. Ortus fortune temptoriorum cum crepusculo matutino. Et hec est forma ejus 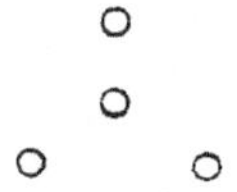

Occasus azubrati hora crepusculi matutini. Et hec est forma ejus 

In eo est noe azubrati et est alcaraten quattuor noctibus. Et alzubrati est ancha leonis. Et dicitur quod non est hora noe sine pluvia vehementi aut frigore, et nominatur pluvia ejus vernalis, et oritur fortuna tentoriorum nisi quam omnis res que est occultata ex vermibus (*vel reptilibus*) egreditur apud ortum ejus, et est si non ex primis diebus anus.

XXVII. Secundus ex diebus anus, et est sinabron: dies autem anus sunt quinque. Et dicitur quod sunt septem; tres hujus mensis, et quattuor ejus qui sequitur ipsum et est Marcius.

XXVIII. Tercius ex diebus vetule, et est fortior eorum, et nominatur gnabron.

Et in summa hujus mensis, ex eis que non applicantur ad tabulas et non ingrediuntur in canone dierum, sunt ista:

Frangunt ova aves, et pullos faciunt apes, et moventur bestie maris. Et incipiunt mulieres ova vermium sete donec consumantur. Et convertuntur grues ed insulas, et plantatur cepe croci et seminantur holera estatis, et multe ex arboribus producunt folia, et inveniuntur tubera, et multiplicantur sparagi campestres, et inveniuntur turiones fenuculi, et inseruntur piri et mali, et plantantur rami evulsi à ficulnea, et permutantur plantata, et absolvitur extractio sanguinis et potio medicine, cum utriusque est necessitas, sine labore. Et in eo mittuntur carte ad gentes propter exercitus (*vel messes*). Et in ipso veniunt ciconie et yrrundines ad habitationes.

Mensis Marcii latine, et est syriace Adar, et egyptiace Parmehet. Et habet ex epacta quattuor, et est aquosus.

Numerus dierum ejus et triginta unus dies. Et signum ejus est Piscis. Et habet ex mansionibus tertia evacuatorii precedentis et evacuatorium postremum in ventrem piscis. Et principium ejus est ex tempore hiemis. Et indicium ejus est sicut indicium ejus qui est ancipiter. Et in ipso ingreditur tempus veris. Quare est complexio ejus caliditas et humiditas. Et est convenientia ejus nature aeris. Et dominium ejus est sanguini. Et melius quod in ipso administratur, ex cibariis et potibus et habitationibus et motibus, est cujus calectio temperatur, et resolutio ipsius, et subtiliatur caliditas ejus, et minuitur ejus humiditas. Et confert hoc tempus habentibus complexiones temperatas propter convenientiam (*vel similitudinem*) ejus et habentibus naturas frigidas siccas propter contrarietatem, et est temperatius temporum et magis conferens corporibus, et convenit medicine et flebothomie.

I. Iste est quartus ex diebus anus, et nominatur extinctor prune. Et est primus dierum almaguetiset. In quo dies est ex undecim horis et tribus quintis. Et in eo occidit crepusculum vespertinum quando preterit de nocte hora et tercia. Et oritur crepusculum matutinum quando remanet de nocte equale ei.

II. Est quintus ex diebus vetule, et nominatur prehibens egressionem. In quo est altitudo Solis in meridie, quadraginta sex graduum et quinque sextarum. Et umbra omnis rei in eo est minor longitudine ejus per medietatem octave sui status.

III. In ipso est christianis festum Emeterii et Celidonii. Et sepulcra eorum sunt in civitate Calaguri.

IV.

V. Quod flat in eo ex ventis est forte vehemens secundum plurimum.

VI.

VII. Magnetis secundus, et est secundum intentionem Romanorum quadraginta novem dierum in quibus non ingressio fit in mare, et sunt septem septimane.

VIII.

IX. In ipso est Egyptiis festum almagre, qui liniunt cum ea portas eorum et cornua vaccarum suarum. Et nominatur festum cere et est introitus Christi ad altare.

X.

XI. Ortus evacuatorii precedentis cum crepusculo matutino. Et hec est forma ejus 

Occasus asarfati hora crepusculi matutini. Et hec est forma ejus 

In ipso est principium noe asarfati tribus noctibus, et est laudabilis. Et nominatur asarfati propter convertionem frigoris apud casum ejus, et conversionem caloris apud ortum ejus. Et dicitur quod ipsa est porta temporis, quoniam ridet a duabus differentiis temporis. Et quando lactatur infans in ea non forsitan querit lac. Et est postrema anoe hiemis. Et pluvia ejus nominatur vernalis. Et casu ejus oritur evacuatorium precedens.

XII. In ipso est christianis festum Gregorii domini Rome.

XIII. In ipso est festum sancti Leandri archiepiscopi hyspalensis.

XIV. Magnetis tercia.

XV. In ipso incipit partus equarum in maritimis usque ad medietatem Aprilis.

XVI. In ipso permutatur Sol de Piscibus ad Arietem secundum plurimum, et in ipso equantur nox et dies equalitate vernali.

XVII. Postremum tempus hiemis et principium temporis veris secundum intentionem calculatorum et equatorum, et intentionem Ypocratis et Galieni, et sapientum medicorum.

XVIII. Altitudo Solis in eo in meridie est quadraginta duorum graduum et medietatis, et umbra omnis rei est equalis tribus quartis sui status.

XIX. In eo occidit crepusculum vespertinum quando preterit de nocte hora et due quinte, et oritur crepusculum matutinum quando remanet de nocte equale ei, et est temperatius horarum crepusculi vespertini.

XX. In ipso descendit sol in ariete secundum intentionem Sindi Indi, et est equalitas apud eos.

XXI. Magnetis quarta, et in ipso est christianis festum.

XXII. In ipso est christianis festum revolutionis anni mundi solaris, et est inceptio temporis apud eos, et principium horarum Pasche eorum, non enim precedit ante illud per diem.

XXIII.

XXIV. Ortus evacuatorii postremi cum crepusculo matutino. Et hec est forma ejus 

Occasus alangue hora crepusculi matutini. Et hec est forma ejus 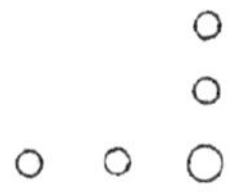

In eo est inceptio noe alangue tribus noctibus. Et similatur canibus sequentibus leonem. Et dicitur quod ipse est due anche leonis, et est noe in rememorata. Et oritur evacuatorium postremum oppositum ei. Et hec quidem anoe est prima anoe vernalium. Et nominatur pluvia ejus estas.

XXV. Quod flat in eis ex ventis nocet albacoris (*id est primis ficubus*), et coagulationi fructuum propter procellositatem suam.

XXVI.

XXVII.

XXVIII. Magnetis quinta.

XXIX. Quod flat in eo ex ventis aut in duobus diebus post ipsum, est forte procellosum secundum plurimum.

XXX.

XXXI.

Et in summa hujus mensis, ex eis que non applicantur ad tabulas et non ingrediuntur in canone dierunt, sunt ista :

Inseruntur ficus insitione quam nominat vulgus aliter achoa, et eriguntur primitive segetes super crus, et plures arbores frondescunt. Et in ipso ponunt ova falcones Valentie in insula, et incubant super ova triginta diebus usque ad principium Aprilis. Et in ipso plantantur canne zuccari et apparent prime rose et lilia primitiva. Et incipit coagulatio fabarum in ortis, et apparent coturnices, et generantur vermes sete. Et egrediuntur pisces sturiones et savali ex mari ad fluvios, et plantantur cucumeres, et seminantur cotun et crocus ortulani, et in ipso mittuntur epistole ad bajulos in emptione equorum ut ducantur regibus. Et apparet ambulatio locustarum, et precipitur ut interficiantur. Et seminantur melissa et maiorana, et coeunt pavones, et ciconie, et turtures, et multe avium.

Mensis Aprilis latine, et est syriace Nisan, et egyptiace Parmudhi. Et habet ex epactis VII, et est aerius.

Numerus dierum est triginta dies. Et signum ejus est Aries. Et habet ex mansionibus alnataha et albutam et tertiam althoraie, et est ex temporis veris. Et complexio ejus est calor et humiditas. Et similitudo ejus est nature aeris, et dominium ejus est sanguis. Et melius quod administratur in eo, ex cibus et potibus et motibus et habitaculis, est cujus calefactio equatur et resolutio, et minorantur superfluitates ejus. Et assiduatur minutio sanguinis per flebothomiam et medicinam. Et convenit hoc tempus habentibus complexiones equales per similitudinem, et habentibus naturas frigidas et siccas per contrarietatem. Et est temperatius temporum, et magis conveniens omnibus etatibus, et in omnibus regionibus.

I. Dies in eo est duodecim horarum et duarum tertiarum, et nox undecim horarum et tercie. Et occidit crepusculum vespertinum quando preterit ex nocte hora et media. Et oritur crepusculum matutinum quando remanet ex nocte equale ei.

II. Altitudo Solis in eo in meridie est quinquaginta octo graduum et quinque sextarum. Et umbra omnis rei in eo est equalis tribus sextis ejus et medietati sexte ejus.

III. Festum Theodosie virginis.

IV. Magnetis sexta. Et festum sancti Ysidori archiepiscopi yspalensis.

V.

VI. Ortus ventris piscis cum crepusculo matutino. Et

hec est forma ejus 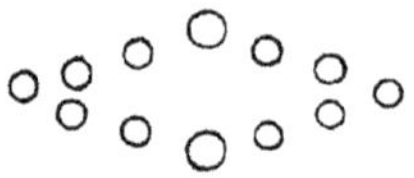

Occasus asimek hora crepusculi matutini. Et hec est forma ejus 

In eo est noe asimek alahazel quinque noctibus. Et Arabes ponunt ipsam crus leonis, et asimek arami crus aliud, et est noe exuberans, raro fallit. Et oritur venter piscis oppositus ei cum crepusculo matutino. Et dicunt Arabes quod pluvia ejus continuat alcharait; et est terra que non compluitur existens inter duas terras complutas, et ejus noe est ex ano vernalibus. Et nominatur pluvia ejus estas.

VII.

VIII.

IX.

X.

XI. Magnetis septima, et est postrema earum secundum intentionem Romanorum.

XII.

XIII. In eo et in tribus post ipsum flat ventus qui cognoscitur orientalis esuflatio, ex quo timetur super fructus. Quod si erraverit ab eis salvantur auxilio Dei. Et timetur ex eo supra naves quod pereant.

XIV. In eo occidit crepusculum vespertinum quando preterit ex nocte hora et tres sexte. Et oritur crepusculum matutinum quando remanet ex nocte equale ei.

XV. In ipso permutatur Sol de Ariete ad Taurum per experimentatorem. Et in ipso absolvuntur masculi equi super equas in maritimis ut concipiant post complementum partus earum. Et spacium portationis earum ab hora conceptionis earum usque ad partum ipsarum est undecim menses.

XVI. Dies in eo est tredecim horarum et sexte, et nox decem horarum, et quinque sextarum hore.

XVII. Altitudo Solis in eo in meridie sexaginta trium graduum et quattuor quinque. Et umbra omnis rei in ipso in meridie est equalis medietati ejus.

XVIII.

XIX. Ortus anathaha cum crepusculo matutino. Et hec est forma ejus 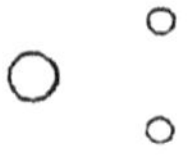

Occasus algasr cum hora crepusculi matutini. Et hec est forma ejus 

In eo est noe algasr tribus noctibus et dicitur nocte una, et non rememoratur in pluvia, et oritur opposita ejus, et est anatcha. Et estimant Arabes quod illud quod nascitur ex camelis post anoe algasr est male nativitatis, quoniam speratur in eo calor et festinat ipsum hiems a virtute, et nominatur quod nascitur in eo ubaon, et quartum est majus eo, et est fortius, et est ex vestigio vernali.

XX. In eo descendit Sol in signum Tauri secundum intentionem Asind Indi, et in ipso est festum Secundini martyris in Corduba in vico Uraceorum.

XXI.

XXII. In ipso est christianis festum Filippi apostoli in domo almegdis (*id est Jerusalem*).

XXIII. In ipso occidit crepusculum vespertinum quando preterit ex nocte hora et sex decime et tertia decime, et oritur crepusculum matutinum, quando remanet ex nocte equale ei.

XXIV. In ipso est festum sancti Gregorii in civitate Granata.

XXV. Est postremus horarum pasce christianis, et est major festivitatum eorum, et in eo est festum Marchi evangeliste discipuli Petri, in Alexandria.

XXVI.

XXVII. In ipso incipit pluvia anisan que dicitur fermentare massam sine fermento. Et christiani nominant hanc diem usque ad septem, septem missos, Torquatum et socios ejus, et dicunt ipsos septem nuncios; et per eam complentur semina auxilio Dei. Et in ipso est festum Bislo (Basilii?) martiris.

XXVIII.

XXIX.

XXX. In ipso occidit crepusculum vespertinum quando preterit ex nocte hora et septem decime, et oritur crepusculum matutinum quando remanet de nocte equale ei. Et in ipso est festum sancti Perficii, et sepulcrum ejus est in civitate Corduba.

Est in summa hujus mensis, ex eis que non applicantur ad tabulas et non ingrediuntur in canone dierum, ista:

Fit aqua rosata et sirupus ejus, et conditum ejus, et oleum ipsius. Et in ipso colligitur flos violarum, et fit sirupus ejus, et conditum ipsius, et oleum ejus. Et in ipso fit sirupus de fumo terre, et in eo apparent cucumeres, et palme adhibentur masculi, et abscinduntur rami ejus, et incipit uva primitiva coagulari, et florent olive, et coagulantur ficus, et in ipso egrediuntur pulli falcorum valentinorum ex ovis suis. Deinde vestiuntur pennis usque ad triginta dies, et apparent canuli cervorum. Et in ipso figuntur paxilli citri, et plantantur rami sambaci, et extrahuntur radices squille, et fit conditum ejus, et colliguntur flores papaveris rufi, et balaustie et buglosse, et flores eupatorii, et herba ejus, et arte fit succus ejus, et seminantur alchana et ozimus et alcanavet, et seminantur rizus et faseoli ortulani, et permutantur cucurbite tempestive ex locis stercorosis qui sunt juxta parietes, et melongie, et seminantnr mandragora et citroli, et pariunt ova pavones, et ciconie, et multe aves, et incipiunt incubare ovis.

Mensis Maji latine, et est syriace Aiar, et egyptiace Jesnus. Et habet ex epacta duo, et est igneus.

Numerus dierum ejus est triginta unus dies et signum ejus est Taurus. Et habet ex mansionibus duas tercias althoraie et aldeberan, et duas tercias alhaca. Et principium ejus est ex tempore veris. Et judicium ejus est sicut judicium ejus quod est ante ipsum. Et postremum ejus est ex tempore estatis secundum intentionem sapientum. Et complexio ejus est caliditas et siccitas. Et ejus similitudo est nature ignis, et dominium ejus est colere rubee. Et melius quod administratur in eo, ex cibariis et potibus et motibus et habitacutis, quod declinat ad infrigidationem et humectationem et equat corpora. Et convenit hoc tempus habentibus complexiones frigidas et humidas, et habentibus etates que sunt in statu. Et est inconveniens habentibus complexiones calidas et siccas, et etates que sunt in augmento.

I. Dies in eo est tredecim horarum et quattuor quintarum, et nox est decem horarum et quinte. Et occidit crepusculum vespertinum quando preterit ex nocte hora et septem decime, et oritur crepusculum matutinum quando remanet ex nocte equale ei. Et in eo est christianis festum Torquati et sociorum ejus, et sunt septem nuncii, et festivitas ejus est in monasterio Gerisset, et locus ejus Keburiene.

II. Ortus albotain cum crepusculo matutino. Et hec est forma ejus 

Occasus azubene hora crepusculi matutini. Et hec est forma ejus 

In ipso est noe azubene tribus noctibus, et est multorum ventorum septemtrionalium calidorum, et oritur albutain oppositus ei cum crepusculo matutino. Et in eo est latinis festum Felicis diaconi interfecti in civitate Yspali.

III. In eo est postremus pluvie nisan, quem nominant christiani septem nuncios. Et in ipso est christianis festum crucis, quia in ipso fuit inventa crux Christi sepulta Jérusalem. Et festum ejus est in monasterio Pinnamellar et monasterio Catinas.

IV. In eo est latinis festum Treptecis virginis in civitate Estiia.

V. In ipso incipiunt illi qui sunt in maritimis Cordube et Malache et Suduna et Mursie, metere ordeum.

VI.

VII. In eo est latinis festum Esperende et interfectio ejus et est in Corduba. Et sepulchrum ejus est in ecclesia vici Atirez.

VIII.

IX.

X. In ipso occidit crepusculum vespertinum quando preterit ex nocte hora et quattuor quinte, et oritur crepusculum matutinum quando remanet ex nocte equale ei.

XI.

XII. In eo est festum Victoris et Basilii in Yspali.

XIII.

XIV. Dies in eo est quattuordecim horarum et sexte et nox est novem horarum et quinque sextarum. Et altitudo Solis in eo in meridie est septuaginta duorum graduum et quattuor quintarum. Et umbra omnis rei in ipso est equalis tercie ejus.

XV. Ortus althorne cum crepusculo matutino. Et hec

est forma ejus 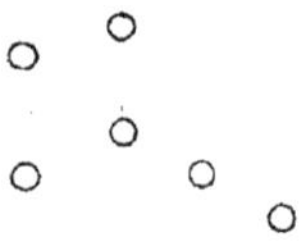

Occasus corone hora crepusculi matutini. Et hec

est forma ejus 

In ipso est noe corone, et est caput scorpionis quattuor noctibus, et est illaudabile propterea quod fortis fit calor, et propter timorem occasionum et egritudinum, et oritur opposita ei illa que est althoraie. Et hoc est principium guaiarat (*id est caloris subito venientis*) calidarum, et albuherei, et sunt venti estatis calidi hyantes estuationem, et tunc stimulantur plante, et exsiccantur, et est ex anoe scorpionis, et nominatur pluvia ejus fervens.

XVI. In ipso permutatur Sol de Tauro ad Geminos per experimentatorem.

XVII. In ipso directe descendit (*vel ibat*) Sol super medium puteorum Meche in meridie, et videtur rotunditas ejus in fundis puteorum in Mecha, et non est omni individuo erecto umbra apud mediationem diei.

XVIII. In ipso est umbra omnis rei in Mecha conversa ad partem meridiei, ab hoc usque ad quindecim dies transactos ex junio.

XIX.

XX. In ipso est festum Banduli martiris in civitate Nemesete.

XXI. In ipso est festum Mantu in Yspania in Elbore.

XXII. In ipso descendit Sol in signum Geminorum secundum intentionem Sindi Indi.

XXIII.

XXIV.

XXV. In ipso incipiunt secare ordeum in campestribus Cordube et aliis: secundum res comitatis.

XXVI.

XXVII.

XXVIII. Ortus Aldebaran cum crepusculo matutino.

Et hec est forma ejus 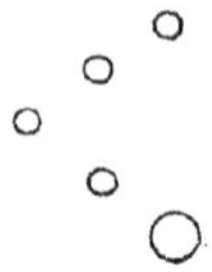

Occasus cordis hora crepusculi matutini. Et hec est forma ejus 

In ipso est noe cordis Scorpionis nocte una, et est illaudabilis, et Arabes quidem subsannant eam et abhorrent; item quando descendit Luna in Scorpionem et oritur cum casu, scilicet casu cordis aldebaran opposita ei. Et hec anoe Scorpionis, et nominatur pluvia ejus calida et fervens. Et hec hora est ex horis caloris.

XXIX.

XXX.

XXXI. In ipso occidit crepusculum vespertinum quando pretereunt de nocte due hore, et oritur crepusculum matutinum quando remanet ex nocte equale ei.

Et in summa hujus mensis, ex eis que non applicantur ad tabulas et non ingrediuntur in canone dierum, sunt ista:

Inveniuntur alfardi (*id est spice tritici cum ustulantur*), et coagulantur olive et uve, et faciunt mel apes, et apparent primitiva malorum et pirorum et prunorum, et crisomila et cucumeres et cerasa. Et fit conditum de nucibus; et sirupus de malis sabiis, et colligitur semen papaveris, et fit sirupus ejus; et fiunt bone aliumetz in oriente, et colligitur semen fumi terre et semen apii et semen aneti et semen sempervive et papaveris nigri et sinapis et nasturcii et tarathit, et fit succus ejus; et flos camomille, et fit oleum ejus. Et in ipso mittuntur epistole bajulis ad colligendas granas et ablutiones, et sericum ad tiracia; et fiunt pergamena ex innulis cervorum et gazelorum usque ad finem mensis Junii. Et ponuntur in muta ancipitres et falcones, et remanent in muta usque ad principium Augusti aut ad finem ejus, secundum quantitatem virtutis eorum et sanitates ipsorum, et egrediuntur pulli asipheti (*id est cristarelle*) et accipitrum ex ovis suis, et vestiuntur pennis usque ad triginta dies. Et veniunt grues estive ex insulis. Et pavones faciunt filios, et galline marine, et ciconie, et turtures, et passeres, et multe avium.

Mensis Junius latine, et est syriace Hazizaran, et egyptiace Buni. Et habet ex epacta quinque, et est ventosus.

Numerus dierum ejus est triginta dies, et signum ejus est Gemini, et habet ex mansionibus terciam alhaca et alhana et adiraha, et est ex tempore estus, et natura ejus est caliditas et siccitas, et ejus convenientia est nature ignis, et caliditati ejus, et dominium ejus est colera citrina. Et melius quod administratur in eo est quod infrigidat et humectat et temperat corpora, et minorat ex resolutione humiditatum eorum. Et convenit hoc tempus habentibus complexiones frigidas, humidas, et etates que sunt in statu, et est inconveniens ei cujus complexio est calida et sicca, et cujus etas est crescens, exceptis infantibus. Ipsi enim tolerant calorem propter humiditatem corporum suorum, et frigus propter vehementiam caloris eorum.

I. Dies in eo est quattuordecim horis et media, et nox ex novem et media. Et occidit crepusculum vespertinum quando pretereunt ex nocte due hore, et oritur crepusculum matutinum quando remanet ex nocte equale ei.

II. Altitudo Solis in eo in meridie est septuaginta quinque gradus, et umbra omnis rei in eo est equalis quarte ejus et decime quarte ipsius.

III. In ipso est christianis festum translationis corpori Thome apostoli, ex sepulchro ejus in India in civitate Calamina ad civitatem Edessam, que est ex civitatibus Sirorum.

IV.

V. In ipso et in eo quod est ante ipsum ex mense convenit venari viperas et facere trociscos earum intrantes in tiriacha.

VI.

VII.

VIII.

IX.

X. Ortus alhaca cum crepusculo matutino. Et hec est forma ejus 

Occasus axula (*axevalati*) hora crepusculi matutini. Et hec est forma ejus 

In ipso est noe axulati Scorpionis, et est aculeus ejus tribus noctibus, et non rememorantur Arabes noe ejus cum pluvia neque cum alio, et oritur casu ejus Alhacha, et in hac hora sunt fervores geminorum. Et redeunt exerciti Arabum ex villis suis ad domos suas et aquas suas, et est ex anoe Scorpionis, et nominatur pluvia ejus calida et fervens.

XI.

XII. In ipso occidit crepusculum vespertinum quando pretereunt de nocte due hore et medietas sexte hore, et oritur crepusculum quando remanet de nocte equale ei.

XIII. In eo est christianis festum Julitte.

XIV.

XV. In eo separantur emisarii equi ab equabus post complementum conceptionis earum, et complementum impregnationis earum, et remanent eque singulares ab emisariis usque ab horam partus earum. Et illud est usque ad medietatem Aprilis.

XVI. Dies in eo est quattuordecim horarum et duarum terciarum, et est longior dies in anno, et nox est novem horarum, et tercia et est brevior nox in anno. Et altitudo Solis in eo est septuaginta sex gradus et tercia. Et umbra omnis et in ipso in meridie est equalis quarte ejus. Et in ipso est latinis festum Adriani et socionum ejus, in civitate Nicomedia.

XVII. In ipso permutatur Sol de signo Geminorum ad signum Cancri per experimentatorem, et consumatur in eo tempus veris, et ingreditur tempus estatis secundum intentionem Arabum. Et in ipso est festum in monasterio Lanitus.

XVIII. In ipso est festum Quiriaci et Paule interfectorum in civitate Cartagena, et festum utriusque in montanis sancti Pauli in vifi Cordube.

XIX. In ipso est christianis festum Gervasii et Protasii interfectorum in civitate Mediolani.

XX. In ipso incipiunt metere triticum in pluribus locis et in pluribus annis.

XXI. In ipso occidit crepusculum vespertinum quando pretereunt de nocte due hore et octava. Et oritur crepusculum matutinum quando remanet de nocte equale ei, et est ultimus status ejus, deinde convertitur redeundo.

XXII.

XXIII. Ortus alhacha cum crepusculo matutino. Et hec est forma ejus ○ ○

Occasus alnaim hora crepusculi matutini. Et hec est forma ejus

○ ○ ○
○ ○ ○ ○
○ ○

In eo descendit Sol in signum Cancri secundum intentionem Sindi Indi, et in ipso est noe alnaim nocte una, et est non rememorata cum pluvia, et est ex ignitis, et in ipso sunt fervores, et opposita ei est alhaca.

XXIV. Est dies alhansora. Et in ipso retentus fuit Sol super Josue filio Nini prophete. Et in ipso est festum nativitatis Johannis filii Zaccharie. Et extimant experimentatores quod illud quod metitur in eo ex messibus non comeditur a tinea.

XXV. In eo et in illo quod est post ipsum ex mense incipit fieri arte tiriacha major et quod est simile ei ex confectionibus thesaurizatis propter possibilitatem herbarum et florum in hac hora, et propter virtutem caloris super commixtionem humorum in illis confectionibus.

XXVI. In ipso est festum Pelagi, et sepultura ejus est in ecclesia Tarsil.

XXVII. In ipso est festum sancti Zoili, et sepultura ejus est in ecclesia vici Tiraceorum.

XXVIII.

XXIX. In ipso est christianis festum duorum apostolorum interfectorum in civitate Roma, et sunt Petrus et Paulus, et sepulture eorum sunt illic. Et festum amborum est in monasterio Nubiras.

XXX. In ipso occidit crepusculum vespertinum quando pretereunt de nocte due hore et decima et oritur crepusculum matutinum quando remanet de nocte equale ei.

Et in summa hujus mensis, ex eis que non applicantur ad tabulas et non ingrediuntur in canone dierum, sunt ista :

Mensurantur fruges in areis et accipiuntur custodes horreorum ad capiendas fruges quas rustici reddunt, et inveniuntur primitive uve, et incipiunt ficus in quibusdam maritimis, et coagulantur nuces et pinee, et apparent albateke, et fit sirupus de agresta et sirupus de moris, et sirupus de prunis, et accipiuntur pulli turturis, et inveniuntur pinguedines cervorum, et faciunt pullos anates campestres in insulis et in mensibus. Et quando volant pulli earum permutantur ad flumina et cursus aquarum, et in ipso mittuntur carte ad colligenda cornua cervorum et hyrcorum silvestrium ad arcus. Et in ipso colliguntur ex medicinis psillium et flos absinthii, et fit succus ejus, et mellilotum et alhacoen et semen epithimi et cuscuthe et polium et calamentum, et flos cartami. Et in ipso seminantur caules, deinde permutantur in Augusto, et conceditur in principiis ejus flebothomia, et potare medicinas.

Mensis Julius latine, et est siriace Cemuz, et egyptiace Eib (eineb). Et habet ex epacta septem, et est igneus.

Numerus dierum ejus est triginta unus dies. Et signum ejus est Cancer. Et habet ex mansionibus anathra et atarf et tertiam frontis, et est ex tempore estus. Et natura ejus est calor et siccitas. Et dominium ejus est colera citrina et convenientia ejus est nature ignis. Et melius quod administratur in eo, ex cibariis et potibus et motu et aere, est quod infrigidat et humectat, et elongat ab evacuatione et motu addito, et convenit hoc tempus decrepitis et complexionibus frigidis et humidis, et est inconveniens habentibus complexiones calidas et siccas. Et illis qui crescunt et adholescentibus.

I. Dies in eo est ex quattuordecim horis et quinque

decimis et medietate decime, et nox ex novem horis et quattuor decimis et medietate decime. Et altitudo Solis in eo in meridie est septuaginta quinque gradus et tres quarte. Et umbra omnis rei in eo est equalis quarte ejus. Et christianis in eo est festum Symonis et Iude apostolorum interfectorum in terra Persie.

II.

III

IV. In ipso oritur assahate, algomisa, et est assemia; et fortasse flat in eo ventus turbidus, cum quo fit vehemens dolor oculorum. Et dicitur quod in hac hora pereunt pulices.

V.

VI. Ortus adira cum crepusculo matutino. Et hec est forma ejus ○ ○

Occasus albelda hora crepusculi matutini. Et hec est forma ejus ○ ○

In eo est noe albelda nocte una, et dicitur tribus noctibus, que est similis arcui, et oritur adiraha opposita ei, et est ex anoe estus qua non rememoratur cum pluvia, et nominatur pluvia ejus quando venit ignita et cinericia.

VII. In ipso occidit crepusculum vespertinum quando pretereunt de nocte due hore et media, et oritur crepusculum matutinum quando remanet de nocte equale ei.

VIII. In ipso fit prohibitio a potu medicinarum solutivarum, et illud est ante ortum stelle canis per decem dies, secundum intentionem Ypocratis, et est assara alhahabor.

IX.

X. In ipso est christianis festum Christofori, et sepulchrum ejus est in Antiochia. Et festum ejus est in orto mirabili qui est in alia parte Cordube, ultra fluvium ubi sunt infirmi.

XI. In ipso est inceptio venenosorum estivorum et sunt quadraginda dies, quorum viginti sunt in fine hujus mensis, et viginti in principio mensis Augusti. Et in ipsa est christianis festum Marciane interfecte, et sepultura ejus est in civitate Cesarea.

XII.

XIII.

XIV.

XV. In ipso recte stat Sol super medium putei zemzem et omnium puteorum Meke, et ingreditur lumen ejus in foramina eorum, et videtur ex inferioribus eorum, et non est alicujus rei umbra in meridie : deinde redit umbra ab hoc die a parte meridiei ad partem septentrionis.

XVI. Dies in eo est quattuordecim horarum et quarte, et altitudo Solis in eo in meridie est septuaginta trium graduum et duarum quintarum, et umbra omnis rei in eo est equalis sexte ejus, et quinque sextis sexte ejus. Et nox est ex novem horis et tribus quartis.

XVII. In ipso permutatur Sol de Cancro ad Leonem

per experimentatorem; et in ipso oritur assare alhahabor aliemenia, et cum ortu ejus fiunt fervores ventorum venenosorum exsiccantium habentium estuationem. Et dicunt Arabes quod hec est hora vehementioris estus subito venientium calorum, et quod vir sitit intra locum in quem funditur aqua et puteum. Et in eo est latinis festum Juste et Rufine interfectarum in Yspali. Et festum ambarum est in monasterio Auliati.

XVIII. In ipso est christianis festum Esparati, et sepultura ejus est in Cartagine magna.

XIX. Ortus anathra cum crepusculo matutino. Et hec est forma ejus

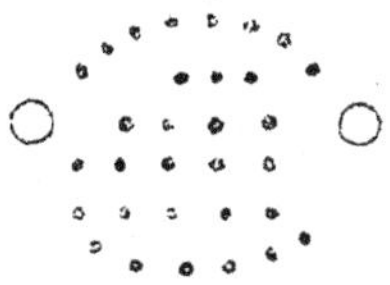

Occasus fortune decollantis hora crepusculi matutini. Et hec est forma ejus

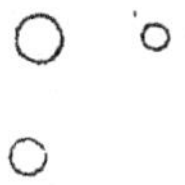

In ipso est noe fortune decollantis similis viro decollanti ovem. Et non rememoratur in pluvia neque in vento, et oritur opposita ejus, et est anathra. Et hec anoe est ex anoe estus. Et nominatur pluvia ejus quando venit ignita et cinericia.

XX.

XXI. In ipso occidit crepusculum vespertinum quando pretereunt de nocte due hore. Et oritur crepusculum matutinum quando remanet de nocte equale ei.

XXII. In ipso est festum sancte Marie Magdalene.

XXIII.

XXIV. In ipso ingreditur Sol signum Leonis secundum intentionem Sindi Indi. Et in ipso est christianis festum Bartholomei apostoli, et sepultura ejus est in India.

XXV. In ipso est christianis festum cucufatis sepulti in civitate Barcinona. Et in ipso est festum sancti Jacobi et sancti Christofori.

XXVI. In ipso est christianis festum Christine virginis et sepultura ejus est in civitate Sur. Et festum ejus est in ecclesia sancti Cipriani in Corduba.

XXVII.

XXVIII. In eo occidit vultur volans, et est cor estatis.

XXIX.

XXX. In ipso occidit crepusculum vespertinum quando pretereunt de nocte hora et quinque sexte hore unius, et medietas sexte hore. Et oritur crepusculum matutinum quando remanet de nocte equale ei.

XXXI. In ipso est christianis festum Favii, et sepultura ejus est in civitate Cesarea.

Et in summa hujus mensis, ex eis que non applicantur ad tabulas et non ingrediuntur in canone dierum, sunt ista :

Fit messio tritici comunis et maturantur uve, et coagulantur fistici, et maturantur pira zuccarina et mala muzu, et in eo fit conditum de cucurbita, et sirupus pirorum et sirupus malorum, et in eo maturatur summa uve, et custoditur in vineis suis. Et in co colliguntur, ex speciebus, semina sinapis et nigelle, et origanum, et semen alcataini, et semen siseleos, et est semen ferule. Et in ipso multiplicantur aves aquatice sicut assacassik et similes eis. Et in ipso apparent pulli perdicum et venantur. Et in ipso incipiunt dessiccari ficus in planicie Cordube. Et in ipso fiunt bone mukita (*id est senestes*).

Mensis Augustus latine, et est siriace Eb, et egyptiace Mesire. Et habet ex expactis tres, et est igneus.

. Numerus dierum ejus est triginta unus dies. Et signum ejus est Leo. Et habet ex mansionibus duas tercias frontis et alcoraten et terciam asarfati, et est ex tempore estus. Et natura ejus est calor et siccitas, et convenientia ejus est nature ignis, et dominium ejus est colere citrine. Et melius quod administratur in eo, ex cibis et potibus et aere et motibus, est illud quod equatur et declinat ad infrigidationem et humectationem. Et elongatur ab evacuatione, et convenit hoc tempus decrepitis et habentibus complexiones frigidas et humidas, et est inconveniens juvenibus et habentibus complexiones calidas et siccas.

I. Ortus atarfati cum crepusculo matutino. Et hec est forma ejus ○ ○

Occasus fortune deglucientis hora crepusculi matutini. Et hec est forma ejus ○ ○

Dies in eo est tredecim horarum et quinque sextarum, et nox ex decem horis et sexta, et altitudo Solis in eo in meridie septuaginta novem graduum et due tercie. Et umbra omnis rei in eo est equalis tribus octavis ejus. Et in ipso est latinis festum Felicis martyris sepulti in civitate Gurinda, et festum ejus est in villa Jenisen in monte Cordube. Et in ipso est noe fortune deglucientis nocte una, et oritur atarf opposita ei, et nominatur degluciens quasi degluciat socium suum. Et in ipso est festum sancti Petri cum misit Dominus angelum suum.

II.

III. Dicunt experimentores quod illud quod absciditur in his tribus diebus ex lignis non comeditur a vermibus. Et in ipso separantur parvi cameli a matribus suis, et multiplicatur lac et colliguntur primitivi dactili, et in ipso est vindemia Egyptiorum.

IV.

V. In ipso occidit crepusculum vespertinum quando preteriunt de nocte due hore excepta quinta, et oritur crepusculum matutinum quando remanet de nocte equale ei.

VI. In ipso est christianis festum Justi et Pastoris interfectorum in civitate Compluti. Et festum utriusque est in monasterio in mote Cordube.

VII. In ipso est christianis festum Mames sepulti in civitate Cesarea.

VIII.

IX.

X. In ipso est christianis festum Syxti episcopi et Laurentii archidiaconi et Ypoliti militis, interfectorum in civitate Roma, et aggregatum in ea est in monasterio Anubraris.

XI.

XII.

XIII.

XIV. Ortus frontis cum crepusculo matutini. Et hec est forma ejus

Occasus fortune fortunarum hore crepusculi matutini. Et hec est forma ejus

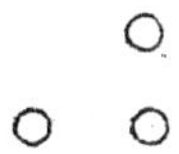

In eo est noe fortune fortunarum nocte una, et non est rememorata in pluviis, et oritur frons opposita ei, et nominatur fortuna propter serenitatem eorum per ortum ejus. Et dixit rismator eorum: quando oritur fortuna fortunarum movetur lignum et leniuntur coria et abhorretur in Sole statio, et illud est in Februario iterum et in ipso videtur sueil inalaizegi. Et hora ejus apud Arabes est laudabilis, et est ex subitis adventibus caloris.

XV. In ipso christianis est festum assumptionis Marie virginis per quam sit salus.

XVI. Dies in eo est ex tredecim horis et tercia et nox ex decem horis et duabus tercias. Et altitudo Solis in eo in meridie est sexaginta quinque graduum et quarte. Et umbra omnis rei in eo est equalis medietati ejus.

XVII.

XVIII. In ipso permutatur Sol de Leone ad Virginem per experimentatorem.

XIX.

XX. In ipso occidit vultur cadens, et consumatur dies venenosi estatis.

XXI.

XXII. In ipso occidit crepusculum vespertinum quando pretereunt de nocte hora et tres quinte hore et oritur crepusculum matutinum quando remanet de nocte equale ei.

XXIII. In ipso ingreditur Sol signum Virginis secundum intentionem Sindi Indi.

XXIV. In ipso est christianis festum sancti Bartholomei sepulti in civitate Esturis.

XXV. In ipso est christianis festum Genesii sepulti in civitate Arelatensi. Et festum ejus in tercis planiciei.

XXVI. In ipso est festum Geruncii episcopi in Talica.

XXVII. Ortus Alcoraten cum crepusculo matutino. Et hec est forma ejus ○ ○

Occasus fortune tentoriorum hora crepusculi matutini. Et hec est forma ejus

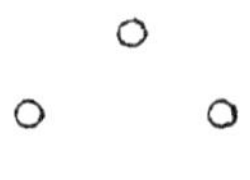

In ipso est noe fortune tentoriorum nocte una et est similis pedis anatis et est non narrata in pluviis et oritur opposita ei alcoraten. Et est noe ex anoe estus. Et nominatur pluvia ejus quando venit ignita et cinericia.

XXVIII. In eo oritur sueil in Eraclia cum crepusculo matutino et non cessat postponi ortus ejus usquequo oriatur cum occasu Solis in kenum postremo, deinde tegitur. Et in ipso est festum obitus Augustini philosophi.

XXIX. Primus dies extub. Et est inceptio ere Egyptiorum, et in eo est alburoz in Egypto, et accendunt homines ignes et effundunt aquas.

XXX. In ipso est christianis festum Felicis episcopi sepulti in civitate Nola.

XXXI. In ipso occidit crepusculum vespertinum quando pretereunt de nocte hora et quinque decime. Et oritur crepusculum matutinum quando remanet de nocte equale ei.

Et in summa hujus mensis ex eis que non applicantur ad tabulas et non ingrediuntur in canone dierum sunt ista:

Fit succus duorum granatorum cum aqua feniculi et fit ex eo ssief conferens albedini oculorum et aliis. Et in ipso incipiunt arotab et jujube, et maturantur persica lenia, et coagulantur glandes, et fit bona adulaha, et est sandia, et inveniuntur in eo pira zuccarina postrema et cucumerus saracenicus et in ipso fit conditum, pirorum et in ipso egrediuntur pisces muli ex Mare ad flumina, et multiplicantur venatio eorum, et multiplicantur in eo pisces sardine, et colliguntur in eo ex speciebus, sumach et semina papaveris albi, et fit sirupus ejus, et semen rute et albedeguart et stafisagria et turungen, et in ipso mittuntur carte in serico et tinctura celesti ad tiracios, et in eo seminantur fabe autumnales in ortis, et in ipso seminantur alkem celestis et napi et baucie et sicla, et in ipso stimulantur struciones ad coitum, et auditur vox masculi a longe.

Mensis September latine et est sirace Eilul, et egyptiace Jub. Et habet ex epacta sex, et est terreus.

Numerus dierum ejus est triginta dies. Et signum ejus est Virgo. Et habet ex mansionibus terciam Asarfacti et Alangue et Asimek. Et principium ejus est ex tempore estus. Et indicium ejus est sicut indicium ejus quod est ante ipsum. Et in ipso ingreditur tempus autumni. Et est natura ejus frigus et siccitas. Et convenientia ejus est nature terre. Et dominium ejus est colere nigre. Et melius quod administratur in eo ex cibariis et potibus et motibus et habitaculis est quod humectat corpora et declinat ad calefactionem et non ipsissat superfluitates. Et hoc tempus est contrarium omnibus etatibus et naturis et regionibus, et minoris nocumenti in eo sunt que ex eis sunt calide in natura sua et humide. Et ipse convenit infantibus et crescentibus et humidis natura.

I. Dies in eo est ex duodecim horis et duabus terciis, et nox ex undecim horis et tercia. Et altitudo Solis in eo in meridie est quinquaginta quinque gradus et quarta. Et umbra omnis rei in ipso est equalis tribus sextis ejus, et medietati sexte ipsius. Et in ipso est christianis festum Rectiniani episcopi et sociorum ejus martyrum. Et estimant quod in eo est assumptio Josue filii Nini prophete.

II.

III.

IV.

V. In ipso occidit crepusculum vespertinum quando preterit de nocte hora et media, et oritur crepusculum matutinum quando remanet de nocte equale ei.

VI.

VII.

VIII. In ipso est nativitas Marie virginis.

IX. Ortus atarf cum crepusculo matutino. Et hec est forma ejus ○

Occasus evacuatorii precedentis hora crepusculi matutini. Et hec est forma ejus ○ ○

In ipso est noe evacuatorii precedentis aquarii tribus noctibus. Et est noe laudabilis. Et oritur asarfati opposita ei. Et in ipso additur Nilus et frangitur calor. Et hec est postrema noe estus, et nominatur pluvia ejus ignita et cinericia.

X.

XI.

XII.

XIII.

XIV. In ipso est christianis festum Cipriani, sapientis episcopi Tasie interfecti in Affrica. Et festum ejus est in ecclesia sancti Cipriani in Corduba.

XV. Dies in eo est ex duodecim horis et quinta, et nox in eo est ex undecim horis et quattuor quintis. Et altitudo Solis in eo in meridie est quinquaginta quattuor gradus et medietas. Et umbra omnis rei in eo est equalis duabus terciis ejus. Et in ipso est festum Emiliani.

XVI. In ipso oritur asimek arami. Et est principium temporis autumni, secundum intentionem Ypocratis et Galieni, et aliorum sapientum medicorum. Et in ipso est christianis festum Eufemie virginis, interfecte in civitate Calcidona.

XVII.

XVIII. In ipso descendit Sol in Libram per experimentatorem. Et est equalitas autumnalis.

XIX.

XX. In ipso usque ad finem mensis fit sirupus de duobus granatis, et sirupus miva et albumetegi, et est rob uve.

XXI. In ipso est christianis festum Mathei apostoli et evangeliste, quem interfecit Aglinus rex Ethiopie.

XXII. Ortus alaugue cum crepusculo matutino. Et hec est forma ejus

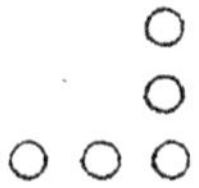

Occasus evacuatorii postremi hora crepusculi matutini. Et hec est forma ejus 

In ipso est noe evacuatorii postremi ex Aquario, quattuor noctibus, et oritur alaugue opposita ei, et est noe laudabilis exuberantis pluvie, et est illa que nominatur aperitiva, quoniam aperit terram cum plantis. Et hec anoe est prima anoe autumni.

XXIII. In ipso permutatur sol de Virgine ad Libram secundum intentionem Sindi Indi.

XXIV. In ipso est Latinis festum decollationis Johannis, filii Zaccharie.

XXV. In ipso incipiunt struciones parere ova. Et dicitur quod unus parit in quadraginta noctibus ova que sunt inter quadraginta ova usque ad triginta, et dimittit que sunt inter septem ova usque ad sex, et nominantur dimissa, et reliqua franguntur a pullis.

XXVI.

XXVII. In ipso est festum Adulsi et Johannis in Corduba.

XXVIII. In ipso occidit crepusculum vespertinum quando preterit de nocte hore et due quinte, et oritur crepusculum matutinum quando remanet de nocte equale ei.

XXIX. In ipso est festum Michaelis Arcangeli.

XXX. In ipso est obitus Yeronimi presbiteri in Bethleem, et festum Luce evangeliste.

Et in summa hujus mensis, ex illis que non applicantur ad tabulas et non ingrediuntur in canone dierum, sunt ista :

Maturantur persica et granata et jujube, et apparent ciconia, et incipiunt arundines zuccari, et musa et denigrantur quedam olive, et apparet oleum novum et glandes et castanee, et maturantur almustee, et incipiunt arare et seminare in montibus Cordube, et incipiunt sparagi primitivi in montibus, et in ipso egrediuntur falcones allebliati ex mari Oceano, et venantur usque ad principium veris. Et in ipso convertuntur irundines ad ripam maris, et in ipso albificantur capita algaguab, et sunt ex avibus aquaticis, deinde redeunt capita earum nigra in principio veris. Et in ipso mittuntur carte in rubeal, et in ipso colliguntur nuces et pinee, et eradicatur alcanna et alkudhari. Et colliguntur ex speciebus grana lauri, et fit oleum ejus, et colloquintida et semen jusquiami, et in ipso coagulatur sal.

Mensis Octuber latine, et est siriace Tisirin primus, et egyptiace Baba. Et habet ex epacta octo, et est ventosus.

Numerus dierum ejus est triginta unus dies, et signum ejus est Libra. Et habet ex mansionibus algafar et zubene, et terciam corone. Et est ex tempore autumni. Et complexio ejus est frigus et siccitas, et convenientia ejus est nature terree. Et dominium ejus, est colere nigre. Et melius quod administratur in eo, ex cibis et potibus et motibus et habitaculis, est illud quod humectat corpora et calefacit ea quadam calefactione et resolvit superfluitates factie. Et hoc tempus est nocivum omnibus etatibus et naturis et regionibus. Verumtamen minus leduntur eo et inconveniens eis sunt ea, in quibus est calor et humiditas per naturam, et equalitas in complexione.

I. Dies in eo est ex undecim horis et media. Et nox est ex duodecim horis et media. Et altitudo Solis in eo in meridie est quadraginta septem graduum et due tercie. Et umbra omnis rei in eo est equalis quinque sextis ejus et medietate sexte ei. Et in ipso est christianis festum Julie et sociarum ejus interfectarum in Ulixis Bona super mare Oceanum

II. In ipso convertitur Nilus, et incipiunt Egyptii seminare alfasfasa (*id est alcocorti*), et est casel eorum. Et in ipso seminant illi de Curgello et Campo Glandium, et monte Cordube.

III.

IV.

V. Ortus asinek cum crepusculo matutino. Et hec est forma ejus 

Occasus ventris piscis hora crepusculi matutini.

Et hec est forma ejus 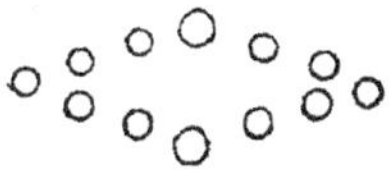

In eo est noe ventris piscis et nominatur ros; et pluvia ejus est extemporaneis, et est laudabilis. Et oritur asimek alhazel cum crepusculo matutino opposita ei, et tunc pervenit ad statum profunditas aquarum.

VI.

VII. In ipso occidit crepusculum vespertinum quando preterit de nocte hora et tercia, et oritur crepusculum matutinum quando remanet de nocte equale ei.

VIII. In ipso est umbra omnis rei equalis ei apud meridiem.

IX.

X.

XI.

XII.

XIII. In ipso est christianis festum trium martyrum interfectorum in civitate Corduba. Et sepultura eorum est in vico turris, et festum eorum est in Sanctis Tribus.

XIV.

XV.

XVI. Dies in eo est ex decem horis et quinque sextis, et medietate sexte. Et nox est ex tredecim horis et medietate sexte. Et umbra omnis rei in ipso est equalis ei et octave ejus. Et altitudo Solis in ipso in meridie est quadraginta unus gradus et quinque sexte et medietas sexte.

XVII. In ipso permutatur Sol de Libra ad Scorpionem per experimentatorem.

XVIII. Ortus algafra cum crepusculo matutino. Et hec est forma ejus

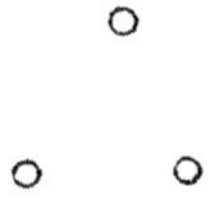

Occasus anatha hora crepusculi matutini. Et hec est forma ejus

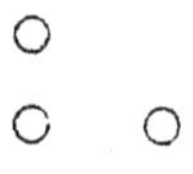

In ipso est noe anatha, et est cancer, et dicitur quia est cornu, Arietis, et est exuberantis pluvie, laudabilis ex pluviis temporaneis, et oritur algafra opposita ei, algafra autem apud Arabes est ex stellis fortunatis. Nam quando descendit in ea Luna est melior horarum ad expansionem aquarum, et dicitur quod nativitas prophetarum fuit in algafra.

XIX.

XX. In ipso incipiunt illi qui sunt in campestribus Cordube et alii seminare communiter.

XXI.

XXII. In ipso descendit Sol in Scorpionem secundum intentionem Sindi Indi. Et in ipso est christianis festum Cosme et Damiani medicorum interfectorum in civitate Egea, per manus Lisie prefecti a Cesare.

XXIII. In ipso est christianis festum Servandi et Germani monacorum interfectorum martyrum, per manus viatoris euntis ex Emerita ad terram barbarorum. Et sepulchra eorum sunt in littoribus Cadis, et festum eorum est in villa Quartus ex villis Cordube.

XXIV. In ipso occidit crepusculum vespertinum quando preteriit de nocte hora et quarta. Et oritur crepusculum matutinum quando remanet de nocte equale ei.

XXV.

XXVI.

XXVII.

XXVIII. In ipso est christianis festum Vincentii et Savine et Cristete interfectorum in civitate Abule, per manus Daciani prefecti Yspaniarum.

XXIX. In ipso est festum Symonis cananei et Tadei apostolorum.

XXX. In ipso est Latinis festum Marcelli, interfecti per manus Daciani in civitate Tange.

XXXI. Ortus azubene cum crepusculo matutino. Et hec est forma ejus 

Occasus albotain hora crepusculi matutini. Et hec est forma ejus 

In ipso est noe albotain. Et est ventus arietis tribus noctibus. Et est temporanea. Et est nocivior quam anoe alie, et pauciores pluvie, et raro videtur in ea pluvia quin deficiat eis noe althoraie cum pluvia ejus, et noe ejus est nobilior quam anoe alie, et magis exuberans quam ipse, Arabes vero vituperant noe albotain. Deinde oritur opposita ejus, et est azubene, et estuat mare, et non currit in eo currens, et vadunt milvi, et frangens ossa et irundines ad profundum, et occultantur formices.

Et in summa hujus mensis, ex eis que non applicantur ad tabulas et non ingrediuntur in canone dierum, sunt ista :

Mensurantur olive in arbore sua et incipiunt colligere eas, et figitur frigus; et permutantur homines ex vestimentis albis ad vestimentum tincta facta ex seta crossa, et lana, et aliis. Et in eo pariuntur oves et multiplicatur lac, et inveniuntur agni, et apparent turdi albi et nigri, et veniunt grues hyemales ex insulis. Et in ipso extrahitur oleum balsami ex arbore sua in Egypto. Et in ipso fit sirupus de malis muzis et conditum eorum. Et in ipso fit sirupus de citoniis, et fit cerusa et zimar et asarcon. Et in ipso colligitur semen fenuculi et anisum, et semen lactuce, et seminantur cepe ex hoc mense usque ad finem mensis Januarii.

Mensis November latine, et est siriace Tisirin postremus, et egyptiace Ejub. Et habet ex epacta quattuor, et est aquosus.

Numerus dierum ejus est triginta dies, et signum ejus est Scorpio. Et habet ex mansionibus duas tercias corone et cor, et duas tercias axule. Et principium hujus mensis est ex tempore autumni. Et indicium ejus est sicut indicium ejus quod est ante ipsum. Et postremum ejus est ex tempore hyemis, et natura ejus est frigus et humiditas. Et assimilatur nature aque. Et dominatur in ipso flegma. Et melius quod administratur in eo, ex cibariis et potibus et motibus et habitaculis, est illud quod calefacit et resolvit et subtiliat superfluitates. Et hoc tempus est conveniens habentibus complexiones calidas et etatibus crescentibus, et est inconveniens habentibus complexiones humidas frigidas, et etatibus in statu existentibus.

I. Dies in eo est ex decem horis et quarta, et nox ex tredecim horis et tribus quartis. Et altitudo Solis in eo in meridie est triginta sex gradus et quarta. Et umbra omnis rei est equalis ei et tercie ejus. Et in ipso est christianis festum translationis corporis Saturnini episcopi martyris, in civitate Tolosa.

II.

III.

IV. In ipso est Latinis festum translationis Zoili ex

sepulcro ejus in vico Cris (*sic*), ad sepulcrum ipsius in ecclesia vici tiraciorum in Corduba.

V.

VI. In ipso occidit crepusculum quando preterit de nocte hora et quinta. Et oritur crepusculum matutinum quando remanet de nocte equale ei. Et in ipso est festum Luce apostoli et evangiliste, discipuli Jesu.

VII. In ipso est festum Albari in Corduba.

VIII.

IX.

X.

XI. In ipso est festum alatus Martini episcopi magnifici. Et sepultura ejus est in Francia, in civitate Turoni. Et festum ejus est in Tarsil Alcanpanie.

XII. In ipso est festum obitus Emiliani sacerdotis.

XIII. Ortus corone cum crepusculo matutino. Et hec est forma ejus

Occasus athoraie hora crepusculi matutini. Et hec est forma ejus

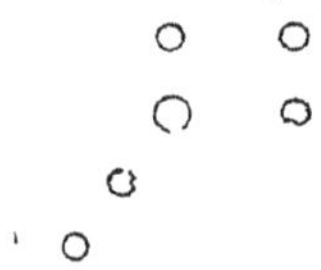

In ipso est noe athoraie, et nominatur alnasinu. Et dicitur quia sunt nates arietis. Et noe earum est quinque noctibus, et dicitur septem noctibus. Et est postrema ex temporalibus. Et noe earum est laudabilis exuberans. Et est melior pluviarum que sunt temporane, quoniam terra retinet cum hac pluvia temperiem anni sui. Et in ipso quando bene venit eis est successio ejus quod est ante ipsam et non est successio nisi ex ea. Et dicunt quod non aggregantur noe athoraie in temporaneis, et pluvia noe fortis in vere quin sit ubertas. Et oritur opposita ei corona.

XIV. In ipso consumatur tempus autumni secundum intentionem Ypocratis et Galieni, et ingreditur tempus hyemis.

XV. Dies in eo est ex novem horis et quinque sextis, et nox est ex quattuordecim horis et sexta. Et altitudo Solis in meridie est triginta duo gradus et due quinte. Et umbra omnis rei est equalis ei et tribus sextis ejus, et medietati sexte ipsius.

XVI. In ipso permutatur Sol ex signo Scorpionis ad signum Sagittarii per experimentatorem.

XVII. In ipso, secundum intentionem ambulantium per mare, est noe caudis. Quare clauditur mare et removentur naves. Et in ipso est Latinis festum.

XVIII. In ipso est christianis festum Asicli, interfecti per manus Divium prefecti Cordube. Et sepultura ejus est in ecclesia carceratorum, et per illud nominatur ecclesia. Et festum ejus est in ecclesia facientium pergamena in Corduba, et in monasterio Armilat.

XIX. In ipso descendit Sol in signum Sagittarii secundum intentionem Sindi Indi. Et in ipso est christianis festum Romani monachi interfecti in civitate Antiochia.

XX. In ipso est christianis festum Crispini sepulti in monasterio quod est in sinistro civitatis Astige.

XXI. In ipso oritur vultur cadens, et cadit principium pruine. Et ante hoc cooperiuntur ab ea arbores et viridia que adhurit pruina.

XXII. In eo ingrediuntur dies albulk, et sunt quadraginta dies, ex quibus viginti sunt ante noctes nigras, et viginti post noctes nigras. Noctes igitur nigre sunt in eo quod est inter noctes albuloe. Et in ipso est festum Cecilie et sociorum ejus interfectorum in civitate Roma. Et festum eorum est in monasterio sancti Cipriani in Corduba.

XXIII. In ipso est christianis festum Clementis, episcopi romani tercii post apostolum Petrum, quem interfecit Trajanus Cesar. Et festum ejus est in villa Ibtilibes.

XXIV. In ipso occidit crepusculum vespertinum quando preterit de nocte hora et sexta. Et oritur crepusculum matutinum quando remanet de nocte equale ei.

XXV. In ipso est festum Innucericie martyris.

XXVI. Ortus cordis cum crepusculo matutino. Et hec est forma ejus 

Occasus aldebaran hora crepusculi matutini. Et hec est forma ejus 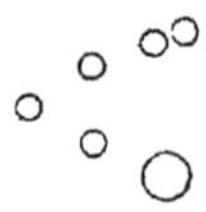

In ipso est noe aldebaran tribus noctibus. Et nominatur aldebaran propterea quod est post athoraie, et est principium pluvia tardantis. Et noe ejus est illaudabilis. Et Arabes quidem vituperant eam. Et oritur cor oppositum ei. Et oritur cum ea vultur cadens. Et hec hora apud Arabes est principium partus camelarum, et partus earum est illaudabilis propter paucitatem lactis et plantarum. Et quod nascitur in eo nominatur robahan.

XXVII. In ipso Latinis est festum Facundi et Primitivi sepultorum in eo quod est circa Legionem.

XXVIII.

XXIX. In ipso christianis est festum Saturnini martyris. Et festum ejus est in Candis in villa Cassas Albas, prope villam Berillas.

XXX. Et in ipso est Latinis festum apostoli Andree martyris interfecti in civitate Patras, ex regione Achagie, de terra Romanorum. Et festum ejus est in villa Tarsil filii Mughisa.

Et in summa hujus mensis, ex eis que non applicantur ab tabulas et non ingrediuntur in canone dierum, sunt ista :

In ipso est cor seminandi et comitatis ejus. Et in ipso colliguntur glandes et castanee et grana mirti. Et fit sirupus ejus. Et in ipso cadunt folia arborum, et absciduntur holera estatis, sicut cucurbita et melongia et faseoli et portulaca, et holus (*id est bilti*) alia meniu, et ozimum, et multiplicantur holera hyemis, sicut caules et sicla et napi et baucie et porri et rafanus.

Et in ipso colliguntur arundines, et coagulantur fabe autumnales, et plantantur in Augusto. Et in ipso cooperiuntur viridia, et citrus et musa, et sambacus, ut non noceat eis pruina. Et in ipso colliguntur flores croci.

Mensis December latine, et est siriace Kenun primus, et egyptiace Keiek. Et habet ex epacta sex, et est aquosus.

Numerus dierum ejus est triginta unus dies et quarta diei. Et signum ejus est Sagittarius. Et habet ex mansionibus terciam axule et anaim et albelda. Et est ex tempore hyemis, et complexio ejus est frigus et humiditas. Et similitudo ejus est nature aque. Et dominium ejus est flegma. Et melius quod administratur in eo, ex cibariis et potibus et motibus et habitaculis, est quod est calefaciens et resolvens superfluitates. Et hoc tempus est conveniens habentibus complexiones calidas et siccas et etatibus crescentibus, et est inconveniens habentibus complexiones frigidas et humiditas, et etatibus que sunt in statu; et non est aliqua hora conveniens medicine, nec extractioni sanguinis.

I. Dies in eo est ex novem horis et medietate, et nox ex quattuordecim horis et medietate. Et occidit crepusculum vespertinum quando preterit de nocte hora et sexta, et oritur crepusculum matutinum, quando remanet de nocte equale ei.

II. Altitudo Solis in eo in meridie est viginti novem gradus et due tercie. Et umbra omnis rei in meridie est equalis ei, et tribus quartis ejus.

III.

IV.

V.

VI.

VII.

VIII.

IX. Ortus axula (*xeula*) cum crepusculo matutino. Et hec est forma ejus ○ ○

Occasus alhacha hora crepusculi matutini. Et hec est forma ejus ○ ○ ○

In ipso est noe almeisen et est alhahaca super caput geminorum. Et noe ejus est sex noctibus, et est postremus pluvie tardantis, et est noe laudabilis exuberans, et oritur axula opposita ei cum casu alhahaca apud crepusculum matutinum, et est cor hyemis et vehementia canicularitatis ejus. Et in ipso est Latinis festum Leocadie sepulte in Toleto. Et festum ejus est in ecclesia sancti Cipriani in Corduba.

X. In ipso est christianis festum Eulalie interfecte, et sepulchrum ejus est in Emerita. Et nominant eam martyrem. Et festum ejus est in villa Careilas prope Cordubam.

XI.

XII. Principium venenosorum hyemis, et sunt quadraginta dies, viginti hujus mensis, et viginti ejus qui est post ipsum.

XIII.

XIV. In ipso est Latinis festum Justi et Habundi martyrum interfectorum in Jerusalem.

XV. Dies in eo est ex novem horis et tercia et est brevior dies in anno, et nox est ex quattuordecim horis et duabus terciis, et est longior nox in anno. Et occidit crepusculum vespertinum quando preterit hora et decima et medietas decime. Et oritur crepusculum matutinum quando remanet de nocte equale ei.

XVI. Altitudo Solis eo in meridie est viginti duo gradus et due tercie. Et umbra omnis rei in eo est equalis ei et quinque sextis ejus.

XVII. In ipso permutatur Sol de Sagittario ad Capricornum per experimentatorem.

XVIII. In ipso est festum apparitionis Marie matris Jesu super quam sit salus. Et festum ejus est in Catluira.

XIX.

XX.

XXI. In ipso descendit Sol in signum Capricorni secundum intentionem Sindi Indi. Et in ipso est festum Thome apostoli. Et interfectio ejus in India.

XXII. Ortus anaim cum crepusculo matutino. Et hec est forma ejus.

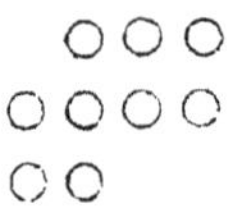

Occasus alnahati hora crepusculi matutini. Et hec est forma ejus

In ipso est noe alheanahati, et nominatur alteiati, et dicitur quia est arcus geminorum quo sagittat brachium leonis. Et noe ejus est tribus noctibus, et est laudabilis. Et oritur alnaun cum crepusculo matutino opposita ei. Et est principium anoe hyemis, et nominatur pluvia ejus vernalis.

XXIII.

XXIV.

XXV. In ipso est Latinis festum nativitatis Christi super quem sit salus. Et est ex majoribus festivitatibus eorum.

XXVI. In ipso est festum Stephani diaconi et est primus martyr. Et sepulchrum ejus est in Jerusalem, et festum ejus est in ecclesia Alseclati (*id est planiciei*).

XXVII. In ipso est festum assumptionis ejus Johannis apostoli et evangeliste.

XXVIII. In eo est Latinis festum Jacobi apostoli qui dictus est frater Christi. Et sepulchrum ejus est in Jerusalem.

XXIX. In ipso est Latinis festum interfectionis infantium in civitate Betleem per manus Herodis regis, cum pervenit ad eum de nativitate Christi Domini. Cogitavit ergo per interfectionem eorum interficere eum inter eos.

XXX. In ipso est Latinis festum Eugenie interfecte. Et sepulchrum ejus est Rome.

XXXI. In ipso est christianis festum Columbe interfecte in civitate Rubucus (*in alio Senonia*), et est martyr et festum ejus est in casis Albis, prope Kerilas in monte Cordube.

Et in summa hujus mensis, ex eis que non applicantur ad tabulas neque ingrediuntur in canone dierum, sunt ista :

Floret albear, et incipit narcissus in quibusdam montibus Cordube, et quibusdam ortis, et florent amigdale primitive et bona fiunt prima citra, et in ipso reponuntur aqua pluvie in cisternis, et in mense qui sequitur eum, et non mutatur nec corrumpitur, et plantantur cucurbite primitive et melongie super podia fimi, et seminantur porri, et operantur per annum. Deinde permutantur in Augusto. Et in ipso seminatur papaver albus et eradicantur alliumar (*id est radices palme silvestris*).

Il aurait peut-être été nécessaire d'ajouter ici un commentaire historique, astronomique et philologique, propre à expliquer les différentes parties du calendrier que nous venons de publier. Mais ce commentaire, trop considérable pour pouvoir trouver place dans une note, ne pourrait qu'être l'objet d'un ouvrage spécial. Nous nous bornerons donc à ajouter ici quelques observations sur des points particuliers, et à indiquer quels sont les ouvrages qu'il faudrait consulter pour résoudre les difficultés que la lecture de ce calendrier pourrait faire naître.

On a pu remarquer d'abord qu'ici, comme dans tous les autres documens que nous avons publiés, nous avons toujours conservé scrupuleusement le texte et l'orthographe des manuscrits. Outre les motifs qui nous ont déterminé à agir ainsi dans tous les cas, nous avions des raisons spéciales pour ne rien changer en publiant des traductions faites, au moyen âge, de l'arabe en latin. Ces traductions ne se faisaient presque jamais immédiatement sur les textes arabes. Les chrétiens, qui allaient dans les villes moresques d'Espagne pour s'instruire dans les sciences des Arabes, se servaient ordinairement d'interprètes mores ou juifs qui leur traduisaient en langue vulgaire les ouvrages arabes; et c'est d'après cette première traduction, nécessairement fort imparfaite, que ces ouvrages étaient ensuite traduits en latin par les chrétiens. Il résultait très souvent de cette double traduction, faite par l'entremise d'hommes peu versés dans les sciences, que les mots techniques n'étaient point traduits; et que, faute d'en pouvoir trouver les équivalens, on tâchait d'en rendre uniquement le son. Les personnes qui se sont occupées des ouvrages traduits de l'arabe à cette époque, ont dû rencontrer fréquemment de ces mots arabes, latinisés et estropiés par des traducteurs qui, parfois, ne savaient pas même lire matériellement le mot qu'ils voulaient rendre. Plusieurs de ces mots arabes non traduits sont restés dans nos langues modernes, et il est même arrivé, dans quelques cas, que l'on a adopté des mots estropiés, ou mal lus et mal transcrits, par ceux qui les avaient d'abord employés (1). On voit maintenant pourquoi, dans l'intérêt des étymologistes, nous avons dû publier le texte des manuscrits, sans le corriger, même lorsqu'il présentait des fautes évidentes. D'ailleurs, les orientalistes pourront aisément corriger ces fautes; et il sera facile à tout le monde de rétablir les noms arabes, syriaques et égyptiens des constellations et des mois, noms si souvent estropiés dans notre calendrier, à l'aide des ouvrages qui ont été écrits sur l'astronomie et la chronologie orientales (voyez *Alfragani elementa astronomica, cum notis Golii*, p. 1-6 du texte arabe, etc. — *Alfragani arabis chronologica et astronomica elementa*, Francof. 1618, in-8, p. 193,

---

(1) On sait que le mot *zénith*, par exemple, a été introduit chez nous par des gens qui ont mal lu le mot arabe *semt*, qu'ils ne savaient pas traduire et dont ils voulaient rendre le son. Le mot *diodarro*, employé par l'Arioste, offre probablement un second exemple de cette transcription erronée.

204, 222, etc.—*Scaligeri notæ in sphæram barbaricam Manilii*, p. 473 et suiv. — *Aboul Hhassan, traité des instrumens astronomiques*, Paris, 1834-35, 2 vol. in-4, tom. I, p. 80, 140, 191, etc. — *Notices des manuscrits de la bibl. du roi*, tom. VII, 1re part., p. 246 et suiv. — *Ideler, untersuchungen uber den Ursprung und die bedeutung der sternnamen*). Le traducteur du calendrier précédent a commencé par ne pas savoir traduire le titre même de l'ouvrage, et il s'est contenté de le transcrire en caractères latins. *Liber anoe* (ou *anu*, car, comme on a pu le remarquer, ces deux mots sont employés tour-à-tour dans le calendrier) signifie *Livre du temps et de ses divisions*. Telle est, comme on le sait, la signification du mot arabe *anu*.

Nous avons supposé dans le *Discours préliminaire* (p. 171) que ce calendrier avait été écrit au treizième siècle et dédié à Mostansir II, cinquante-cinquième calife. Il est vrai qu'il y a eu deux califes du nom de Mostansir, mais nous croyons qu'il s'agit ici du second. En effet, le premier Mostansir, qui, après avoir régné moins de six mois, mourut le 29 Mai de l'année 862 de l'ère chrétienne, ne pouvait recevoir la dédicace d'un calendrier dans lequel l'épacte du premier Janvier était égale à un (voyez ci-dessus p. 401), puisque l'épacte de l'année 861 est égale à 6, et l'épacte de l'année 862 est égale à 17. Tandis que sous le règne du second Mostansir (depuis 1226 jusqu'à 1243 de l'ère chrétienne), on trouve pour l'année 1227, l'épacte égale à un. D'ailleurs, du temps de Mostansir Ier, les Arabes n'auraient certainement pas introduit dans leur calendrier les fêtes et les mois des chrétiens (1). On aurait pu aussi chercher à déterminer l'époque à laquelle se rapporte ce calendrier par les jours où l'on a marqué l'entrée du Soleil dans les divers signes du zodiaque. Mais la différence entre le jour observé (*per experientiam*, ou *secundum intentionem experimentatoris*, etc.) et le jour donné par la théorie des Hindous (2) (*secundum intentionem Sindi Indi*) n'est pas constante; de manière que l'on ne peut rien conclure de là pour une détermination chronologique. Cette différence se rapporte probablement à une période astronomique des Hindous, que les Arabes avaient adoptée, mais qui nous est inconnue. Ainsi, par exemple, il y a quatre jours de différence (du 16 au 20 Mars), entre l'équinoxe observé et l'équinoxe déterminé par les Hindous, tandis qu'il y a sept jours (du 16 au 23 Juin), entre leur solstice et le solstice observé. D'ailleurs, au neuvième siècle les Arabes étaient trop savans en astronomie pour dire (comme le fait l'auteur de ce calendrier) que le jour

---

(1) Dans quelques anciens astronomes arabes, dans Alfragan, par exemple, on trouve à la vérité les noms des mois latins; mais Alfragan ne parle que des Romains, et ne cite nullement les chrétiens (*Alfragani elementa astronomica*, *cum notis Golii*, p. 3 du texte arabe, etc.). Voyez aussi *Ebn-el-Awam*, tom. II, p. 488 et suiv.

(2) Cet emprunt, fait à l'astronomie indienne, vient confirmer ce que nous avons dit plusieurs fois sur l'influence que les Hindous ont exercée sur les sciences des Arabes. (Voyez aussi une note de M. Reinaud, insérée dans la préface du second volume du *Traité des instrumens astronomiques*, par Aboul-Hhassan, et un passage d'Édrisi cité par M. de Humboldt, *Examen critique*, p. 19, note 2).

de l'équinoxe était le 16 Mars chez les Arabes et le 20 Mars, chez les Hindous (*et est equalitas apud eos*). Tout, dans ce calendrier, annonce la décadence et tout s'y rapporte au treizième siècle. Il n'en est pas moins précieux pour les savans à cause des données astronomiques, géographiques et historiques qu'il renferme. Les physiciens y trouveront surtout, comme nous l'avons déjà indiqué, une foule de faits propres à la discussion historique des températures terrestres. Les historiens de l'agriculture y puiseront des connaissances nouvelles sur les travaux agricoles des Arabes. Des indications fréquentes, qui se rapportent à Cordoue et à Valence, semblent indiquer que ce calendrier aurait été fait en Espagne ; et les données astronomiques paraissent confirmer cette opinion. Les hauteurs du Soleil aux équinoxes sont différentes entre elles, et sont par conséquent erronées. Cependant, en cherchant à corriger les erreurs les plus grossières, qui dépendent probablement des copistes, ou du traducteur qui n'aura pas su bien lire les chiffres arabes, on pourrait en déduire une latitude d'environ 36° pour la ville dans laquelle on a dû faire les observations. Si l'on cherchait maintenant à déterminer cette latitude par la longueur du plus grand et du plus petit jour de l'année (le 16 Juin et le 15 Décembre) on trouverait à-peu-près 37° 1/2 pour la latitude du lieu de l'observation, dans lequel, d'après le calendrier précédent, la durée du plus grand jour était égale à quatorze heures et deux tiers; et cette latitude conviendrait assez à Grenade (37°, 20′), ou à Cordoue (37°, 40′). En adoptant les latitudes déterminées par les Arabes, telles qu'elles se trouvent dans Aboul Hhassan, il faudrait exclure Cordoue, et l'indétermination s'étendrait depuis Séville jusqu'à Valence. Mais il faut toujours se rappeler que les erreurs possibles, dans l'observation de la durée du jour, sont trop grandes pour que l'on en puisse déduire, avec précision, la valeur de la latitude.

FIN DU PREMIER VOLUME.

Printed in Dunstable, United Kingdom

91220134R00281